软件测试技术指南

腾尚时代　组编
斛嘉乙　符永蔚　樊映川　著

机 械 工 业 出 版 社

本书介绍了国内外先进的软件测试技术和测试理念：包含软件测试理论、软件质量、软件测试过程、软件测试方法、软件测试管理、软件测试工具以及 Web 项目测试和 APP 项目测试等。全书覆盖了基础和高阶的软件测试知识，并结合目前市场需求的岗位技能，提供了极具参考价值的测试实例。本书是腾尚时代软件职业培训学校全体老师精心打造的一本软件测试领域专业书籍，力求使更多的求职者和读者更好地学习软件测试的相关知识，并找到更理想的软件测试工作岗位。

本书适合于从事软件测试领域的技术人员及希望从事软件测试的其他专业人员阅读，也适合计算机、软件、自动化等相关专业的学生与老师参考。

图书在版编目（CIP）数据

软件测试技术指南/斛嘉乙，符永蔚，樊映川著．—北京：机械工业出版社，2019.1（2025.2 重印）

ISBN 978-7-111-61475-3

Ⅰ.①软…　Ⅱ.①斛…　②符…　③樊…　Ⅲ.①软件-测试-指南
Ⅳ.①TP311.55-62

中国版本图书馆 CIP 数据核字（2019）第 000624 号

机械工业出版社（北京市百万庄大街 22 号　邮政编码 100037）
策划编辑：尚　晨　　责任编辑：尚　晨
责任校对：张艳霞　　责任印制：李　昂
北京捷迅佳彩印刷有限公司印刷

2025 年 2 月第 1 版・第 9 次印刷
184mm×260mm・14.5 印张・346 千字
标准书号：ISBN 978-7-111-61475-3
定价：55.00 元

电话服务
客服电话：010-88361066
010-88379833
010-68326294

网络服务
机　工　官　网：www.cmpbook.com
机　工　官　博：weibo.com/cmp1952
金　　书　　网：www.golden-book.com
机工教育服务网：www.cmpedu.com

前　言

随着互联网的发展，软件的规模和复杂性都大幅度提升，用户对软件的要求也越来越多，除了软件的基本功能之外，软件的性能以及用户对隐私和敏感数据的安全性等方面用户也特别重视。

软件测试是软件整个研发过程中最重要的一个环节，同时也是软件质量保证最主要、最关键的手段之一，其理论知识和测试工具都在不断的革新。随着 IT 行业的不断发展，软件测试人才的需求也在不断增加，现软件测试工程师也已经成为了 IT 行业中一个热门的职位，其主要负责如功能测试、性能测试、自动化测试以及安全测试等。

本书由浅入深的介绍测试各领域的专业知识，可达到快速入门，短期提升，全面掌握的阅读目的。其中包含测试基础理论的全面解说，测试管理的各类方式，测试领域当下最流行的测试工具使用，测试最常用的脚本语言的技能掌握，还有 Web 项目和 APP 项目的测试方法和测试思路的拓展。

对于刚开始学习软件测试的零基础同学，还是想在测试道路上进阶的初中级测试工程师，相信这本书都能给大家一个学习思路的引导，从而稳步提升测试技能。

本书由腾尚时代信息科技有限公司创始团队斛嘉乙、符永蔚、樊映川编写，书中凝聚十多年的测试领域研究成果，以通俗易懂，易学实用为导向，使阅读本书如同真实工作体验，便于更快理解测试该如何进行以及使用相应的专业技能。

限于作者的经验和水平有限，书中难免有不足之处，恳请广大读者批评指正。如有疑问和建议可以发邮件，作者电子信箱 8773465@ qq. com。

编者

序言——测试之所见

当前大多数人把软件测试理解为功能测试，他们认为只要理解测试理论，测试流程，再熟练测试用例设计的方法就可以了。所以很多接触这个行业的人，在工作一两年之后，就想着往性能测试、自动化测试方面发展，结果是越学越迷茫，真正的原因是很多人对测试的理解还不够。那么该如何做呢？

下面简述一下作者的看法。

首先测试需要发挥其主动性。因为最终的产品是给用户使用的。也就是说，测试从项目立项开始就需要更全面理解每个需求的意义是什么，关注前期的需求分析和讨论，参与需求的评审，这样可以根据产品需求合理的设计测试方案以及安排好测试时间。

其次就是测试用例的设计。测试用例是用来指导测试工作，也是测试人员必须要完成的工作。测试用例的设计可以从三个维度（业务、用户、方法）来考虑，此外需要对测试用例进行管理，通常写完测试用例后要进行评审，后期在执行中还要不断的更新测试用例。

接下来关注测试流程，注重项目进度的把控。通常这些是项目测试经理来管理，其实作为一个合格的测试人员也要协助领导进行流程的管理，同时对缺陷要进行跟踪管理。特别是针对遗留缺陷的分析以及可能存在的风险。

最后在项目上线后，需要对项目进行相应的总结。总结整个项目过程中遇到的问题有那些，如流程方面、技术方面等。这些问题解决的办法是什么，后续有什么可以借鉴的方案或改进的措施。

除了上述的一些看法，做为一个合格的测试人员还需要具备以下几方面的能力。

沟通能力，其主要体现在两方面。一方面是思路，主要指业务和技能方面，比如在工作中不管是与开发人员沟通，与客户沟通，还是与领导沟通，在沟通前要首先整理好自己的思路。另一方面是表达，主要是指说话的技巧，其实体现的就是情商，比如在测试中发现 Bug 后，有些人会直接说："这个地方有 Bug"，有些人则会委婉一点说："这里执行时跟需求不一样，您过来看一下"。总之，不管是开发也好，还是测试也好，我们的工作目标是为了提供高质量的软件给用户，所以在实际工作中，需要尽最大可能理解对方，从而提高工作效率，也就是说要学会换位思考。

思维能力，其主要体现在两方面。一方面是逻辑思维，首先要清楚逻辑思维是一种确定的、有条理、有根据的思维；其次在工作中需要充分熟悉需求和业务，从专业的角度去思考问题。另一方面体现在发散思维，也就是探索性测试，比如在工作中可以天马行空的去设想用户的操作行为，使用最多的方法就是逆向思维。

学习能力，主要体现在两方面。一方面是技能方面。以一个 Web 系统来说，可能涉及的语言有 C++、Java、. Net、PHP、Javascript、HTML 等，还会涉及数据库服务器以及应用服务器等。从这点上看，就要求测试人员能够读懂多门语言。另一方面就是业务方面，从目前来看，软件几乎涉及所有的行业，包括银行、电商、物流以及政府的业务办理等，而软件的发展也越来越人性化，所以要求测试人员不断学习和理解不同行业、不同业务的规范和标准。

团队合作能力，现今软件越来越复杂，一个高质量的项目需要不同部门，不同职位的人相互协同实现，仅凭个人能力是不可能完成的。目前很多公司特别注重团队意识，经常不定期组织一些团队扩展活动，来增强团队之间的合作意识。作为测试工程师必需具备高度的团队合作精神，为保证软件产品的质量做出贡献。

最后，做为一名测试人员，还需要有责任心、信心、耐心。平台不同、定位不同，人生的价值就会截然不同，请做好您的职业规划。

时间一直在不断的做减法——且行且珍惜。

斛嘉乙

2018 年 9 月于家中

目　录

第1章　软件测试理论

本章主要介绍软件的发展、软件生命周期以及较为流行的研发模型、软件缺陷等理论知识，从而引出软件测试活动的基础理论：测试目的、测试原则、测试模型、测试用例等，为后续学习内容作好准备。

学习目标：

- 熟悉软件的生命周期
- 熟悉常见的软件研发模型
- 掌握软件缺陷以及等级的划分
- 掌握软件测试的模型：V模型、W模型、H模型、X模型
- 掌握软件测试的目的以及软件测试原则
- 掌握测试用例的写作思路

1.1　软件概念

软件（Software）是一系列按照特定顺序组织的计算机数据和指令的集合。一般来讲，软件被划分为系统软件、应用软件和介于这两者之间的中间件。在国标中对软件的定义是与计算机系统操作有关的计算机程序、规程、规则以及可能有的文件、文档及数据等。

由此可见，软件并不只是包括可以在计算机（这里的计算机是指广义的计算机）上运行的电脑程序，与这些电脑程序相关的文档一般也被认为是软件的一部分。简单地说软件就是程序加文档的集合体。

1.1.1　软件发展史

软件的发展大致经历了如下五个阶段：

1. 第一阶段（1946年—1953年）

该阶段属于汇编时代，软件是用机器语言编写的，机器语言是内置在计算机电路中的指令，由0和1组成（二进制数字）。因此，只有少数专业人员能够为计算机编写程序，这就大大限制了计算机的推广和使用。

由于程序最终在计算机上执行时采用的都是机器语言，所以需要用一种称为汇编器的翻译程序，把用汇编语言编写的程序翻译成机器代码。编写汇编器的程序员简化了程序设计，是最初的系统程序员。

2. 第二阶段（1954年—1964年）

该阶段软件开始使用高级程序设计语言简称高级语言（与之对应机器语言和汇编语言被称为低级语言）编写，高级语言的指令形式类似于自然语言和数学语言，不仅容易学习，

方便编程，也提高了程序的可读性。

在 1964 年 Dartmouth 学院的凯梅尼（John Kemeny）和卡茨（Thomas Kurtz）发明了 BASIC（Beginner's All-purpose Symbolic Instruction Code）语言。高级语言的出现催生了在多台计算机上运行同一个程序的模式，每种高级语言都有配套的翻译程序（称为编译器），编译器可以把高级语言编写的语句翻译成等价的机器指令。系统程序员的角色变得更加明显，系统程序员编写诸如编译器这样的辅助工具，使用这些工具编写应用程序的人，称为应用程序员。

在汇编和编译时期，由于程序规模小，程序编写起来比较容易，也没有系统化的方法，对软件的开发过程更没有进行任何管理。这种个体化的软件开发环境使得软件设计往往只是在人们头脑中隐含进行的一个模糊过程，除了程序清单之外，没有其他文档资料。

3. 第三阶段（1965 年—1970 年）

该阶段处于结构化程序设计理论，由于用集成电路取代了晶体管，处理器的运算速度得到了大幅度的提高。因此需要编写一种程序，使所有计算机资源处于计算机的控制中，这种程序就是操作系统。

1967 年，塞缪尔（A. L. Samuel）发明了第一个下棋程序，开始了人工智能的研究。1968 年荷兰计算机科学家狄杰斯特拉（Edsgar W. Dijkstra）发表了论文《GOTO 语句的害处》，指出调试和修改程序的困难与程序中包含 GOTO 语句的数量成正比，从此，各种结构化程序设计理念逐渐确立起来。

20 世纪 60 年代以来，计算机用于管理的数据规模更为庞大，应用越来越广泛，同时，用户对多种应用、多种语言互相覆盖的共享数据集合的要求越来越强烈。为解决多用户、多应用共享数据的需求，使数据为尽可能多的应用程序服务，出现了数据库技术以及统一管理数据的软件系统——数据库管理系统 DBMS（Database Management System）。

随着计算机应用的日益普及，软件数量急剧膨胀，在计算机软件的开发和维护过程中出现了一系列严重问题，许多程序的个体化特性使得它们最终成为不可维护的，"软件危机"就这样开始出现了。1968 年，北大西洋公约组织的计算机科学家在联邦德国召开国际会议，讨论软件危机问题，在这次会议上正式提出并使用了"软件工程"这个名词。

4. 第四阶段（1971 年—1989 年）

该阶段属于结构化程序时代，20 世纪 70 年代出现了结构化程序设计技术，Pascal 语言和 Modula-2 语言都是采用结构化程序设计规则制定的，BASIC 这种为第三代计算机设计的语言也被升级为具有结构化的版本。此外，在 1973 年，美国贝尔实验室的丹尼斯·里奇（D. M. Ritchie）设计出了一种新的语言，这就是灵活且功能强大的 C 语言。

此外，IBM PC 开发的 PC-DOS 和为兼容机开发的 MS-DOS 都成了微型计算机的标准操作系统，更好用、更强大的操作系统被开发了出来。Macintosh 机的操作系统引入了鼠标的概念和点击式的图形界面，彻底改变了人机交互的方式。

20 世纪 80 年代，随着微电子和数字化声像技术的发展，在计算机应用程序中开始使用图像、声音等多媒体信息，出现了多媒体计算机。多媒体技术的发展使计算机的应用进入了一个新阶段。

这个时期出现了多用途的应用程序，这些应用程序面向没有任何计算机经验的用户。典型的应用程序是电子制表软件、文字处理软件和数据库管理软件。Lotus1-2-3 是第一个商用电子制表软件，WordPerfect 是第一个商用文字处理软件，dBase III 是第一个实用的数据库管理软件。

5. 第五阶段（1990 年—至今）

该阶段软件中有三个著名事件：在计算机软件业具有主导地位的 Microsoft 公司的崛起、面向对象的程序设计方法的出现以及万维网（World Wide Web）的普及。

（1）在这个时期，Microsoft 公司的 Windows 操作系统在 PC 机市场占有显著优势，尽管 WordPerfect 仍在继续改进，但 Microsoft 公司的 Word 成了最常用的文字处理软件。20 世纪 90 年代中期，Microsoft 公司将文字处理软件 Word、电子制表软件 Excel、数据库管理软件 Access 和其他应用程序绑定在一个程序包中，称为办公自动化软件。

（2）面向对象的程序设计方法最早是在 20 世纪 70 年代开始使用的，当时主要是用在 Smalltalk 语言中。20 世纪 90 年代，面向对象的程序设计逐步代替了结构化程序设计，成为目前最流行的程序设计技术。面向对象程序设计尤其适用于规模较大、具有高度交互性、反映现实世界中动态内容的应用程序。其中 Java、C++、C#等都是面向对象程序设计语言。

（3）1990 年，英国研究员提姆·柏纳李（Tim Berners-Lee）创建了一个全球 Internet 文档中心，并创建了一套技术规则和创建格式化文档的 HTML 语言，以及能让用户访问全世界站点上信息的浏览器，此时的浏览器还很不成熟，只能显示文本。

软件体系结构从集中式的主机模式转变为分布式的客户端/服务器模式（C/S，Client/Server 的缩写）或浏览器/服务器模式（B/S，Brower/Server 的缩写），专家系统和人工智能软件从实验室走出来进入了实际应用，完善的系统软件、丰富的系统开发工具和商品化的应用程序的大量出现以及通信技术和计算机网络的飞速发展，使得计算机进入了一个大发展的阶段。

1.1.2 软件生命周期

生命周期（Life Cycle）的概念应用很广泛，简单说就是指一个对象的“生老病死”。对一个软件产品或软件系统而言也需要经历同样阶段，一般称为软件生命周期。软件生命周期大致分为六个阶段：如图 1-1 所示。

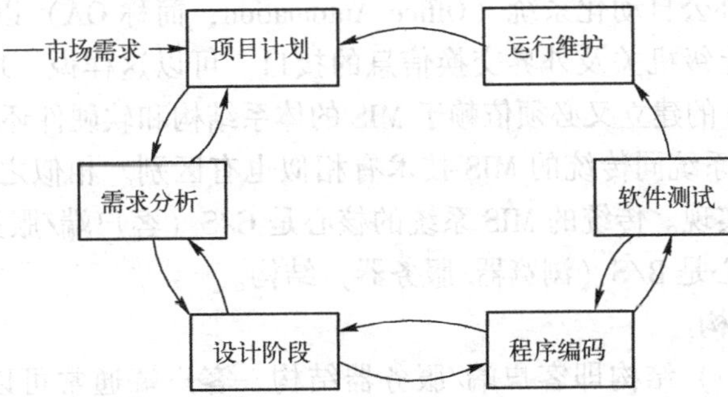

图 1-1 软件的生命周期

1. 项目计划阶段

此阶段主要是确定软件开发的总体目标，通过市场调研并给出功能、性能、接口等方面的设想以及项目的可行性分析，同时对项目开发使用的资源、成本、进度做出评估，制定项目实施的计划（项目一级计划）。

2. 需求分析阶段

需求俗称软件的主体，所以需求分析阶段作为一个非常重要的阶段，它由需求分析人员和用户共同对软件需要实现的各个功能进行详细的分析并给予确切的描述，并编写软件需求说明书（Software Requirements Specification，简称 SRS）。

3. 软件设计阶段

该阶段俗称软件的核心，主要是由系统分析组（架构师和系统分析人员）根据需求分析的结果，对整个软件进行系统架构的设计，编写概要设计说明书（High Level Design，简称 HLD）。接下来由数据库设计员和开发人员根据需求说明书和概要设计说明书进行系统数据库设计以及编写详细设计说明书（Low Level Design，简称 LLD）。

4. 程序编码阶段

把软件设计的结果转换为计算机可运行的程序代码，使用 RDBMS 工具建立数据库。程序编码必须符合标准和编码规范，以保证程序的可读性、易维护性，保证程序运行的效率。

5. 软件测试阶段

此阶段主要是测试人员来检测软件是否符合客户的需求，是否达到质量的要求。一般在软件设计完成后，项目开发人员构建测试版本，以便测试团队进行测试，整个测试过程大致分为：单元测试、集成测试、系统测试、验收测试。

6. 运行与维护阶段

此阶段是软件生命周期中最长的阶段。在软件开发完成并正式投入使用后，可能有很多原因需要对软件进行修改，如软件错误、系统升级、增加功能、提高性能等。

1.1.3 软件体系结构

近年来，随着计算机技术与网络技术突飞猛进的发展，现代企业遇到了巨大的机遇与挑战，为了最大限度地利用现代计算机及网络通信技术加强企业的信息管理，很多企业建立了管理信息系统（Management Information System，简称 MIS）。一个完整的 MIS 应包括：辅助决策系统（Aided Decision Making System，简称 ADMS）、工业控制系统（Industrial Control System，简称 ICS）、办公自动化系统（Office Automation，简称 OA）以及数据库、模型库、方法库、知识库和与上级机关及外界交换信息的接口。可以这样说，现代企业 MIS 不能没有 Internet，但 Internet 的建立又必须依赖于 MIS 的体系结构和软硬件环境。

基于 Web 的 MIS 系统同传统的 MIS 技术有相似也有区别。相似之处在于技术的理念；区别之处在于技术的实现。传统的 MIS 系统的核心是 C/S（客户端/服务器）结构，而基于 Web 的 MIS 系统的核心是 B/S（浏览器/服务器）结构。

1. 什么是 C/S 结构

C/S（Client/Server）结构即客户端/服务器结构。客户端通常可以理解为安装在 PC、手机终端设备上的软件，是软件系统体系结构的一种。比如：QQ 软件、手机 APP 等，C/S 模式简单地讲就是基于企业内部网络的应用系统。与 B/S（Browser/Server，浏览器/服务器）模式相比，C/S 模式的应用系统最大的好处是不依赖企业外网环境，即无论企业是否能够上网，都不影响应用。

还有一类通信的软件，比如：百度云盘、迅雷下载等，也属于 C/S 结构。但是它们之间的数据传输不需要经过服务器处理业务，可以直接通过客户端进行传输，这种结构通常称为 P2P（Peer to Peer）点对点结构。

P2P 是可以简单的定义成通过直接交换来共享计算机资源和服务，而对等计算模型应用层形成的网络通常称为对等网络。对等网络，即对等计算机网络，是一种在对等者（Peer）之间分配任务和工作负载的分布式应用架构，是对等计算模型在应用层形成的一种组网或网络形式。

2. 什么是 B/S 结构

B/S（Brower/Server）结构即浏览器/服务器结构。随着 Internet 技术的兴起，对 C/S 结构的一种变化或者改进的结构。在这种结构下，用户工作界面是通过浏览器来实现，极少部分事务通过逻辑在前端（Browser）实现，但是主要事务逻辑在服务器端（Server）实现，形成所谓三层 3-tier 结构。B/S 是目前互联网中应用最为广泛的系统结构。B/S 结构比起 C/S 结构有着很大的优越性，传统的 MIS 系统依赖于专门的操作环境，这意味着操作者的活动空间受到极大限制；而 B/S 结构则不需要专门的操作环境，在任何地方，只要能上网，就能够操作 MIS 系统，这其中的优劣差别是不言而喻的。

基于 Web 的 MIS 系统，弥补了传统 MIS 系统的不足，充分体现了现代网络时代的特点。随着网络技术的高速发展，因特网必将成为人类社会新的技术基石。基于 Web 的 MIS 系统必将成为网络时代的新一代管理信息系统，前景极为乐观。

3. 什么是 A/S 结构

A/S（Application Serving）体系结构。A/S 体系结构通过设置应用服务器，将关键性的业务软件集中安装并进行发布，客户端可完全在服务器上执行所需的应用。A/S 结构利用 ICA 协议，将应用程序的逻辑从用户界面中分离开来，使得网络传输数据量很小，对网络带宽的要求低，平均每个用户仅占用 10K 左右，即使是通过电话线连接到 Internet，也能保证多个用户同时工作，提供数据的实时访问和更新。

另外，应用服务器与后台数据库通常采用局域网连接，计算和查询所需的大量数据都是基于 LAN 传输，因此远程用户的网络性能非常理想。同时在 A/S 结构中，网络中传输的仅仅是通过用户界面以及操作动作更新信息，因此系统的安全性更好。

1.2 软件研发模型

软件研发模型（Software Development Model）是指软件开发全部过程、活动和任务的结构框架。合理使用研发模型可以提供软件研发效率，降低研发成本，提升软件质量。

常见的研发模型包括需求、设计、编码和测试等阶段，有时也包括维护阶段。软件开发模型能清晰、直观地表达软件开发全过程，明确规定了要完成的主要活动和任务，用来作为软件项目工作的基础。

目前比较流行的研发模型主要有：瀑布模型、快速原型模型、螺旋模型、RUP 流程和敏捷模型。

1.2.1 瀑布模型

1970 年，温斯顿·罗伊斯（Winston Royce）提出了著名的瀑布模型。如图 1-2 所示。

在早期，该模型应用的最为广泛，也是最容易理解和掌握的研发模型。

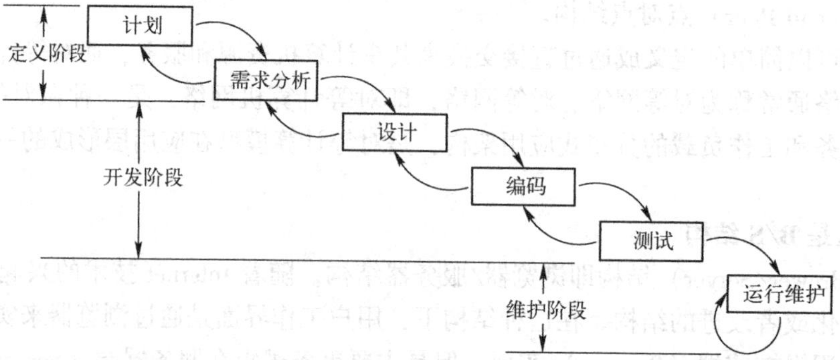

图 1-2　瀑布模型

瀑布模型最早是根据工业流水线演变过来的，它的核心思想是按工序将问题化简，将功能的实现与设计分开，便于分工协作，即采用结构化的分析与设计方法将逻辑实现与物理实现分开。将软件生命周期划的六个基本活动，由上而下、相互衔接起来，如同瀑布流水，逐级下落。

在瀑布模型中，软件开发的各项活动严格按照线性方式进行，当前活动接受上一项活动的工作结果，实施完成所需的工作内容。当前活动的工作结果需要进行验证，如果验证通过，则该结果作为下一项活动的输入，继续进行下一项活动，否则返回修改，直到项目成功。

瀑布模型是属于线性过程，过于强调文档的作用，并要求每个阶段都要仔细验证，适合一些规模小，需求明确的项目研发。随着软件的发展，现软件的功能也越来越多，逻辑也变得越来越复杂，所以瀑布模型已不再适合现代的软件开发模式，几乎被业界抛弃，其主要问题在于：

1）各个阶段的划分完全固定，阶段之间产生大量的文档，极大地增加了工作量。

2）由于开发模型是线性的，用户只有等到整个过程的末期才能见到开发成果，从而增加了开发的风险。

3）测试活动置后，导致早期的错误可能要等到开发后期的测试阶段才能发现，进而带来严重的后果；导致测试人员的闲置，测试力度不够，不利于项目的研发。

4）瀑布模型最大问题是不能够适应用户需求的变化。

1.2.2　快速原型模型

快速原型模型（Rapid Prototype Model）又称为原型模型。如图 1-3 所示。快速原型模型是在瀑布模型基础上演进的一种研发模型。原型模型弥补了瀑布模式不足的地方，相对瀑布模型而言，原型模型更关注用户需求的正确性，也符合人们开发软件的习惯。

快速原型模型需要迅速建造一个可以运行的软件原型，以便理解和澄清问题，使开发人员与用户达成共识，最终在确定的客户需求基础上开发客户满意的软件产品。该模型的主要思想就是通过向用户提供原型获取用户的反馈，使开发出的软件能够真正反映用户的需求。同时，原型模型采用逐步求精的方法来完善原型，使得原型能够“快速”开发，避免了像瀑布模型一样在冗长的开发过程中难以对用户的反馈做出快速的响应。

在工作中，很多公司把原型模型称为DEMO，即演示版，便于需求调研以及软件初期的设计。相对测试工程师而言，在实施测试活动中也可以参考DEMO进行测试设计。

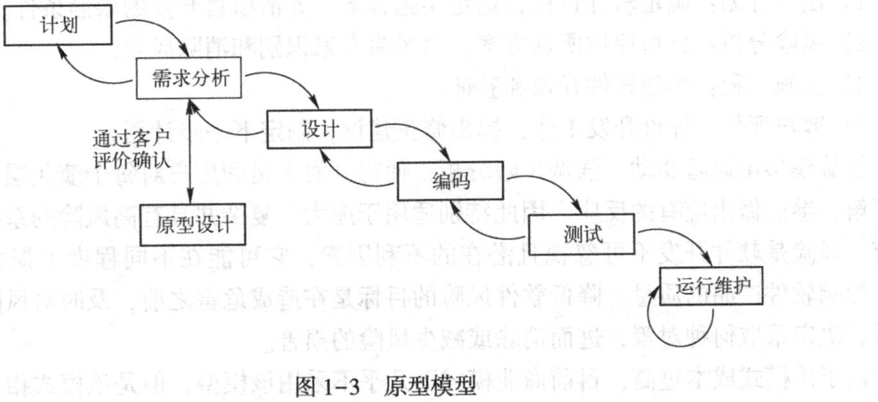

图1-3 原型模型

1.2.3 螺旋模型

1988年，巴利·玻姆（Barry Boehm）正式发表了软件系统开发的螺旋模型。如图1-4所示。它将瀑布模型和快速原型模型结合起来，强调了其他模型所忽视的风险分析，特别适合于大型复杂的系统。

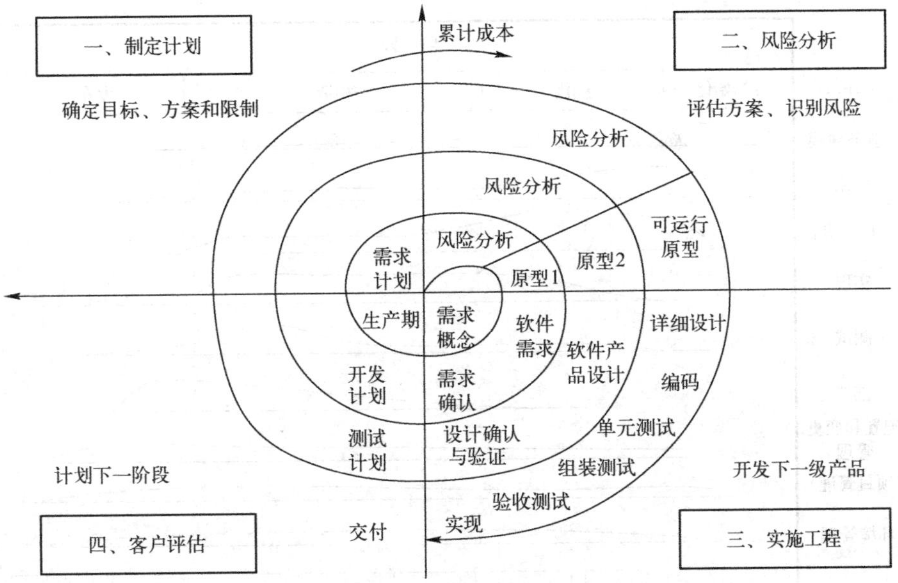

图1-4 螺旋模型

螺旋模型（Spiral Model）采用一种周期性的方法来进行系统开发。该模型是快速原型法，以进化的开发方式为中心，在每个项目阶段使用瀑布模型法。这种模型的每一个周期都包括制定计划、风险分析、实施工程和客户评估4个阶段，由这4个阶段进行迭代。软件开发过程每迭代一次，软件开发又上升了一个层次。螺旋模型基本做法是在“瀑布模型”的每一个开发阶段前引入一个非常严格的风险识别、风险分析和风险控制，它把软件项目分解成一个个小项目。每个小项目都标识一个或多个主要风险，直到所有的主要风险因素都被确定。

螺旋模型沿着螺线进行若干次迭代，图中的四个象限代表了以下活动：

1）制定计划：确定软件目标，选定实施方案，弄清项目开发的限制条件。

2）风险分析：分析评估所选方案，由风险专家识别和消除风险。

3）实施工程：实施软件开发和验证。

4）客户评估：评价开发工作，提出修正建议，制定下一步计划。

螺旋模型由风险驱动，强调风险分析，使得开发人员和用户对每个演化层出现的风险有所了解，继而做出应有的反应。因此特别适用于庞大、复杂并具有高风险的系统。对于这些系统，风险是软件开发不可忽视且潜在的不利因素，它可能在不同程度上损害软件开发过程，影响软件产品的质量。降低软件风险的目标是在造成危害之前，及时对风险进行识别及分析，决定采取何种对策，进而消除或减少风险的损害。

由于该模式成本过高，目前商业模式下几乎不采用该模型，但是该模式相关安全系数极高，目前用在军方应用比较多。

1.2.4 RUP 流程

RUP（Rational Unified Process），是由 Rational 公司（Rational 公司已被 IBM 并购）推出的一种统一软件开发过程，以用例驱动和体系结构为核心的增量迭代的软件过程模式。如图 1-5 所示。目前也是比较流行的研发模型。

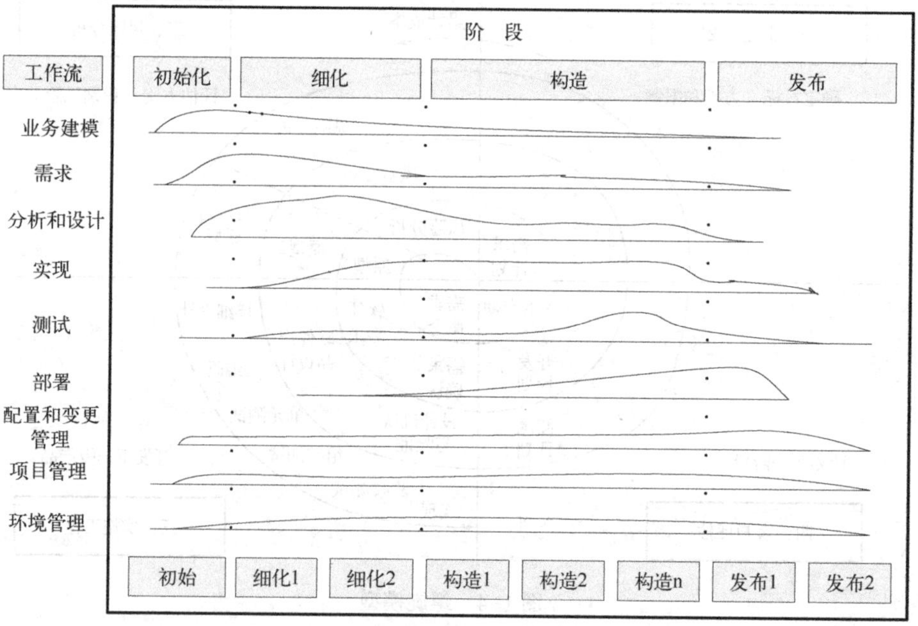

图 1-5 RUP 流程

RUP 有 2 个轴，横轴表示时间，是过程的生命周期，体现了开发过程的动态结构，主要用来描述软件的周期、阶段、迭代和里程碑；纵轴表示工作流，体现开发过程的静态结构，主要用来描述软件活动的工作流。

1. RUP 的阶段划分

RUP 中的软件生命周期在时间上被分解为四个顺序的阶段，分别是：初始化、细化、构造和发布。每个阶段结束于一个主要的里程碑（Milestones），每个阶段本质上是两个里程碑之间的时间跨度。下面简单介绍 RUP 的四个阶段：

1）初始化阶段：本阶段具有非常重要的意义，必须识别所有与系统交互的特性。在这个阶段中所关注的是整个项目进行中的业务和需求方面的主要风险。

2）细化阶段：分析问题领域，建立比较完善的体系结构基础，编制项目计划，规避项目中风险较大的元素。同时为项目建立支持环境，包括模板、准则等，并准备工具。

3）构造阶段：由开发人员对所有的构件和应用程序进行集成，并对所有的功能进行详细测试。从某种意义上说，构建阶段是一个制造过程，其重点放在管理资源及控制运作以优化成本、进度和质量。

4）发布阶段：发布阶段的重点是确保软件对最终用户是可用的。发布阶段可以跨越几次迭代，包括为发布做准备的产品测试，基于用户反馈的少量的调整。

2. RUP 的核心工作流

RUP 的 9 个核心工作流，它们分为 6 个核心过程工作流和 3 个核心支持工作流。下面简单介绍 RUP 的每个工作流：

1）业务建模（Business Modeling）：主要描述了如何为新的目标组织开发一个构想，并基于这个构想在商业用例模型和商业对象模型中定义组织的过程，角色和责任。

2）需求（Requirement）：主要的目标是描述系统应该做什么，并使开发人员和用户就这一描述达成共识。为了达到该目标，要对需要的功能和约束进行提取、组织和文档化；最重要的是理解系统所解决问题的定义和范围。

3）分析和设计（Analysis & Design）：将需求转化成系统的设计，为系统开发一个健壮的结构并调整设计使其与实现环境相匹配，并优化其性能。其结果是一个设计模型和一个可迭代的分析模型。设计模型是源代码的抽象，它由设计类和一些描述组成。设计类被组织成具有良好接口的设计包和设计子系统，而描述主要体现了类的对象如何协同工作实现用例的过程。

4）实现（Implementation）：将层次化的子系统形式定义代码的组织结构；以组件的形式（源文件、二进制文件、可执行文件）实现类和对象；将开发出的组件作为单元进行测试以及集成由单个开发者（或小组）所产生的结果，使其成为可执行的系统。

5）测试（Test）：通过三维模型（可靠性、功能性和系统性能）进行测试。主要检测所有的需求是否已被正确，所有的组件是否被正确集成。RUP 提出了迭代的方法，意味着在整个项目中进行测试，应尽可能早地发现缺陷，从根本上降低了修改缺陷的成本。

6）部署（Deployment）：部署主要描述了那些与确保软件产品对最终用户具有可用性相关的活动，包括：软件打包、生成软件本身以外的产品、安装软件、为用户提供帮助。在有些情况下，还可能包括计划和进行 Beta 测试版、移植现有的软件和数据以及正式验收。

7）配置和变更管理（Configuration & Change Management）：其描绘了如何在多个成员组成的项目中控制大量的产物。配置和变更管理工作流提供了准则来管理演化系统中的多个变体，并跟踪软件创建过程中的版本。工作流描述了如何管理并行开发、分布式开发以及自动化创建工程。同时也阐述了对产品修改原因、时间和人员审计记录。

8）项目管理（Project Management）：平衡各种可能产生冲突的目标，管理风险，克服各种约束并成功交付使用户满意的产品。其目标包括：为项目的管理提供框架，为计划、人员配备、执行和监控项目提供实用的准则，为管理风险提供框架等。

9）环境管理（Environment Management）：该工作流向软件开发组织提供软件开发环境，包括过程和工具，并集中于配置项目过程中所需要的活动，同样也支持开发项目规范的活动，提供了逐步介绍的指导手册并介绍了如何在组织中实现过程管理。

1.2.5 敏捷模型

2001 年是全球的软件行业最具有历史意义的一年。在这一年年初，“敏捷联盟”成立了，它是由美国犹他州雪鸟滑雪胜地的一次敏捷方法发起者和实践者的聚会而成立的。

敏捷开发是以用户的需求进化为核心，采用迭代、循序渐进的方法进行软件开发。在敏捷开发中，软件项目在构建初期被切分成多个子项目，各个子项目的成果都经过测试，具备可视、可集成和可运行使用的特征。简单来说，就是把一个大项目分为多个相互联系，但也可独立运行的小项目，并分别完成，在此过程中软件一直处于可使用状态。敏捷开发宣言就是尽早的、持续的交付有价值的软件来使客户满意，如图 1-6 所示。

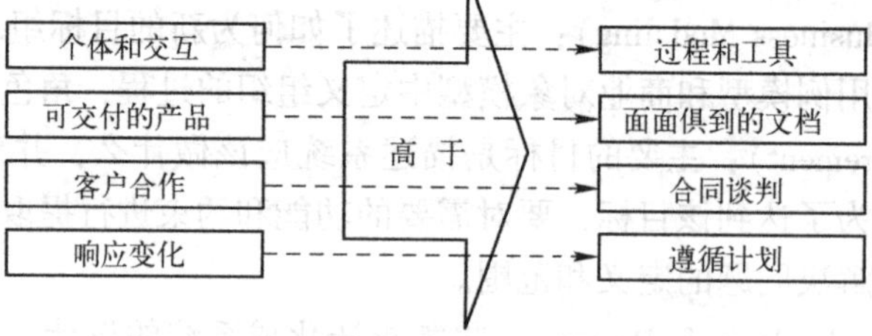

图 1-6　敏捷开发宣言

敏捷模型（Agile Model）的原则有以下几点：

1. 快速迭代

传统项目一般大约半年发布一次版本。而在敏捷中采用小版本，其需求、开发和测试更加简单快速。

2. 让测试人员和开发者参与需求讨论

需求讨论以研讨组的形式展开最有效率。研讨组，需要包括测试人员和开发者，这样可以更加轻松定义可测试的需求，将需求分组并确定优先级。同时，该种方式也可以充分利用团队成员间的互补特性。如此确定的需求往往比开需求讨论大会的形式效率更高，大家更活跃，参与感更强。

3. 编写可测试的需求文档

开始就要用“用户故事”（User Story）的方法来编写需求文档。这种方法，可以让我们将注意力放在需求上，而不是解决方法和实施技术上。过早的提及技术实施方案，会降低对需求的注意力。

4. 多沟通，尽量减少文档

任何项目中，沟通都是一个常见的问题。好的沟通，是敏捷开发的先决条件。越有经验，越会强调良好高效的沟通的重要性。

团队要确保日常的交流，面对面沟通比邮件效果强得多。

5. 做好产品原型

建议使用草图和模型来阐明用户界面。并不是所有人都可以理解一份复杂的文档，但人人都会看图。

6. 及早考虑测试

及早地考虑测试在敏捷开发中很重要。传统的软件开发，如果测试用例很晚才开始写，这将导致过晚发现需求中存在的问题，使得改进成本过高。较早地开始编写测试用例，当需求完成时，可以接受的测试用例也基本一块完成了。

1.3 软件测试基本概念

测试（Test）就是为检测特定的目标是否符合标准而采用专用的工具或者方法进行验证，并最终得出特定的结果。软件测试（Software Testing）伴随着软件的诞生而产生。对软件而言，软件测试就是在有限的时间内提高软件质量的保证，是软件开发过程中非常重要的一部分。

1.3.1 软件测试发展

迄今为止，软件测试的发展一共经历了五个重要时期：

1. 以调试为主

早在20世纪50年代，计算机刚诞生不久，只有科学家级别的人才会去编程，需求和程序本身也远远没有现在这么复杂多变，相当于编程人员承担需求分析、设计、开发、测试等所有工作，当然也不会有人去区分调试和测试。

然而有些比较严谨的科学家们已经在开始思考“怎么知道程序满足了需求?”这类问题了。

2. 以证明为主

在1957年，在《软件测试发展》（作者Charles Baker）一书中强调了调试和测试区分：

1）调试（Debug），确保程序做了程序员想让它做的事情。

2）测试（Testing），确保程序解决了它该解决的问题。

这也是软件测试史上一个重要的里程碑，它标志软件测试终于自立门户了。

随着计算机应用的数量，成本和复杂性都大幅度提升，其经济风险也大大增加，测试就显得很有必要了，这个时期测试的主要目就是确认软件是满足需求的，也就是我们常说的“做了该做的事情”。

3. 以破坏为主

在1979年，测试界的经典之作《软件测试之艺术》（作者C. J. Myers）一书中给出了软件测试的经典定义：测试是为发现错误而执行程序的过程。这个观点较之前证明为主的思路，是一个很大的进步。我们不仅要证明软件做了该做的事情，也要保证它没做不该做的事情，这会使测试更加全面，更容易发现问题。

在书中，Myers还指出两点：好的测试用例是发现迄今为止尚未发现的错误的测试用例；成功的测试执行是发现了至今为止尚未发现的错误的测试执行。相对于“程序测试就是证明程序中不存在错误的过程”而言，Myers 的定义是对的，但定义的测试范围过窄。

4. 以评估为主

在 1983 年，美国国家标准局提出了测试界很有名的两个名词：验证（Verification）和确认（Validation），也就是我们常说的 V&V 理论。

人们提出了在软件生命周期中使用分析、评审、测试来评估产品的理论。软件测试工程在这个时期得到了快速的发展：相继出现了测试经理、测试分析师等职称以及发表大量测试刊物，发布相关国际标准。

同时 IEEE 提出的软件工程标准术语中给软件测试定义是：“使用人工或自动手段来运行或测定某个软件系统的过程，其目的在于检验它是否满足规定的需求或弄清预期结果与实际结果之间的差别”。也就是这个时期人们开始关注工具对测试的影响。

5. 以预防为主

预防为主是当下软件测试的主流思想之一。STEP（产品模型数据交互规范，Systematic Test and Evaluation Process，简称 STEP）是最早的一个以预防为主的生命周期模型，STEP 认为测试与开发是并行的，整个测试的生命周期也是由计划、分析、设计、开发、执行和维护组成，也就是说，测试不是在编码完成后才开始介入，而是贯穿于整个软件生命周期。

1.3.2 软件测试目的

从上述测试的发展来看，软件测试的目的也有一个阶段性的变化，我们通过下图来分析一下软件测试目的的演进。如图 1-7 所示。

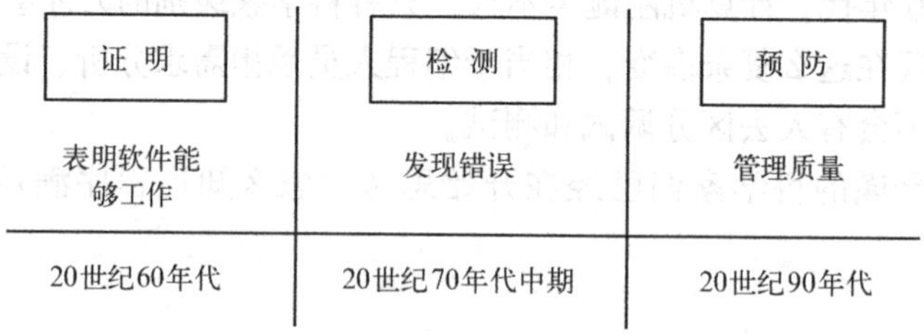

图 1-7 目的的演进

1. 证明

保证软件产品是完整的并且可用或可被集成，同时需要尝试在非正常情况下的功能和特性是否可用，评估系统的风险承受能力。

2. 检测

发现缺陷、错误和系统不足的地方，定义系统的能力和局限性，并提供相关的组件、工作产品和系统质量信息。

3. 预防

提供预防和减少可能导致错误的信息，在过程中尽早地检测错误，确认问题和风险，并且提前确认解决这些问题和风险的途径。

软件测试目的往往包含如下内容：

1）测试并不仅是为了找出错误，而且要通过分析错误产生的原因和错误的发生趋势，帮助项目管理者发现当前软件开发过程中的缺陷，以便及时改进。

2）需要测试工程师设计出具有针对性的测试方法，以改善测试的有效性。

3）没有发现错误的测试也是有价值的，完整的测试是评估软件质量的一种方法。

综上来看软件测试目的是指尽可能早的发现软件中存在的缺陷并提高软件质量。

1.3.3 软件测试原则

软件测试理论经过几十年的发展，在测试界提出了很多测试的基本原则，概括出以下8条软件测试基本原则。

1. 所有的测试要追溯到用户的需求

在所有测试活动的过程中，测试人员都应该从客户的需求出发，想用户所想。正如我们所知，软件测试的目标就是验证产品开发的一致性和确认产品是否满足客户的需求，与之对应的任何产品质量特性都应追溯到用户需求。简单说就是一切从用户角度出发。

2. 测试应尽早地介入

根据统计表明，在软件开发生命周期早期引入的错误占软件过程中出现所有错误（包括最终的缺陷）数量的50%~60%。此外，IBM的一份研究结果表明，缺陷存在放大的趋势。所以越是测试后期，为修复缺陷所付出的代价就会越大。因此，软件测试人员要尽早地且不断地进行软件测试，以提高软件质量，降低软件开发成本。

3. 测试无法穷举

在整个测试过程中，测试人员无法考虑到所有可能输入值和它们的组合以及结合所有不同的测试前置条件；所以穷举测试是不可能的，当测试满足一定的出口准则时，测试就应当终止。因此，想要控制测试工作量，在测试成本、收益和风险之间求得平衡；需要通过风险分析、优先级分析以及软件质量模型和不同测试的方法来确定测试关注点，从而代替穷举测试，提高测试覆盖率。

4. 避免开发者自测

测试工作需要严谨的作风、冷静的分析。心理学告诉我们，每个人都具有一种不愿否定自己工作的心理，这种状态导致测试自己程序的障碍。同时，程序员对需求规格说明的错误理解而引入的错误是很难被发现。因此，程序员应避免测试自己的程序，为达到最佳的效果，应由独立的测试小组、第三方来完成测试。

5. 群集现象

Pareto Principle 帕累托法则（二八定律）表明：80%的错误集中在20%的程序模块中。也就是说，测试所发现的大部分缺陷和软件运行失效是由少数程序模块引起的。因此，测试过程中要充分注意群集现象，对发现错误较多的程序段或者软件模块，应进行反复的深入的测试。

6. 杀虫剂悖论

杀虫剂用得多了，害虫就有免疫力，杀虫剂就发挥不了效力。同样在测试中，如果测试用例被反复使用时，发现缺陷的能力就会越来越差。为了避免克服这种现象出现，测试用例需要进行定期评审和修改，不断增加新的不同的测试用例来测试软件或系统的不同部分，从而发现更多潜在的缺陷。作为专业的测试人员来说，要具有探索性思维和逆向思维。同理，测试方法也需要不断地变化。

7. 不存在缺陷的谬论

通过测试可以减少软件中存在未被发现缺陷的可能性，但即使测试没有发现任何缺陷，也不能证明软件或系统是完全正确的。也就是说，测试只能证明软件存在缺陷，不能证明软件不存在缺陷。比如，不能满足用户期望的或用户不满意，也是一种缺陷。

8. 测试活动依赖于测试背景

针对不同的测试背景，进行的测试活动也不同，测试策略和测试方法在选取上也有所不同。比如，银行产品和电商平台。在银行产品中要将安全放到首位；在电商平台中要把兼容性、性能放到首位。

在实际测试过程中，测试人员应该在测试原则指导下进行测试活动。软件测试原则有助于测试人员进行高质量的测试，尽早尽可能多的发现缺陷，并负责跟踪和分析软件中的问题，对存在的问题和不足提出质疑和改进，从而持续改进测试过程。

1.4 软件测试模型

软件测试根据不同的测试对象以及测试项目的背景可采用不同的测试模型实施测试活动。软件测试模型有：V 模型、W 模型、H 模型、X 模型、敏捷测试等。

1.4.1 V 模型

RAD（Rap Application Development，快速应用开发，简称 RAD）是软件开发过程中的一个重要模型，由于其模型构图形似字母 V，所以又称软件测试的 V 模型，它通过开发和测试同时进行的方式来缩短开发周期，提高开发效率，如图 1-8 所示。

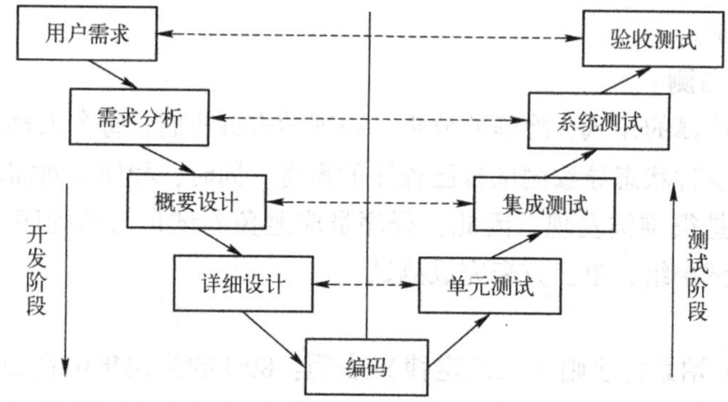

图 1-8 V 模型

V 模型最典型的测试模型，最早由 PaulRook 在 20 世纪 80 年代后期提出。

V 模型中的过程从左到右，描述了基本的开发过程和测试行为。V 模型的价值在于它强调软件开发的协作和速度，反映测试活动和分析设计关系，将软件实现和验证有机结合起来。明确了测试过程中存在不同的级别，并清楚描述测试的各个阶段与开发过程的各个阶段之间的对应关系。

V 模型存在一些局限性：该模型呈现线性的发展趋势，而且，它把测试过程作为在需求分析、概要设计、详细设计及编码之后的一个阶段，主要针对程序寻找错误，忽略了测试活动对需求分析、系统设计等活动的验证和确认。如果需求分析前期产生的错误，要到后期的验收测试才能发现。

V 模型适用于项目比较小、周期比较短的项目。随着软件行业发展，业务规模的不断扩大，研发模型的不断改革，该模型已渐渐被淘汰。

1.4.2 W 模型

W 模型是在 V 模型的基础上演变而来的，是由 Evolutif 公司提出，相对于 V 模型，W 模型增加了软件开发各阶段中同步进行的验证和确认活动。W 模型由两个 V 组成，分别代表开发和测试过程，它明确表明开发和测试的并行关系，如图 1-9 所示。

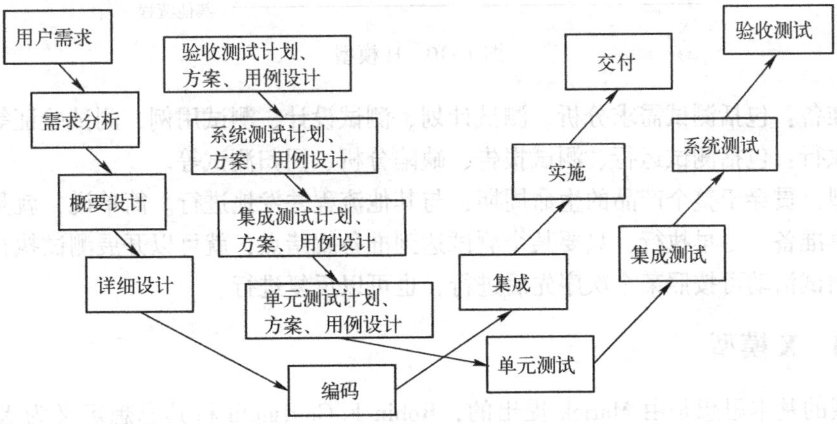

图 1-9　W 模型

V&V 理论，即验证（Verification）和确认（Validation），是在模型实施过程中进行的，具体地说，就是验证是否做了正确的事情和确认是否把事情做正确了。

1）验证：保证软件正确地实现了特定功能，验证是否满足软件生命周期过程中的标准和约定，判断每一个软件生命周期活动是否完成。

2）确认：保证所生产的软件可追溯到用户需求，确认过程是否满足系统需求，并解决了相应的问题。

W 模型遵循了测试原则，要求测试活动从用户需求就介入，测试人员应该参与到对需求文档的验证和确认活动中，以尽早地找出缺陷所在。同时，对需求的测试也有利于及时了解项目难度和测试风险及早制定应对措施，这将显著减少总体测试时间，加快项目进度，有利于尽早地发现问题。

测试伴随着整个软件开发周期，W 模型强调，被测对象不仅仅是程序，需求、设计以及每个阶段输出的文档同样需要测试，也就是说，测试与开发是同步进行的。但是 W 模型也存在局限性。在 W 模型中，需求、设计、编码等活动被视为串行的，同时，测试和开发活动也保持着一种线性的前后关系，上一阶段完全结束后，才可正式开始下一个阶段工作。这样就无法支持迭代的开发模型。对于当前软件开发复杂多变的情况，W 模型并不能解除测试管理面临的困惑。

从 W 模型可以看出，完成所有的测试活动，对测试工程师的技能也有一定的要求。测试团队也相继出现了不同职能的测试工程师。

1.4.3 H 模型

H 模型中，软件测试活动是完成独立的，它将测试准备和测试执行分离，有利于资源调配，降低成本，提高测试效率，充分体现测试过程的复杂性，如图 1-10 所示。

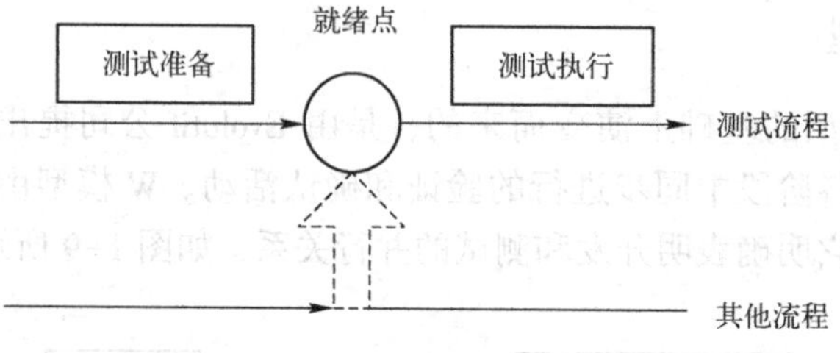

图 1-10　H 模型

测试准备：包括测试需求分析、测试计划、测试设计、测试用例、测试验证等；

测试执行：包括测试运行、测试报告、缺陷分析、回归测试等。

H 模型，贯穿于整个产品的生命周期，与其他流程并发地进行。简单说，就是软件测试活动要尽早准备，尽早执行，只要某个测试达到准备就绪点，就可以开展测试执行活动，并且不同的测试活动可按照某个次序先后进行，也可以反复进行。

1.4.4 X 模型

X 模型的基本思想是由 Marick 提出的，Robin F. Goldsmith 将其思想定义为 X 模型，如图 1-11 所示。

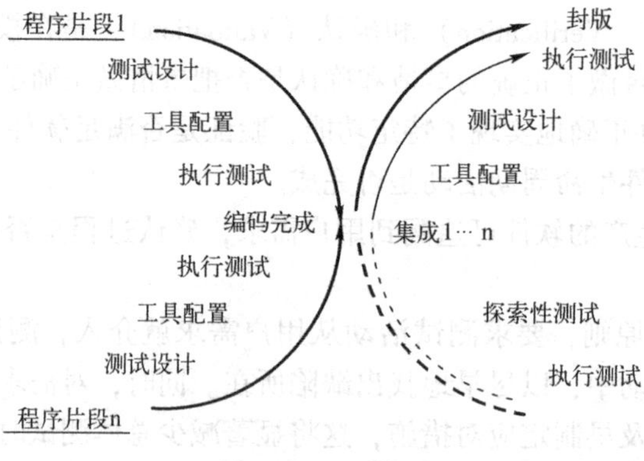

图 1-11　X 模型

X 模型中，左边描述的是针对单独程序片段所进行的相互分离的编码和测试，此后将进行频繁的交接，通过集成最终成为可执行的程序，然后再对这些可执行程序进行测试。在测试中，如果已通过集成测试的成品可以进行封装并提交给用户，也可以作为更大规模和范围内集成的一部分。多根并行的曲线表示变更可以在各个部分发生。

X 模型中提出一个重要的理念是探索性测试，这是不进行事先计划的特殊类型的测试，这一方式往往能帮助有经验的测试人员在测试计划之外发现更多的软件错误。但这样可能对测试造成人力、物力和财力的浪费，而且对测试员的熟练程度要求比较高。

1.4.5 敏捷测试

敏捷测试（Agile Testing）也是测试的一种模型，它通过不断修正质量指标，正确建立测试策略，确认客户的有效需求来保证产品的质量。敏捷测试是遵循的一种测试实践就是强调从客户的角度，即从使用系统的用户角度来测试系统。

敏捷测试需要关注需求变更、产品设计、源代码设计等。通常情况下，需要全程参与敏捷开发团队的讨论评审活动，并参与决策制定等。在独立完成测试设计、测试分析、测试执行的同时，还要关注用户需求并进行有效沟通，从而协助敏捷流程，推动产品的快速开发。敏捷测试不仅测试软件本身，还包含了软件测试的过程和模式，测试除了针对软件的质量，还要保证整个软件开发过程是正确的是符合用户需求的。

敏捷测试的主旨是测试驱动开发，所以对测试人员的要求有以下两点：

1）理解敏捷的核心价值观（沟通，反馈，尊重、学习、分享）。

2）具备测试基本的技能，也可以擅长某个领域（如：探索性测试、白盒测试等）。

1.5 软件缺陷

软件缺陷（Defect），常常又被叫作 Bug。所谓软件缺陷就是指计算机软件或程序中存在的某种破坏正常运行能力的问题、错误，或者隐藏的功能缺陷。缺陷的存在会导致软件产品在某种程度上不能满足用户的需要。

在 IEEE（Institute of Electrical and Electronics Engineers，简称 IEEE，电气和电子工程师协会）中对缺陷有一个标准的定义如下：

1）从产品内部看，是指软件产品开发或维护过程中存在的错误、毛病等各种问题。

2）从产品外部看，是指系统所需要实现的某种功能的失效或违背。

早在 1947 年 9 月 9 日，Bug（英文译文“臭虫”或“虫子”）一词，由美国海军的编程员，编译器的发明者格蕾斯·哈珀（GraceHopper）提出，他发现计算机死机的问题，竟然是一只飞蛾导致的。她小心地用镊子将蛾子夹出来，用透明胶布帖到“事件记录本”中，并注明“第一个发现虫子的实例”。从此以后，人们将计算机的错误统称为 Bug。

1.5.1 软件为什么会引入缺陷

简单说，只要是人，就会犯错。根据数据统计，即使是一个优秀的程序员，在开发软件的过程中，如果不经过测试，代码中遗留的缺陷至少在每千行代码 6 个以上。

常见的导致软件中存在缺陷的根源主要有以下几点：

1. 缺乏有效的沟通或者没有进行沟通

现在的软件不是一个人就可以完成的事，往往涉及多个人，甚至几十个。同时还需要跟不同部门进行沟通。如果沟通不到位，可能会导致软件无法集成，或者集成出来的软件无法满足用户的需求。

2. 软件的复杂度

随着软件的发展，现在的软件变得越来越复杂，复杂度增加了，软件越容易出现错误。图形化界面、分布式的应用、数据通信、关系数据库、应用程序等，这些因素导致软件设计的复杂度增加。

3. 程序员编程错误

编程的错误也是程序员经常会犯的错误，它包括语法错误、拼写错误以及逻辑设计的错误等。有很多问题可以通常由编译器直接找到，但是遗留下来的就必须通过严格的测试才可能发现。

4. 需求的不断变更

在实际项目开发过程中，需求的变更是导致项目失败的最大杀手。对项目而言，需求的变更可能会引起重新设计，甚至会导致项目延期。但是不管是很小的变更还是较大的变更，由于项目中不同部分间可知和不可知的依赖关系，都有可能会引入新的错误；同时项目开发人员的积极性也会受到打击。

5. 时间的压力

进度问题每一个从事过软件开发人员都会碰到的问题。在快速变化的商业环境下，为了更好地抢占市场，产品必须比竞争对手早一步把产品提供出来，于是就产生了不合理的进度安排，不断的加班加点最终导致大量的错误产生。

6. 人员过于自信

在生活中，我们经常发现人们常说：这个很简单，没有问题等。往往一些问题就是出现在我们认为没有问题的时候。这个经常发生在一些资深的测试人员身上。

1.5.2 缺陷种类

常见的缺陷种类的分为以下 4 种情况：

1. 遗漏

遗漏是指规定或预期的需求未体现在产品中。造成该现象的原因，可能是需求调研和分析阶段，未将用户规格说明全部分析实现；还可能在后期实现阶段，未能将用户规格说明全面实现。

2. 错误

错误是指需求是明确的，在实现阶段未将规格说明正确实现。造成该现象的原因，可能是在设计阶段产生了错误，也可能是在实现阶段编码引入的错误。

3. 冗余

冗余是指需求规格说明并未涉及的需求被实现了。造成该现象的原因，可能是开发人员的画蛇添足，也可能是开发人员的代码复制复用导致的。

4. 不满意

除了上述 3 种外，通常用户对产品的实现不满意也称为缺陷。简单说，现在产品越来越复杂，用户使用的要求也越来越多，只要用户对产品不满意，项目也算是一个失败的项目。

从上面几种情况分析，作为一名优秀的测试工程师，在测试的过程中必须要以用户的需求为基准，从需求角度出发进行测试。

1.6 测试用例

测试用例（Test Case）：指对一项特定的软件产品测试任务的描述，体现测试方案、测试方法、测试策略和技术。其目的是将软件测试的行为转化为可管理的模式，同时测试用例也是将测试具体量化的方法之一。

测试用例是软件测试的核心，也是软件测试质量稳定的根本保障。不同的测试类型，测试用例也是不同的。

1.6.1 测试用例的重要性

软件测试的重要性是毋庸置疑的，测试用例在整个测试活动中也是非常重要的，主要表现在以下几个方面：

1. 避免程序漏测

现如今软件产品的功能越来越多，如何保证产品的质量可以满足用户的需求。主要是通把用户的每一个需求都通过测试用例来覆盖。如果需求发生变更，测试用例也要及时更新，这样可以避免在测试过程中将用户需求遗漏。

2. 测试进度的把控

人们需求在不断地变化，市场也在不断变化。大多数公司的项目进度也会跟着用户的需求在变化，测试用例可以很好地把控项目测试进度。

3. 一个度量指标

在项目结束后，还可以通过测试用来度量测试覆盖率是多少，测试合格率是多少等，它也是测试结束标准的一个度量指标。

4. 分析缺陷的依据

通常在编写用例时，要规划好测试环境、所属模块以及测试数据等。当发现缺陷后，开发人员可以通过测试用例准确的定位和分析缺陷。

5. 项目的管理成本

现在大多软件公司面临的一个严重的问题测试人员的流失。简单说，就是项目中测试人员流失，此时可以通过测试用例来辅助新员工进行测试，提高了新员工的测试效率，使新员工更快的去熟悉项目，降低了新员工的培训的成本。

1.6.2 测试用例写作思路

测试用例作为测试工作的一个指导，那么测试人员如何编写一个好的测试用例呢？编写测试用例需要遵守 5C 原则（Correct 准确、Clear 清晰、Concise 简洁、Complete 完整、Consistent 一致）。大多公司的测试用例通常包含用例编号、所属模块、用例标题、用例优先级、前提条件、测试数据、操作步骤、预期结果、用例状态等。

1. 用例编号

用例编号是测试用例的唯一标识，主要用来识别该测试用例的目的。用例编号需要具有指引性和维护性，格式一般由字母、数字、下划线组成，具体格式如下：

产品名称_需求编号_用例类型_测试子项_数字编号

1）产品名称通常是指产品的简称：如客户管理系统简称 CRM。

2）需求编号通常记录需求规格说明书中需求的编号。

3）用例类型描述测试所属的测试阶段：如单元测试 UT、集成测试 IT、系统测试 ST、验收测试 UAT 等。

4）测试子项一般具体指被测试的需求点。

5）数字编号根据测试预估用例数来定，通常规则由 001 或 0001 开始。

2. 所属模块

所属模块是指被测试需求具体属于哪个模块，主要是为了更好识别以及维护用例。

3. 用例标题

用例标题用简洁明了的一句话来描述测试用例的关注点，原则上测试标题也是具有唯一性。简单说就是每一条用例对应一个测试目的。

4. 用例优先级

用例优先级一般划分为三个级别：高、中、低，根据需求的优先级级别来定义。通常来说，高优先级别用例是指软件的核心业务、基本功能、重要特性以及使用频率比较高的部分，但是在定义时针对一个需求点我们会定义 2~3 个优先级高的测试用例。

5. 前提条件

前提条件是指测试用例在执行前需要满足的一些的条件，否则测试用例无法执行。前提条件指被测功能的先决条件以及测试环境，简单说就是跟测试用例存在因果关系的条件。

6. 测试数据

在执行测试时，需要输入一些外部数据来完成测试，这些数据根据测试用例的具体情况来定，有参数、文件以及数据库记录等。

7. 操作步骤

执行测试用例的步骤描述，测试用例执行人员可以根据该操作步骤完成测试执行。在编写操作步骤时要注意一点就是避免冗余。

8. 预期结果

预期结果是测试用例中最重要的部分，主要用来判断被测对象是否正常。根据需求规格说明书来描述用户的期望。通常在编写预期结果可以从以下两个方面考虑：

1）操作界面的提示：也就是说在执行操作步骤后，界面会有什么提示信息。

2）数据库的变化：也就是说在执行操作步骤后，数据库会发生什么变化。

9. 用例状态

用例状态一般分三种：PASS 通过、FAIL 失败、N/A 未执行。此项在编写用例时为空，当执行完测试用例后再填写。

第2章 软件质量

本章主要介绍质量，质量管理体系、软件质量特性以及质量活动。

学习目标：

- 熟悉质量管理体系
- 掌握软件质量特性
- 熟悉软件质量活动

2.1 质量

ISO（International Organization for Standardization，国际标准化组织，简称 ISO）中关于质量的定义为：一个实体的所有特性，基于这些特性可以满足明显的或隐含的需求，而质量就是实体基于这些特性满足需求的程度。

从上面描述可以看出质量的定义包含了三个要素：实体、特性、需求。评价一个实体的质量，需要从所有特性的角度来综合进行评价。

2.1.1 质量铁三角

所谓“铁三角”是指的三者中任意一方的变动都会对其他二者产生影响。项目管理的目标是平衡三者的关系，使之达到最佳的效果。在一个软件企业中，要想能够良性地发展，必须关注流程、技术、组织三者之间的关系，也就是说它们三者共同决定软件的质量，也是影响软件质量的铁三角。如图 2-1 所示。

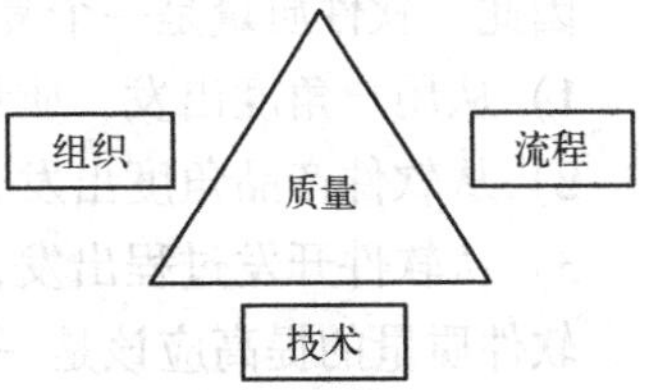

图 2-1 质量铁三角

1. 流程

流程（Flow）：是指一个或一系列连续有规律的行动，这些行动以确定的方式发生或执行，促使特定结果的实现。

不管我们做什么事情，都有一个循序渐进的过程，从计划到策略再到实现。软件流程告诉我们该如何逐步去实现产品，可能会有哪些风险，如何去避免风险等。因此，按照流程进行开发可以使得我们少走弯路，并有效地提高产品质量，提高用户的满意度。

流程的要素包含以下几点：

1）角色：为了达到目的所参与的人，在过程中每个人承担着相同的任务和职责。

2）职责：角色在过程中所承担的相关责任以及应该完成的任务。

3）入口准则：开展活动时所必须满足的条件或环境。

4）输入：开展活动时所参考的资料或所需要加工的原材料。

5）输出：完成活动后可以提交的或产出的工件。

6）出口准则：结束活动时所必须满足的条件或环境。

7）工具：开展活动时所需要使用的工具。

8）方法：开展活动时所使用的方法。

9）模板：开展活动时所使用的规范格式。

10）检查表：QA（质量保证）用来检查的依据。

使用流程的好处有两点：

1）使得不可见的软件开发过程变得可见并可控。

2）流程驱动每一个研发人员的活动，减少了内耗，提高了效率。

2. 技术

技术的承载者是人，主要包含：员工所承载的技术能力和公司积累下来的技术能力。技术对开发而言，主要指分析技术、设计技术以及编码技术等。对测试而言，也需要掌握多方面的技术，比如软件测试的基础理论、测试分析技术、测试用例设计技术以及测试工具的使用技术等。此外还需要掌握计算机以及软件的基础知识：编程语言、数据结构、操作系统、数据库、网络的基础知识等。

3. 组织

组织对软件产品不产生直接影响，它是通过流程、技术来间接的影响软件质量。组织是流程成功实施的保障，流程对于产品的成功有着关键的作用，对企业来说，人才是最宝贵的财富，他们是技术的承载者。一个好的组织可以有效地促进流程的实施，同时提供员工的发展空间以吸引更多的人才。

2.1.2 软件质量

软件质量是反映一个实体满足明确的和隐含的需求能力的特性总和。简单说，软件质量就是“指满足用户明确的或规定的需求或隐含需求的程度”。

因此，软件质量是一个复杂的多层面概念。

1）从用户角度出发，质量即符合需求又能满足需求。

2）从软件产品角度出发，质量是软件的内在特征。

3）从软件开发过程出发，质量是对过程规范的符合。

软件质量的提高应该是一个综合的因素，需要从每个方面进行改进，同时还需要兼顾成本和进度。衡量软件质量的标准就是需求，其中需求包含以下两个层次的含义：一是显性需求；二是隐性需求。

1）显性需求：是指符合用户所明确的目标。通常是指软件的基本需求，即开发者明确的定义的目标，而且这些目标必须是可以度量的。

2）隐性需求：是指用户不能明确描述的目标。通常隐性需求是显性需求的延续，与显性需求存在着依赖关系，而这往往是测试工程师必须考虑的。

2.2 质量管理体系

ISO：不针对某个行业的质量标准，是普遍使用的质量管理体系。

CMM：特定为软件行业制定的一套软件质量管理体系。

6Sigma：泛指所有行业的质量管理体系，不仅关注质量，还关注成本、进度等。

2.2.1 ISO

ISO（International Organization for Standardization，国际标准化组织，简称 ISO），是一个全球性的非政府组织，是国际标准化领域中一个十分重要的组织。

国际标准化组织的前身是国家标准化协会国际联合会和联合国标准协调委员会。1946 年 10 月，25 个国家标准化机构的代表在伦敦召开大会，决定成立新的国际标准化机构，定名为 ISO。ISO 的宗旨就是在世界范围内促进标准化工作的发展，以利于国际物资交流和互助，并扩大知识、科学、技术和经济方面的合作。其主要任务是：制定国际标准，协调世界范围内的标准化工作，与其他国际性组织合作研究有关标准化问题。

ISO 质量体系标准包括 ISO9000、ISO9001、ISO9004。

ISO9000 标准明确了质量管理和质量保证体系，适用于生产型及服务型企业。

ISO9001 标准为从事和审核质量管理和质量保证体系提供了指导方针。

ISO9004 是业绩改进指南，不用于认证，只用于组织内部综合绩效改进指南。

ISO9000 标准至 1987 年以来已经历了四次改版。第一次修订于 1994 年 07 月 1 日公布，第二次修订于 2000 年 12 月 15 日公布，第三次修订于 2008 年 12 月 15 日公布，第四次修订于 2015 年 09 月 23 日公布。

ISO9000 标准的八项质量管理原则如下：

1. 以顾客服务为中心

顾客是组织存在的基础，失去顾客的组织必遭淘汰。由于顾客的需求是不断变化的，组织应理解顾客当前和未来的需求，满足顾客需求并争取超过顾客的期望。

因此，要全面地理解顾客对于产品、价格、可依靠性等方面的需求和期望，在顾客的需求和期望之间寻求平衡，然后将需求和期望传达至整个组织，使得整个组织都能理解顾客的需求，并制定解决的方案并设定目标进行运作，最终达到顾客满意。

2. 领导作用

领导者必须将本组织宗旨、方向和内部环境相互统一起来，并创造环境能使员工充分参与实现组织目标的活动。领导即最高管理者具有决策和领导一个组织的关键作用。

领导者要起到模范带头作用，实时了解外部环境的变化并做出响应。对组织的各个层次树立价值共享观念，使得组织的未来有明确的前景，还要考虑顾客的需求，同时还要对员工进行鼓舞、激励，建立信任感，消除员工的恐惧心理，建立一个有激情、有信心又稳定的团队。作为一个领导在作风上还要做到透明、务实、以身作则。

3. 全面参与

各级人员都是组织之本，对组织来讲最重要的就是资源。个人的工作必然会影响到组织最终的质量，如何使得员工的能力发挥最大以及提升员工工作的积极性。对员工来说，加强学习新知识、新技术以及信息共享与交流，来提高个人的工作能力。同时，也让员工参与适当的决策活动和对过程的改进，作为组织的一名成员而感到骄傲和自豪，使员工对工作岗位更加满意，积极地参与也有助于员工的成长和发展。所以说只有全组织的每一个人都参与到里面去了才能把质量达到最优，给公司带来最大的收益。

4. 过程方法

过程就是利用资源和管理，将输入转换为输出的一项活动。过程方法就是识别管理组织内的过程。将相关的资源和活动作为过程来进行管理，可以更高效地达到预期的目的。过程方法的原则就是测量过程输入和输出，并评估存在的风险、因果关系以及过程与顾客之间可能存在的冲突，制定策略和方法，增强结果的可预见性，从而更好地使用资源、缩短项目时间，降低项目成本。

5. 管理的系统方法

针对设定的目标，识别、理解并管理一个由相互联系的过程所组成的体系，有助于提高组织的有效性和效率。简单说，就是制订出与组织的作用和过程的输入相关联的全面的和具有挑战性的目标，通过识别目标过程的体系，理解体系的各个过程之间的关联以及测量和评价来持续地改进体系的一种管理方法。

此方法实施可在三方面受益：一是提供对过程能力及产品可靠性的信任；二是为持续改进打好基础；三是使顾客满意，最终使组织获得成功。

6. 持续改进

持续改进是组织的一个永恒的目标，也是作为组织每一名员工的目标。改进是指软件质量、过程及体系有效性和效率的提高。持续改进包括：了解现状；建立目标；寻找、评价和实施解决方法；测量、验证和分析结果，把更改纳入文件等活动。软件质量的提高是永无止境的，永远都有提升的空间。但要掌握改进的“度”，充分考虑成本、竞争力等因素。

7. 基于事实的决策方法

对数据和信息的逻辑分析或直观判断是有效的决策是基础。简单来说，利用数据和信息的精准度和可靠性，通过有效的方法分析以及对分析结果的经验和直觉进行决策，可以防止决策失误。统计技术是对数据和信息做科学分析的重要工具之一。统计技术可以用来测量、分析和说明软件和过程的变异性，统计技术可以持续改进的决策提供依据。

8. 与供方的互利关系

组织和供方之相互依存，通过互利关系，增强组织及其供方创造价值的能力。把与供方的关系建立在兼顾组织和社会的短期利益和长远目标的基础之上，通过共同开发、改进产品和过程，发展和增强供方能力，确保供方能够按时提供可靠、无缺陷的产品。因此处理好与供方的关系，将影响到组织能否持续稳定地提供顾客满意的产品。对供方也不能只讲控制不讲合作互利，特别对关键供方，更要建立互利关系，这对组织和供方都有利。

2.2.2 CMM/CMMI

CMM（Capability Maturity Model，能力成熟度模型，简称 CMM）是 1987 年 9 月由美国卡耐基梅隆（Carnegie Mellon）大学，软件工程研究所（Software Engineering Institute，简称 SEI）提出的一种用于评价软件承包商能力并帮助改善软件质量的模型。

CMM 起源美国军方项目，该项目主要是利用一些方法来评估软件承包商的能力。

1984 年，美国国防部资助建立了卡耐基梅隆大学软件工程研究所（SEI），并把该任务作为一个研究项目交给了研究所立项研究。

1987 年，SEI 发布第一份技术报告介绍软件能力成熟度模型（CMM）及作为评价国防合同承包方过程成熟度的方法论。

1991 年，SEI 发表 1.0 版软件 CMM（SW-CMM），1993 年提出 CMM1.1 版。

CMMI 是 SEI 于 2000 年发布的 CMM 的新版本。

CMM 自 1987 年开始实施认证，现已成为软件业权威的评估认证体系。CMM 的精髓在于：过程决定质量。CMM 包括 5 个等级，共计 18 个过程域。详见表 2-1。

表 2-1　CMM 过程模型

能力等级	特点	关键过程域
初始级	软件工程管理制度、过程缺乏定义、混乱无序。成功取决于个人的才能和经验。管理方式属于反应式，主要用来应付危机	
可重复级	建立了基本的项目管理过程，用来控制项目费用、进度。同时制定了过程的纪律，用来及时的改进。能重复早先类似应用项目取得的成功	需求管理、软件项目计划、软件项目跟踪和监督、软件合同管理、软件质量保证、软件配置管理
已定义级	已将软件管理的过程文档化、标准化，可按需要改进开发过程，采用评审方法保证软件过程的开发和维护软件，进而保证软件质量	组织过程定义、组织过程焦点、培训大纲、集成软件管理、软件产品工程、组织协调、同行评审
已管理级	收集、测量相应指标。对软件过程和产品质量有定量的理解和控制	定量过程管理、软件质量管理
优化级	通过过程的量化和新技术，促使软件过程、质量和效率不断改进	缺陷预防、技术变更管理、过程变更管理

关键过程域（KPA，Key Process Area），就是企业需要集中力量改进的软件过程，用于达到增加过程能力的效果。在 CMM 中，除第一级外，CMM 的每一级是按完全相同的结构组成的。每一级包含了实现这一级目标的若干关键过程域（KPA），这些关键过程域指出了企业需要集中力量改进的软件过程。同时，这些关键过程域指明了为了要达到该能力成熟度等级所需要解决的具体问题。每个 KPA 都明确地列出一个或多个的目标（Goal），并且指明了一组相关联的关键实践（Key Practices）。完成这些关键实践就能实现这个关键过程域的目标，从而达到增加过程能力的效果。

CMM 各等级的过程，如图 2-2 所示。

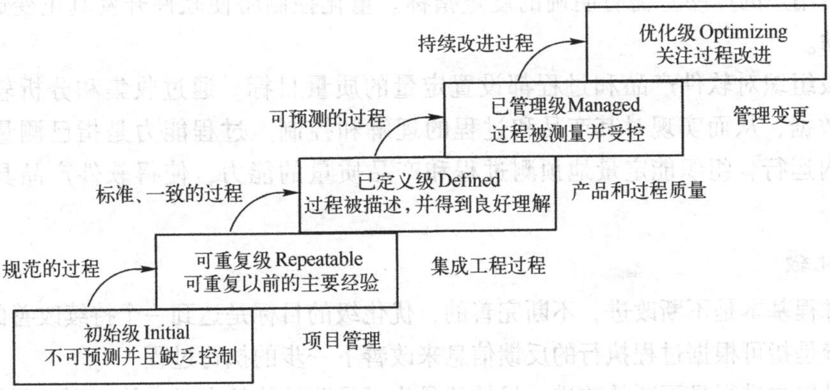

图 2-2　CMM 等级过程

CMM 各等级的特点如下：

1. 初始级

软件过程是未加定义的随意过程，项目的执行是随意甚至是混乱的。也许，有些企业制定了一些软件工程规范，但若这些规范未能覆盖基本的关键过程要求，且执行没有政策、资源等方面的保证时，那么它仍然被视为初始级。

该阶段不能提供开发和维护软件的稳定环境，整个开发过程缺少文档，也缺乏健全的管理实践经验。项目的成功完全依赖于有一个杰出能力的经理及一个有经验、战斗力强的软件队伍。该阶段的工作方式是救火式、消防式。即体现出有问题才改。

2. 可重复级

根据多年的经验和教训，人们总结出软件开发的首要问题不是技术问题而是管理问题。因此，第二级的焦点集中在软件管理过程上。一个可管理的过程应该是一个可重复的过程，一个可重复的过程则能逐渐进化和成熟。

该阶段已建立管理软件项目的方针和实施这些方针的规程。这使得组织重复在类似项目上的经验对新项目进行策划和管理。项目已设置基本的软件管理和控制，因此软件项目的策划和跟踪是稳定的，能重复以前的成功操作。由于遵循切实可行的计划，项目过程处于项目管理系统的有效控制之下。

3. 已定义级

第二级仅定义了管理的基本过程，而没有定义执行的步骤标准，而且无论是管理还是工程开发都需要一套文档化的标准，并将这些标准集成到企业软件开发标准过程中去。

该阶段开发和维护软件的标准过程已经文档化、规范化，包括软件工程过程和软件管理过程，而且这些过程被集成为一个有机的整体，称为组织的标准软件过程。所有开发的项目需根据其特性剪裁组织的标准软件过程，建立项目定义软件过程。在所建立的产品线内，成本和进度均受控制、对软件质量进行跟踪。整个组织范围内对已定义过程中的活动、角色和职责有共同理解。

4. 已管理级

管理是量化的管理，所有过程需建立相应的度量方式，所有产品的质量（包括工作产品和提交给用户的产品）需有明确的度量指标。量化控制将使软件开发真正变成为一种工业生产活动。

该阶段组织对软件产品和过程都设置定量的质量目标。通过收集和分析软件过程中的得到的数据，从而实现对其产品和过程的理解和控制。过程能力是指已测量的并在可测的范围内运行，组织能定量地预测过程和产品质量的能力，使得软件产品具有可预测的高质量。

5. 优化级

项目过程基本是不断改进，不断完善的，优化级的目标是达到一个持续改善的境界。所谓持续改善是指可根据过程执行的反馈信息来改善下一步的执行过程。

该阶段集中进行且不断的改进，目的就是为了预防缺陷的出现。从识别过程的弱点并预先予以加强，为此，既采用在现有过程中增量式前进的办法，也采用借助新技术、新方法进行革新的办法。所有软件项目组都要分析缺陷，确定其原因，并认真评价软件过程，防止类似缺陷的出现，同时将经验告知其他项目。

2.2.3 6Sigma

6Sigma 是以质量作为主线，以客户需求为中心，利用对事实和数据的分析，改进提升一个组织的业务流程能力，从而增强企业竞争力，它是一套灵活的、综合性的管理方法体系。6Sigma 要求企业完全从外部客户角度，而不是自己的角度来看待企业内部的各种流程。6Sigma 的本质是一个全面管理概念，不具体针对某个行业，不仅是质量提高的手段，也是对成本、进度控制的方法。很多企业将它塑造成企业文化来实施。

Sigma 是希腊字母 σ，汉语译音为“西格玛”，在统计学中称为均方差，用它来表示“标准偏差”，即数据的分散程度。在质量上，6Sigma 表示每百万个产品的不良品率 PPM 不大于 3.4，意味着每一百万个产品中最多只有 3.4 个不合格品，即合格率是 99.99966%。

6Sigma 是摩托罗拉公司发明的术语。在 1986 年由摩托罗拉任职的工程师比尔·史密斯（Bill Smith）提出的管理模式，并率先在企业中推行。自从采取 6Sigma 管理后，该公司平均每年提高生产率 12.3%，因质量缺陷造成的损失减少了 84%，摩托罗拉公司因此取得了巨大的成功，成为世界著名的跨国公司。6Sigma 管理需要一套合理、高效的人员组织结构来保证改进活动得以顺利实现。

1. 6Sigma 实施的方法

6Sigma 实施的方法，首先对需要改进的流程进行区分，找到高潜力的改进机会，优先对其实施改进。确定优先次序，企业如果从多方面出手，就会分散精力，影响 6Sigma 管理的实施效果。业务流程改进遵循五步循环改进法即 DMAIC（Define Measure Analyze Improve Control）模式：

1）定义：定义阶段主要是明确问题、目标和流程，需要回答以下问题：应该重点关注哪些问题或机会？应该达到什么结果？何时达到这一结果？正在调查的是什么流程？它主要服务和影响哪些顾客？

2）评估：评估阶段主要是分析问题的焦点是什么，借助关键数据缩小问题的范围，找到导致问题产生的关键原因，明确问题的核心所在。

3）分析：通过采用逻辑分析法、观察法、访谈法等方法，对已评估出来的导致问题产生的原因进行进一步分析，确认它们之间是否存在因果关系。

4）改进：拟订几个可供选择的改进方案，通过讨论并多方面征求意见，从中挑选出最理想的改进方案付诸实施。实施 6Sigma 改进，可以是对原有流程进行局部的改进；在原有流程问题较多或惰性较大的情况下，也可以重新进行流程再设计，推出新的业务流程。

5）控制：根据改进方法预先确定的控制标准，在改进过程中，及时解决出现的各种问题，使改进过程不至于偏离预先确定的轨道，避免发生较大的失误。

目前，业界对 6Sigma 管理的实施方法还没有一个统一的标准。

2. 6Sigma 管理

因为黑带管理是全职，所以 6Sigma 管理是主黑带的，组织结构如图 2-3 所示。

3. 七步骤法

以摩托罗拉公司提出的“七步骤法”作为参考。“七步骤法”的内容如下：

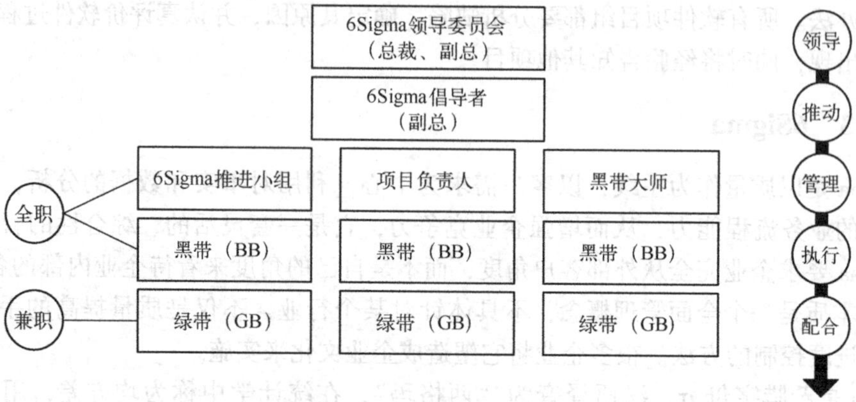

图 2-3　6Sigma 组织结构

1）找问题。即把要改善的问题找出来，当目标锁定后便召集有关员工，成为改善问题的主力，并选出首领，作为改善问题责任人，跟着编制订时间表跟进；

2）研究现时生产方法，收集现时生产方法的数据，并作整理；

3）找出原因。集合有经验的员工，利用头脑风暴法、控制图和科学方法，找出每一个可能发生问题的原因；

4）计划及制定解决方法。依靠有经验的员工和技术人才，通过各种检验方法，找出解决方法，当方法设计完成后，便立即实行；

5）检查效果。通过数据收集、分析，检查其解决方法是否有效和达到什么效果；

6）把有效方法制度化。当方法证明有效后，便制定为工作守则，各员工必须遵守；

7）总结成效并发展新目标。当以上问题解决后，总结其成效，并制定解决其他问题的方案。

2.3　软件质量特性

在 ISO9126 中定义了衡量软件质量由 6 大特性、27 个子特性组成，如图 2-4 所示。

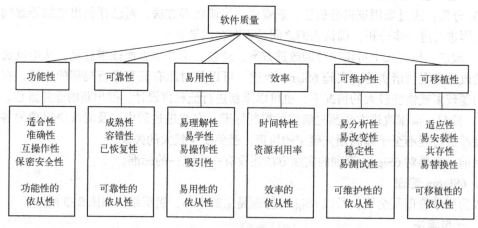

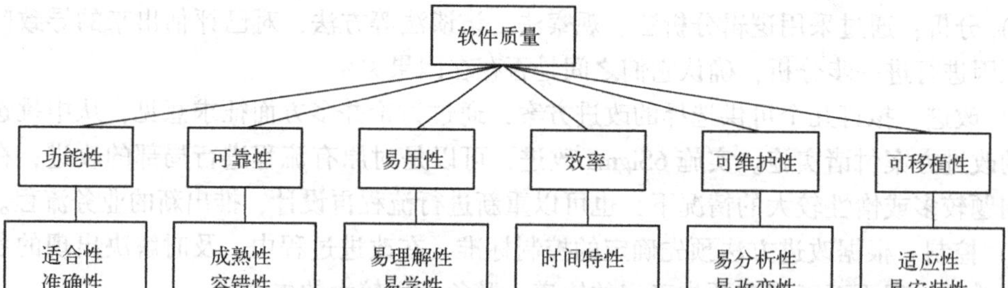

图 2-4　软件质量特性

以上特性是软件质量的核心。在实际测试活动中，测试工程师需要熟悉每个特性以及特性中的子特性，便于在测试需求的分析以及软件质量的评价中作为标准依据。

2.3.1 功能性

功能性（functionality）是指软件在指定的条件下，满足用户明确的和隐含的需求的功能的能力。功能性包含以下5个子特性。

1）适合性：软件为指定的任务和用户目标提供一组合适的功能的能力；

2）准确性：软件提供具有足够精确度的正确或符合要求的结果或效果的能力；

3）互操作性：软件与一个或更多的规定系统进行交互的能力；

4）保密安全性：软件保护信息和数据的能力；

5）功能性的依从性：软件遵循与功能性相关的标准、约定或法规及类似规定的能力。

2.3.2 可靠性

可靠性（reliability）是指软件在指定的条件下，维持规定的性能级别的能力。可靠性有“三规”：规定的环境、规定的时间、规定的性能。

可靠性指标：平均无故障时间（Mean Time To Failure，简称 MTTF）、平均恢复时间（Mean Time To Restoration，简称 MTTR）、平均恢复时间（Mean Time To Repair，也简称 MT-TR）、平均失效间隔时间（Mean Time Between Failures，简称 MTBF）。简单说 MTTR 值越小，说明故障修复时间越短，故障处理响应速度越快。MTBF 指越大，说明故障率低，系统可靠性较高。可靠性包含以下 4 个子特性。

1）成熟性：软件为避免由软件中错误而导致失效的能力；

2）容错性：在软件出现故障或者违反指定接口命令的情况下，软件维护规定的性能级别的能力；

3）已恢复性：在失效发生的情况下，软件重建规定的性能级别并恢复受直接影响的数据的能力；

4）可靠性的依从性：软件遵循与可靠性相关的标准、约定或法规的能力。

2.3.3 易用性

易用性（usability）是指软件在指定的条件下，满足被理解、学习、使用和吸引用户能力。易用性包含以下5个子特性。

1）易理解性：用户理解软件是否合适以及如何能将软件用于特定的任务和使用环境的能力；

2）易学性：用户学习其应用的能力；

3）易操作性：用户操作和控制软件的能力；

4）吸引性：软件吸引用户的能力；

5）易用性的依从性：软件遵循与易用性相关的标准、约定、风格或法规的能力。

2.3.4 效率

效率（efficiency）是指软件在规定的条件下，相对于所有资源的数量，软件可提供适当性能的能力。功能性包含以下 3 个子特性。

1）时间特性：在规定条件下，软件执行其功能时，提供适当的响应和处理时间以及吞吐率的能力；

2）资源利用率：在规定条件下，软件执行其功能时，使用合适的资源数量和类别的能力；

3）效率的依从性：软件遵循与效率相关的标准或约定的能力。

2.3.5 可维护性

可维护性（maintainability）是指软件可被修改（包含修正、改进或软件环境、需求和功能规格的变化等）的能力。可维护性具备如下“四规”：规定的条件、规定的时间、规定工具和方法、规定的功能。可维护性包含以下 5 个子特性。

1）易分析性：诊断软件中的缺陷或失效原因或识别待修改部分的能力；

2）易改变性：软件中指定的修改可以被实现的能力；

3）稳定性：软件中避免由于软件修改而造成意外结果的能力；

4）易测试性：软件产品使已修改的软件能被测试的能力；

5）可维护性的依从性：软件遵循与维护性相关的标准或约定的能力。

2.3.6 可移植性

可移植性（portability）是指软件从一种环境迁移到另外一种环境的能力。可移植性包含以下 5 个子特性。

1）适应性：软件无须采用有别于为考虑该软件的目的而准备的活动或手段就可以适应不同的指定环境的能力；

2）易安装性：软件在指定环境中被安装的能力；

3）共存性：软件在公共环境中同与其分享公共资源的其他独立软件共存的能力；

4）易替换性：软件在同样环境下，替代另一个相同用途的指定软件产品的能力；

5）可移植性的依从性：软件产品遵循与可移植性相关的标准或约定的能力。

2.4 软件质量活动

在项目中，保证软件质量的主要活动有两个方面，一方面是软件质量保证（SQA），是从流程方面来保证质量；另一方面是测试，是从技术方面来保证质量。本节主要介绍 SQA。

2.4.1 SQA 由来

质量保证（Quality Assurance 简称 QA）主要是保证审计过程的质量。S 是 Software 即软件，所以 SQA 就是软件质量保证（Software Quality Assurance），它是为项目建立一套可行的、标准的、规范的方法，能够被项目组所认可和采用。

2.4.2 SQA工作职责

SQA的主要职责有促使项目过程的改进、指导项目的实施、参与项目的评审活动、对工作产品的审核、协助问题的解决以及进行缺陷的预防工作。

1. 促使项目过程的改进

应建立一套规范的过程来保障制度体系。当然规范自身也必须不断地得到改进，才能保证它的正确性和有效性。虽然过程规范在发布前都必须经过评审，但是不代表只要通过评审就能发现所有的问题，还须经过实践的检验才行。正如常说的没有最好只有更好，所以过程的改进也是永无止境的。

在实际项目中，SQA需要参与项目的活动，即熟悉项目又熟悉过程体系。这样才可以更好地发现问题并及时改进。如果一个项目的过程完善了，它会更好地促进项目工作的开展，这就是一个良性循环。

2. 指导项目的实施

SQA对项目具有督促的作用，但是仅仅督促是远远不够的，还需要在项目组的过程上实施指导。虽然在项目过程实施前，项目组成员会接受相应的培训，但是工作的顺利开展并不是光靠理论就可以解决问题的，很多具体的做法需要在实践中才能真正理解并应用；而且每个项目组成员在接受培训的程度也不同，对过程的理解可能存在一些偏差。所以需要SQA人员在项目实施过程中应给予解答和指导，将这些规范真正地贯彻下去。

3. 参与项目的评审活动

评审项目活动是SQA的核心工作之一，也是软件质量保证的一个重要手段。评审项目活动的目的是为了检查项目的活动是否符合企业制定的规范，及早发现可能存在的问题，并通报给相关人员以便及时纠正。

通常SQA在评审活动中不关注评审的对象，也不会从技术角度提出问题，它只关心评审流程的规范性。

4. 对工作产品审核

评审完成后，SQA需要对评审的工作产品进行审核，这也是SQA的核心工作之一。在项目组整个开发过程中会产生大量的工作产品，如需求文档，计划文档，设计文档，代码，用户文档等。SQA需要从审核单个的工作产品开始来保证最终产品的质量。在审核产品时，需要做到独立、客观、公正，它关注的重点是工作产品的规范性、符合性、一致性、可追溯性等方面。

5. 协助问题的解决

SQA无论是在评审项目活动还是审核工作产品，都是为了发现问题并尽早地解决。一般在项目组内讨论问题，寻找问题的原因并及时解决。如果项目组内不能解决，则SQA会上报上级领导寻求更高一级的支持。在报告问题时应做到规范、严谨、准确，并且要跟踪这些问题直到他们被妥当地解决为止。

6. 缺陷的预防工作

在提供质量的同时还需要降低企业成本，所以必须进行缺陷的预防工作。消除产生缺陷和问题的根本原因并且防止将来缺陷和问题再次发生，以此来优化项目及企业的规范过程。缺陷的预防不是简单的发现和纠正，防患于未然才真正有效。

通常的做法是在项目研发周期的每个阶段实施缺陷的预防，采集问题和相关的数据进行分析，吸取其他项目或本项目前期的经验教训，并使缺陷预防成为一种机制，最终实现保障质量的目标。

2.4.3 软件度量

软件度量在软件工程领域是非常活跃的，它是对软件开发项目、过程及其产品进行量化的表示，通过对数据的定义、收集以及分析进行持续性定量测量的过程。

它的目的在于提高软件生产率，缩短产品研发周期，降低和维护研发成本，同时提高软件产品质量和用户满意度。

目前很多企业的软件开发处于失控状态（研发成本和维护成本超支、生产率低下、以及质量不高等问题），之所以失控就是因为没有度量，简单地说就是“没有描述就没有过程，没有度量就没有质量”。

1. 软件度量方法

软件度量的过程，概括地说就是五步法，即识别目标→定义度量过程→数据收集→数据分析与反馈→过程改进。

（1）识别目标

根据不同要求，分析出度量的工作目标，并根据其优先级和可行性得到度量活动的工作目标列表，然后由管理者审核批准。例如：提高生产率或质量、降低成本、提高计划准确性等。

（2）定义度量过程

根据度量目标定义度量过程，如定义收集活动和分析活动所需数据，定义数据收集活动的方法、角色，定义数据的分析方法和分析报告的反馈形式。

（3）数据收集

收集项目中数据，对数据进行质量检查，从而生成初步的数据统计。

（4）数据分析与反馈

按照定义的分析方法对初步统计的数据进行数据分析，找到可能影响质量、进度等属性的原因及可能的改进方法，最终生成分析报告并对项目组进行反馈。

（5）过程改进

根据分析报告做出决策，对项目、过程进行改进。

2. 基本度量项

规模：软件工作产品的大小，如文档的页数、代码行数等。

工作量：完成软件工作产品和活动所用人时（或人天等）。

进度：完成各项工作产品和活动的开始和结束时间。

质量：在各项工作产品和活动中产生的缺陷数。

根据以上的基本度量项可以分析得到项目的度量指标，见表 2-2。

表 2-2　度量指标

项目度量指标	描　　述
发现的缺陷密度	文档评审、代码评审、测试执行时发现的
引入的缺陷密度	由文档、代码引入的
生产率	编写文档、代码、用例的工作量
测试执行效率	执行测试用例/人天
用例密度	用例数/千行代码（KLOD）
需求稳定性	变更过的需求数/总需求数
……	

第 3 章　软件测试过程

本章主要介绍软件测试的过程，包括单元测试、集成测试、系统测试、验收测试以及回归测试等。

学习目标：

- 掌握软件测试的流程
- 熟悉单元测试、集成测试
- 掌握系统测试、回归测试、验收测试
- 掌握系统测试

3.1　测试阶段划分

软件测试按照测试阶段划分大致可以分为：单元测试、集成测试、系统测试、验收测试等阶段。如图 3-1 所示。

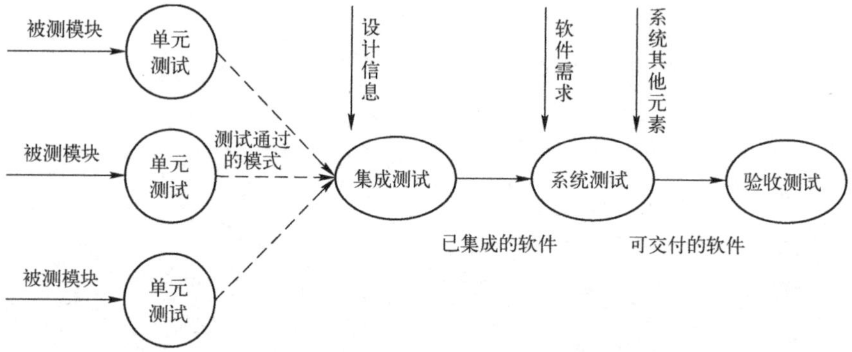

图 3-1　测试阶段

3.2　单元测试

单元测试（Unit Testing，简称 UT）是对软件基本组成单元（函数或类）进行检测的测试工作。其目的是检测与详细设计说明书（Low Level Design，简称 LLD）的符合程度。

3.2.1　单元测试环境

单元测试用于检测软件设计的最小单元在语法、格式、逻辑等方面可能存在的算法冗余、分支的覆盖率以及内存泄漏等问题。由于单元本身不是一个独立程序，所以需要一些辅助单元测试来完成单元测试。辅助单元测试有两种：驱动单元和桩单元。

1. 驱动单元（Driver）

驱动单元是用来模拟被测单元的上层单元，相当于被测单元的主程序。它用来接收测试数据，并把这些数据传送给被测单元，然后再输出实际测试结果。驱动单元主要完成以下几个步骤：

1）接收测试输入数据；

2）对输入数据进行判别；

3）将输入数据传给被测单元，驱动被测单元执行；

4）接收被测单元执行结果，与预期结果进行比较，得到测试结果；

5）将测试结果输出到指定位置。

2. 桩单元（Stub）

桩单元是用来代替被测单元中所调用的子单元。桩单元的功能是从测试角度模拟被测单元所调用的其他单元。桩单元需要针对不同的输入，返回不同的期望值，模拟不同功能。桩单元模拟的单元可能是自定义函数：这些自定义函数可能尚未编写完成，为了测试被测单元，需要构造桩单元来代替它们；或者可能存在错误会影响结果，给分析被测单元造成困难，因此需求构造正确无误的桩单元来达到隔离的目的。

被测单元、与它相关的驱动单元以及桩单元共同构成一个单元测试环境。如图 3-2 所示。

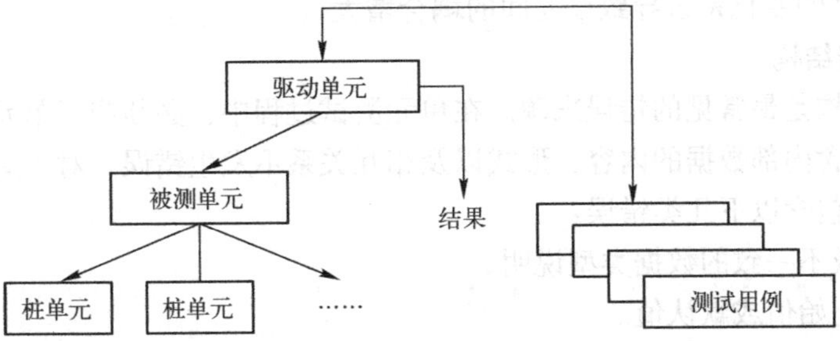

图 3-2 单元测试环境

3.2.2 单元测试策略

什么是测试策略？

简单地说测试策略就是如何用尽量少的资源来尽量好的完成测试。

通常执行单元测试的策略有三种：孤立的测试策略、自顶向下测试策略、自底向上测试策略。下面对三种策略分别进行简单描述。

1. 孤立的测试策略

孤立的测试策略是最简单的，最容易操作的，它属于纯单元测试。该方法不考虑每个单元与其他单元之间的关系，单独为每一个单元设计桩单元和驱动单元来进行单元测试，可以达到较高的结构覆盖率。由于需要开发大量的桩单元和驱动单元，所以测试效率低。

2. 自顶向下测试策略

自顶向下测试策略是先对最顶层单元进行测试，然后把顶层所调用的单元做成桩单元；

其次对第二层进行测试，使用上面已测试的单元作为驱动单元。以此类推，直到测试完所有的单元。该方法节省了驱动单元的开发工作量，测试效率较高。但是随着被测试单元逐个加入，测试过程变得越来越复杂，并且增加了开发和维护的成本。

3. 自底向上测试策略

自底向上测试策略是先对最底层单元进行单元测试，模拟调用该单元的单元做驱动单元；然后再对上面一层做单元测试，并用下面已被测试过的单元做桩单元。以此类推，直到测试完所有的单元。该方法节省了桩单元的开发工作量，测试效率较高。由于底层单元的测试质量对上层函数的测试将产生很大的影响，而且随着底层单元的逐个加入，更像是粒度小的集成测试，所以该方法不是纯单元测试。

3.2.3 单元测试常见的错误

单元测试常见的错误一般出现在以下几个方面：单元接口、局部数据结构、独立路径、出错处理以及边界条件。

1. 单元接口

单元接口主要是对被测单元的数据流进行测试，检查输入、输出的数据是否正确，也是处于最容易被忽略的地方。因此，必须对单元接口进行详细的测试，具体涉及的内容如下：

1）被测单元的输入、输出的参数，个数、属性、顺序上与设计上是否一致。

2）调用其他单元时形式参数的个数、属性、顺序以及类型是否一致。

3）约束条件的变化是否导致单元间的耦合增大。

2. 局部数据结构

局部数据结构是最常见的错误来源。在单元测试过程中，必须测试单元内部的数据能否保持完整性，包含内部数据的内容、形式以及相互关系不发生错误。对于局部数据结构，在单元测试中主要包含以下几类错误：

1）不正确或不一致的数据类型说明。

2）错误的初始值或默认值。

3）未赋值或未初始化的变量以及变量名的拼写错误。

3. 独立路径

在单元测试中最重要的就是对独立路径进行测试，其中对基本执行路径和循环进行测试，往往可以发现大量路径错误。设计测试用例查找由于错误的计算、不正确的比较或不正常的控制流而导致的错误。常见的错误有：

1）运算的优先次序不正确或误解了运算的优先次序以及运算方式的错误。

2）关系表达式中不正确的变量和比较符。

3）不适当的修改循环变量和不可能的或错误的循环终止条件。

4. 出错处理

比较完善的单元设计要求能预见出错的条件，并设置适当的出错处理，以便在程序出错时，能对出错程序重新做安排，保证其逻辑上的正确性。常见的错误有：

1）出错的描述与实际的错误不符或描述难以理解。

2）出错的描述信息不足，以至于无法找到错误的原因。

3）在对错误处理之前，错误条件已经引起系统的干预等。

5. 边界条件

在边界上出现错误是最常见的。经验表明，大多数的错误聚焦在边界上。注意一些与边界有关的数据类型：如数值、字符、数量等，还要注意边界的首个、最后一个、最大值、最小值等特征。通常测试采用的设计方法是差“1”法则：即边界点加减1。

边界上常见的错误有：

1）循环中的最小值，最大值是否有错误。

2）运算或判断中取最小值、最大值时是否有错误。

3）数据流、控制流中的刚好小于、等于、大于确定的比较值时出现错误的可能性。

3.2.4 单元测试工具

目前在国内大多数公司进行单元测试时都是由开发人员来完成。目前比较流行的2个开源的工具为：CppUnit 和 JUnit。

3.3 集成测试

集成测试（Integration Testing，简称IT）是在单元测试的基础上，将所有的模块按照设计的要求进行集成，主要验证组装后的功能以及模块之间的接口是否正确安装的测试工作。主要目的是检测软件与概要设计说明书（High Level Design，简称HLD）的符合程度。

集成测试的主要工作是测试模块之间的接口，但是接口测试不等于集成测试，这是个以面盖点的问题。比如，可以说北京是中国的城市，但不能说中国的城市就是北京。

3.3.1 集成测试环境

现在的软件越来越复杂，往往一个系统会分布在不同的软硬件平台上，需要所有分布在这些平台上的子系统集成为一个整体并完成系统的功能。因此，对于这样的系统，其集成测试的环境就要复杂很多。在我们测试时，需要考虑以下几个方面：

1）硬件环境：在集成测试的时，尽可能考虑实际的环境。如果实际环境不可用时，考虑在模拟环境下进行。如在模拟环境下使用时，需要分析模拟环境与实际环境之间可能存在的差异。

2）操作系统环境：考虑不同机型使用的不同操作系统版本。对于实际环境可能使用的操作系统环境，尽可能都要被测试到。

3）数据库环境：数据库的选择要根据实际的需要，从容量、性能、版本等多方面考虑。

4）网络环境：一般的网络环境可以使用以太网。

3.3.2 集成测试策略

集成测试策略就是在测试对象分析的基础上，描述软件模块集成的方式、方法。集成测试的基本策略比较多，通常分为2种：非增量式集成测试策略和增量式集成测试策略。

1. 非增量式集成测试策略

非增量式集成又称为大爆炸集成也称为一次性集成。该集成就是在最短的时间内把所有的系统组件一次性集成到被测系统中，并通过最少的用例来验证整个系统，不考虑各组件之间的相互依赖性或者可能存在的风险。

该方法的特点是容易理解、比较简单，并且可以多人并行工作，对人力、物力资源利用率较高。它最大的缺点是当发现错误的时候，其问题定位和修改都比较困难。即使被测系统能够一次性集成，但还会有许多接口上测试被遗漏，甚至会躲过测试遗留在系统中。

非增量式集成一般适用于维护型的项目，并且新增的项目只有少数的模块被增加或修改。还适用于被测系统比较小，并且它的各个组件都经过了充分的单元测试。

2. 增量式集成测试策略

增量式集成的测试策略有很多种，包括自顶向下集成、自底向上集成、三明治集成、基于功能的集成、基于风险的集成、分布式集成等。该策略最大的特点就是支持故障隔离、定位问题。

1）自顶向下集成：首先集成主控模块，然后按照软件控制层次结构向下逐步集成，可以采用深度优先策略和广度优先策略进行集成测试，主要验证系统接口的稳定性。

该方法的特点是较早的验证了主要的控制和判断点。如果主控制有问题，尽早发现它能够减少以后的返工，所以这是十分必要的。采用深度优先可以首先实现和验证一个完整的功能需求，先对逻辑分支进行组装和测试，验证其功能的正确性。对功能可行性较早得到证实，这样可以给开发者和用户带来成功的信心。它最大的缺点就是桩的开发和维护是该方法的最大问题。随着底层模块的不断增加，整个系统变得越来越复杂，导致底层模块的测试不充分，尤其是那些被重用的模块。

自顶向下的集成一般适用于产品的控制结构比较清晰和稳定，而且接口变化比较小的项目。对于大型复杂的项目往往会综合采用多种集成测试的策略。

2）自底向上集成：首先从程序结构的最底层模块开始向上逐步集成，主要检测整个系统的稳定性。

该方法的特点是对底层模块的行为验证较早，在初期还可能会并行进行集成，也容易被控制，这一点比自顶向下策略的效率高。它最大的缺点就是对顶层的验证推迟了，设计上的错误不能被及时的发现，尤其是对于那些控制结构在整个系统中非常关键的产品。随着集成到顶层，整个系统变得越来越复杂，对底层的一些异常将很难检测到。

自底向上集成一般适用于顶层接口变化比较频繁的产品。

3）三明治集成：三明治集成属于混合式的集成，它综合了自顶向下和自底向上的优点和缺点。测试时候将被测试软件划分为3层，中间一层为目标层，对目标层的上层采用自顶向下的集成策略，对目标层的下层采用自底向上的集成策略，最后测试在目标层进行汇合。

该方法最大的缺点就是对中间层的测试不够充分。它适合大多数项目，但是在使用的时候，需要记住尽可能减少驱动模块和桩模块的数量。

4）基于功能的集成：基于功能的集成是从功能的角度出发，按照功能的关键程度对模块的顺序进行集成。在整个开发过程中，如果能尽早看到系统的主要功能被实现，对整个团队的士气、信心也是一种极大的鼓舞。该方法的最大缺点是对有些接口测试不充分。如果系统比较复杂，功能之间的相互关联性难以分析，可能会有比较大的冗余测试。

5）基于风险的集成：基于风险的集成是一种假设，即系统风险最高的模块间的集成往往是错误集中的地方。因此尽早地验证这些接口有助于加速系统的稳定性，从而增加对系统的信心。该方法的关键在于风险的识别与评估，与基于功能的集成有一定的相通之处，可以结合使用。

6）分布式集成：分布式集成主要验证松散耦合的同级模块之间交互的稳定性。通常用在分布式系统中，在一个分布式系统中，由于没有专门的控制轨迹，以及没有专门服务器层，所以构造测试包比较困难，主要验证远程主机之间的接口是否具有最低限度的可操作性。

总之，在实际测试工作中，不管采用哪种策略，都要结合项目的实际环境以及各测试方案适用的范围进行合理的选择。

3.3.3 集成测试分析

要想做好集成测试，必须加强集成测试的分析工作。集成测试分析之间导致集成测试用例的设计，并且在整个集成测试过程中占据了最关键的地位。集成测试分析可以从以下几个方面进行考虑：

1. 体系结构分析

体系结构分析需要从 2 个角度出发，首先从需求的跟踪实现出发，划分出系统实现上的层次结构图。其次需要划分系统模块之间的依赖关系图。

2. 模块分析

模块分析是集成测试最重要的工作之一。模块划分的好坏直接影响集成测试的工作量、进度以及质量。因此需要慎重对待模块的分析。一个关键模块应具有以下特性：

1）一个模块和多个软件需求有关或与关键功能相关；

2）该模块处于程序控制结构的顶层；

3）模块本身比较复杂或容易出错的；

4）模块中含有性能需求的；

5）模块被频繁使用的。

在实际操作中，尽可能和开发人员多讨论，一般开发人员对哪些模块是关键模块比较清楚。也可以通过使用静态分析工具来分析系统各模块，寻找高内聚的模块。

3. 接口分析

集成测试的重点就是要测试接口的功能性、接口的可靠性、接口的安全性、接口的完整性、接口的稳定性等多个方面。因此对被测对象的接口进行详细的分析。在这里主要说一下系统内常见的接口包括：函数接口、类接口、消息接口、其他接口以及第三方接口等。

4. 可测试性分析

在一个系统中，可测试性分析应当在项目开始的时候作为一项需求提出来，并设计到系统中去。在集成测试阶段，分析可测试性主要是为了平衡随着集成范围的增加而导致的可测试性下降。所以应尽可能早的分析接口的可测试性，提前为测试实现做好准备。

3.3.4 集成测试工具

能够直接用于集成测试的测试工具不是很多，一般来说，一些通用的商用测试工具由于需要满足一定的通用性，因此在实际使用的时候功能是有限的，大部分工具需要进行二次开发。集成测试主要关注接口的测试，常用的接口测试工具：POSTMan、HTTPRequest、jmeter 等。

3.4 系统测试

系统测试（System Testing，简称 ST）是将已经通过集成测试的软件系统，与计算机硬件、外设、数据库、网络等其他元素结合在一起，在实际运行环境下，进行的一系列的测试工作。其目的是验证系统是否满足了需求规格，找出与需求规格不符或与之矛盾的地方，从而提出更加完善的方案。在国内，很多公司对测试一职还是不够重视，大多数公司还是以系统测试为主，并将系统测试大致分为四个阶段：系统测试计划阶段、系统测试设计阶段、系统测试实现阶段、系统测试执行阶段。

系统测试通常是由独立的测试团队来完成，其测试的主要依据是需求规格说明书。

3.4.1 系统测试环境

系统测试除了针对不同类型的系统进行测试，还需要注意要尽可能在实际环境下来进行测试。工作中的软件环境大致分为：开发环境、测试环境、真实环境。被测系统开发环境下，所包含的代码不同，所有的测试代码都包含在 Debug 中，这样调试比较方便。

3.4.2 系统测试策略

从整个系统测试的活动来看，系统测试远远比单元测试、集成测试复杂。因此，针对不同的软件，不同的测试阶段，系统测试的策略在选取上也会有所不同。比如：在一些银行的软件中，它的安全性是最优先被考虑的。

首先来看一下系统测试的类型有哪些：

1. 功能测试

功能测试是系统测试中最基本的测试，它不管软件内部的实现逻辑，主要根据产品的需求规格说明书和测试需求的列表，来验证产品的功能实现是否符合产品的需求规格。特别要注意的是一些隐含功能的需求。功能测试主要检查被测试对象是否存在以下几种错误：

1）是否有不正确、遗漏的或多余的功能。

2）功能实现是否满足用户的需求和系统设计的隐藏需求。

3）对输入是否做了正确的响应，对输出结果是否做了正确的显示。

4）对系统的流程设计是否正确、合理。

5）所有的路径是否达到全覆盖。

功能测试时需要注意以下几点：

1）站在用户角度，考虑用户处于什么情况，如何使来用该功能。

2）考虑用户对多个功能的组合运用以及前后台的交互。

3）对 Web 端软件，还要考虑多用户使用时，是否会导致功能的失效。

2. 性能测试

性能测试是指在一定软件、硬件及网络环境下，对系统的各项性能指标来进行测试，主要检测其性能特性否满足特定的性能需求。常用的性能指标包括并发数、响应时间、每秒处理的事务数、吞吐量、点击率、访问量以及硬件资源等。

性能测试可以发生在测试过程的所有阶段中，即使在单元层也需要考虑性能问题，比如某个函数或类的处理性能。在系统测试层，需要模拟用户真实的业务场景来进行测试。通常性能测试需要借助测试工具来完成，如 Loadrunner、JMeter 等。

性能测试需要从以下两个方面考虑：

1）验证系统实现的性能是否与性能需求完全一致。

2）检测系统实现的具体性能到底怎么样。

3. 压力测试

压力测试也称强度测试，也是性能测试的一种，是指在极限状态下，长时间或超大负荷地连续运行的测试，主要检测被测系统的性能、可靠性、稳定性等。

压力测试检的目的是检查系统在资源超负荷的情况下的抗压能力。压力测试的一个变种是一种被称为敏感测试的技术。在有些情况下，在有效数据界限之内的一个很小范围的数据可能会引起极端的甚至是错误的运行，或者引起性能的急剧下降。敏感测试用于发现可能会引发不稳定或者错误处理的数据组合。

压力测试应当在开发过程中尽早进行，因为它通常发现的主要是设计上的缺陷。压力测试的基本步骤如下：

1）进行简单的多任务测试。

2）在简单压力缺陷被修正后，增加系统的压力直到系统中断。

3）在每个版本循环中，重复进行压力测试。

4. 容量测试

容量测试是指检查当系统运行在大量数据，甚至最大或更多的数据测试环境下，系统是否会出问题。还可以看作系统性能指标中一个特定环境下的一个特定性能指标，即设定的界限或极限值。容量测试是面向数据的，并且它的目的是显示系统可以处理目标内确定的数据容量。

进行容量测试一般可以通过以下几个步骤来完成：

1）首先分析系统的外部数据源，并对数据进行分类；

2）对每类数据源分析可能的容量限制，对数据类型分析记录的长度和数量限制；

3）对每类数据源，构造大容量数据对系统进行测试；

4）分析测试结果，与期望值进行比较，最后确定系统的容量瓶颈；

5）对系统进行优化并重复上面的步骤，直到系统达到期望的容量处理能力。

5. 安全性测试

安全测试是用来验证系统内的保护机制是否能够在实际应用中保护系统不受到非法的侵入。该测试用来保护系统本身数据的完整性和保密性。随着互联网的发展，安全测试尤为重要，特别是一些金融类的产品，往往都把安全放到首位。

安全测试常用的方法有以下几点：

1）静态代码检测主要验证功能的安全隐患。

2）可以借助安全测试工具 APPScan 进行漏洞扫描。

3）模拟攻击来验证软件系统的安全防护能力。

4）利用 Wireshark 工具对网络数据包进行截取分析。

6. 兼容性测试

兼容性测试是指检查软件在一定的软硬件、数据库、网络、操作系统环境下是否可以正确地进行交互和共享信息。兼容性测试的策略有向下兼容、向上兼容、交叉兼容。

兼容性测试一般考虑以下几点：

1）软件本身能否向前或向后兼容，即不同版本之间的兼容。

2）软件能否与其他相关软件的兼容。

3）软件在不同的操作系统上兼容。

4）数据的兼容性，主要是指数据能否共享等。

5）硬件上的兼容性，如手机 APP 软件需要考虑不同品牌的手机。

7. GUI 测试

GUI（Graphical User Interface，图形用户界面）是计算机软件与用户进行交互的主要方式。GUI 软件测试是指对使用 GUI 的软件进行的软件测试。为了让软件能够更好地服务于用户，进行 GUI 测试也变成一个非常重要的测试了。GUI 测试与用户友好性和可操作性有点重复，但 GUI 测试更关注的是对图形界面的测试。

GUI 测试主要包括两个方面，一方面是界面实现与界面设计的吻合情况；另一方面是确认界面处理的正确性。界面设计与实现是否吻合，主要指界面的外形是否与设计内容一致；而界面处理的正确性，主要指当界面元素被赋予各种值的时候，系统处理是否符合设计以及是否存在异常。通常将系统分为三个层次，界面层、功能层、界面与功能的接口层。GUI 测试的重点关注在界面层和界面与功能接口层上。

为了更好地进行 GUI 测试，提倡界面与功能的设计进行分离，而且 GUI 测试也要尽早进行。对于界面层我们可以从以下几点进行考虑：

1）对于界面元素的外观需要考虑，界面元素的大小、形状、色彩、明亮度、对比度以及文字的属性（大小、字体、排列方式）等。

2）对于界面的布局需要考虑，各界面元素的位置、对齐方式、元素间间隔、色彩的搭配以及 Tab 顺序等。

3）对于界面元素的行为需要考虑，输入和输出的限制、提醒、回显功能、功能键或快捷键以及行为回退等。

8. 可靠性测试

可靠性测试是软件质量中一个重要标志，是指为了评估产品在规定的寿命期间内，在预期的使用、运输或储存等所有环境下，保持功能可靠性而进行的测试活动。通俗的说法是指系统在特定的环境下，在给定的时间内无故障地运行的概率。软件的可靠测试要评估软件在运行时功能、性能、可安装、可维护等多方面特性。

系统的可靠性是设计出来的，而不是测试出来的。但是通过可靠性测试出来的数据，有助于我们进一步优化系统积累经验，设计和测试是一个互为反馈的过程。可靠性测试一些常用的指标有：平均无故障时间（Mean Time To Failure，简称 MTTF）、平均恢复的时间（Mean Time To Restoration，简称 MTTR）、平均故障间隔时间（Mean Time Between Failure，简称 MTBF）、故障发生前平均工作时间（Mean Time To First Failure，简称 MTTFF）等。

9. 配置测试

配置测试主要是指测试系统在各种软硬件配置、不同的参数配置下系统具有的功能和性能。配置测试并不是一个完全独立的测试类型，需要和其他测试类型相结合，如功能测试、性能测试、兼容性测试、GUI测试等。

通常配置测试的可以分为服务器端和客户端的配置测试。

1）服务器端的配置需要考虑服务器的硬件、Web服务器、数据库服务器等。

2）客户端的配置需要考虑操作系统、浏览器、分辨率、颜色质量等。

10. 异常测试

异常测试是指通过人工干预手段使系统产生软、硬件异常，通过验证系统异常前后的功能和运行状态，达到检测系统的容错、排错和恢复的能力。它是系统可靠性评价的重要手段。通常异常测试关注的要点如下：

1）强行关闭软件的数据库服务器或者用其他方式导致数据库死机。

2）非法删除或修改数据库中的表数据或者表。

3）断开网络或者人为增加网络流量。

4）强行重启软件的web服务器或者中间件服务器，测试系统的恢复能力。

5）通过人为手段，增加cpu、内存、硬盘等负载进行测试。

6）对部分相关软件测试机器进行断电测试。

不同的系统会出现的异常是千差万别的，有很强的特殊性，因此需要针对特定的系统积累各种异常信息，测试人员的经验以及逆向思维对异常测试非常重要。

11. 安装测试

安装测试就是确保该软件在正常情况和异常情况的不同条件下，都能进行安装。安装系统是开发人员的最后一个活动，通常在开发期间不太受关注。然而，它却是用户使用系统的第一个操作，如果因为安装的问题导致用户拒绝这将是一件非常令人痛苦的事情。因此，清晰并简单的安装过程是系统文档中最重要的部分。

在进行安装测试时需要关注以下3点：

1）安装前测试：首先要检查安装包文件以及安装手册是否齐全，其次关注是否有权限以及空间进行安装，还需要考虑杀毒软件和防火墙的影响。

2）安装中测试：主要是安装流程的测试以及检查安装时文件、注册表、数据库的变动。

3）安装后测试：主要检查安装好的软件是否能正常运行，基本功能是否可以使用。

另外还要进行卸载测试和升级测试。卸载测试主要注意能否恢复到软件安装前的状态，包括文件夹、文件、注册表等，是否能把安装时所做的修改都去除掉。升级测试主要注意升级对已有数据的影响。

12. 网络测试

网络测试是在网络环境下和其他设备对接，进行系统功能、性能与指标方面的测试，保证设备对接正常。网络测试考察系统的处理能力、兼容性、稳定性、可靠性以及用户使用等方面。网络测试的关注点如下：

1）功能方面需要考虑的是协议测试和软件内的网络传输与架构。

2）性能方面需要考虑网络吞吐率和网络I/O占有率等。

3）安全性则考虑网络传输加密，常用的加密方式有MD5和RSA加密。

4）网络技术上对网络数据收集、分析，常用网络监控工具有Wireshark。

在工作中网络主要进行协议测试，它有以下几点：

1）一致性测试：检测所实现的系统与协议规范的符合程度。

2）性能测试：检测协议实体或系统的性能指标（数据传输率、连接时间，执行速度、吞吐量、并发度等）。

3）互操作性测试：检测同一协议不同实现厂商之间，同一协议不同实现版本之间或同一类协议不同实现版本之间的互通能力和互连操作能力。

4）坚固性测试：检测协议实体或系统在各种恶劣环境下运行的能力（信道被切断、通信技术掉电、注入干扰报文等）。

13. 可用性测试

可用性测试和可操作性测试有很大的相似性，它们都是为了检测用户在理解和使用系统方面是否满意。这包括系统功能、系统发布、帮助文档和过程，以保证用户舒适的和系统交互。在实际测试的时候，通过观察有代表性的用户，完成产品的典型任务，而界定出可用性问题并解决这些问题。它的目的就是让产品用起来更容易。

可用性测试的难点在于可用性有时候比较难以量化，因此可用性测试通常而言由行业专家或用户来进行。行业专家结合自己对行业和用户的了解来进行测试。在系统测试中，需要结合一些经验进行分析，要针对一些容易量化的特性进行检查，如：菜单级数、快捷键的使用和网站导航等。

14. 健壮性测试

健壮性测试有时也叫容错性测试（Fault Tolerance Testing），主要用于测试系统在出现故障时，是否能够自动恢复或者忽略故障继续运行。为了使系统具有良好的健壮性，要求设计人员在做系统设计时必须周密细致，尤其是在系统的异常处理方面。即一个健壮的系统是设计出来的而不是测试出来的。

对于一般软件企业来讲，成本、时间和人员的约束经常限制软件测试关注于重要的功能正确性领域，而往往忽略或仅分配少量的资源用于确定系统在异常处理方面的健壮性。一个好的软件系统必须经过健壮性测试之后才能最终交付给用户。

健壮性有两层含义：一是容错能力，二是恢复能力。

1）容错性测试：通过构造不合理的输入来引诱软件出错，如输入错误的数据类型、输入定义域之外的数值等。

2）恢复性测试：重点考察系统能否重新运行、有无重要的数据丢失、是否毁坏了其他相关的软、硬件。

15. 文档测试

文档测试的目标是验证用户文档是否正确的并且保证操作手册的过程能够正确工作。主要针对系统提交给用户的文档的验证。文档测试有助于发现系统中的不足并且使得系统更可用。因此文档的编制必须保证一定的质量，通常考虑有以下几点：

1）针对性：分清读者对象，按不同类型、层次的读者，决定怎样适应他们的需要。

2）精确性：文档的行文应当十分确切，不能出现多义性的描述。

3）清晰性：文档编写应力求简明，适当可以配图表以增强其清晰性。

4）完整性：任何一个文档都应当是完整的、独立的、自成体系的。

5）灵活性：各个不同软件项目，其规模和复杂程度有着许多实际差别，文档测试应灵活应对。

3.5 验收测试

验收测试是部署软件应用之前的最后一个测试操作。是以用户为主的测试，软件开发人员和软件质量保证人员也应参加。由用户参与测试用例的设计，通过用户界面输入测试数据，并分析测试的输出结果，一般使用生产实践中的实际数据进行测试。在测试过程中除了考虑功能和性能外，还应对软件的兼容性、可移植性、可维护性、可恢复性以及法律法规、行业标准进行测试。

验收测试可分为正式验收和非正式验收2种。

- 正式验收就是用户验收测试（UAT）
- 非正式验收包括α测试和β测试

3.5.1 UAT测试

UAT（User Acceptance Test），也就是用户验收测试或用户可接受测试。它是系统开发生命周期方法论的一个阶段，这时相关的用户或独立测试人员根据测试计划和结果对系统进行测试和接收。它让系统用户决定是否接收系统。它是一项确定产品是否能够满足合同或用户所规定需求的测试，由系统管理性和防御性控制。

因为测试人员并不了解用户用什么样的手段和思维模式进行测试。所以UAT主要是要求用户参与测试流程，并得到用户对软件的认可，鼓励用户自己进行测试设计和进行破坏性测试，充分暴露系统的设计和功能问题，显然，用户的认可和破坏性测试是难点。

3.5.2 α测试

α（Alpha）测试是由一个用户在开发环境下进行的测试，也可以是公司内部的用户在模拟实际操作环境下进行的测试。α测试是在受控制的环境下进行的测试，即软件在一个自然设置状态下使用，开发者坐在用户旁边，随时记下错误情况和使用中的问题，主要目的是评价软件产品的FLURPS（即功能、局域化、可用性、可靠性、性能等），尤其注重产品的界面和特色。α测试人员是除产品研发人员之外最早见到产品的人，他们提出的功能和修改建议是很有价值的。

α测试可以从软件产品编码结束之时开始，或在模块（子系统）测试完成之后开始，也可以在确认测试过程中产品达到一定的稳定和可靠程度之后再开始。α测试即为非正式验收测试。

3.5.3 β测试

β（Bate）测试是由软件的多个用户在一个或多个用户的实际使用环境下进行的测试。与α测试不同的是，β测试时开发者通常不在测试现场。因而，β测试是在开发者无法控制的环境下进行的软件现场应用。在β测试过程中，由用户记录下遇到的所有问题，包括客观的和主观认定的，定期向开发者报告，开发者在综合用户的报告后做出修改，再将软件产品交付给全体用户使用。

3.6 回归测试

回归测试主要指软件在测试或其他活动中发现的缺陷经过修改后，重新进行测试，目的是验证修改后缺陷是否得到了正确的修复，同时还要关注有没有引入新的缺陷或导致其他代码产生缺陷或错误。

3.6.1 回归测试流程

回归测试是贯穿在整个测试活动中，它作为软件生命周期的一个组成部分，在整个软件测试过程中占据很大的工作量，它的具体流程如图 3-3 所示。

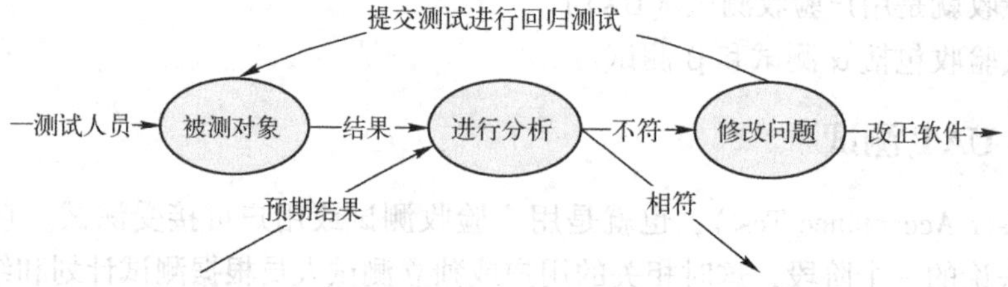

图 3-3　回归测试流程

3.6.2 回归测试策略

由于回归测试的重要性以及昂贵的测试过程。针对如何减少回归测试成本，提高回归测试效率的研究将具有十分重要的意义。因此，通过选择正确的回归测试策略来改进回归测试的效率和有效性是非常有意义的。回归测试策略包含完全重复和选择性重复测试两种。

1. 完全重复测试

完全重复测试是指将所有在前期测试阶段建立的测试用例完全地执行一遍，来确认问题修改的正确性和修改的扩散影响的测试方法。其缺点由于要把用例全部执行，因此，会增加项目成本，也会影响项目进度，所以通常不选择此策略。

2. 选择性重复测试

选择性重复测试是指选择部分测试用例执行，来测试被修改的程序的测试方法。下面介绍几种选择性重复测试的方法：

1）覆盖修改法：即针对被修改的部分，选取或重新构造测试用例来验证是否有错误再次发生的测试方法。

2）周边影响法：该方法不但包含覆盖修改法确定的用例，还需要分析修改的扩散影响，对那些受到修改间接影响的部分选择测试用例验证它是否受到不良影响。

3）指标达成法：该方法就是在执行回归测试前，先确定一个要达到的指标，如代码覆盖率、接口覆盖率等。

4）基于风险选择方法：该方法是根据缺陷的严重性来确认风险的大小，基于一定的风险标准从测试用例库中选择回归测试用例。通常优先执行最重要、最关键的以及可疑的测试，而跳过那些非关键的、优先级别低的或者稳定的测试用例。

3.7 软件测试的流程

软件测试的流程大致分为测试计划与控制、测试分析与设计、测试实现与执行、测试评估与报告和测试结束活动。在实际工作中，大多企业把测试工作分为五个阶段：测试计划阶段、测试设计阶段、测试实现阶段、测试执行阶段、测试总结。

在熟悉流程前，我们首先看一下，测试组织中的角色与职责。

3.7.1 测试角色与职责

在工作中测试组织结构通常涉及的人员有：测试经理（TM）、项目测试经理（TPM）、测试分析员（TSE）、测试执行员（TE）。

1. 测试经理

测试经理在公司主要负责公司测试的组织和管理工作，要确保在给定的时间、资源和费用的限制下进行设计测试项目的管理，定期向公司高层领导汇报工作。测试经理在适当的时候也需要参与项目的分析和讨论。通常比较大的企业会设有测试经理这一岗位，一些小的企业该职位一般由 IT 部领导或 QA 主管来担任。

2. 项目测试经理

在整个项目测试过程中，项目测试经理主要负责该项目的测试进度的控制以及对测试质量进行把控，以保证项目产品的质量。通常项目测试经理会参与需求的分析，并制定相应的测试计划，合理分配测试分析员和测试执行员的测试任务以及工作量的度量，并定期向测试经理汇报项目的进度，确保项目测试在可控的范围内。

3. 测试分析员

测试分析员主要负责测试规程的设计、测试环境的分析以及相关的测试用例，也会协助项目测试经理进行测试的需求分析。在很多企业没有划分该职位，一般都是由测试工程师负责分析并执行测试。

4. 测试执行员

测试执行员主要负责执行测试分析员建立的测试设计，将测试结果记录到文档中。在测试执行前，需要建立测试环境，包括测试数据的准备以及其他支持测试所需的软件（模拟器和测试辅助程序）。在测试执行过程中，需要记录用例执行的状态，便于后期的跟踪和维护。在测试执行完成后，将所发现的 Bug 提交到缺陷管理工具上，便于后期的回归测试活动。在整个项目完成后，对相应的 Bug（遗漏缺陷）进行分析，并形成缺陷报告文档提交给项目测试经理，并协助项目测试经理完成最终的测试报告。

3.7.2 测试计划与控制

测试计划阶段需要根据项目计划、需求规格说明书以及开发计划来制定测试计划，按照不同的测试阶段设计相应的测试计划。它的主要目的是明确组织形式、测试对象、定义测试通过/失败的准则、测试挂起/恢复的准则、测试风险的防范措施、合理分配测试任务以及测试交付的工作产品等。

在实际工作中，测试计划一般由项目测试经理或项目测试组长来负责制定，测试人员需要参与测试计划的制定及评审活动。

常见的测试计划内容如下：

测试计划

---

1 目标
2 项目概述
  2.1 项目背景
  2.2 项目范围
3 组织结构
4 测试需求跟踪
5 测试对象
  5.1 功能测试
  5.2 性能测试
  5.3 其他测试
6 测试准则
  6.1 测试通过的标准
  6.2 测试失败的标准
  6.3 测试挂起的标准
  6.4 测试恢复的标准
7 测试风险与防范措施
8 测试任务分配
  8.1 任务1
  8.2 任务2
9 测试应交付的工作产品

3.7.3 测试分析与设计

测试设计阶段就是将测试计划阶段制定的测试需求进行细化分解为若干个可执行的测试过程，主要体现在测试策略、测试方法的选取以及测试规程的设计上，也就是如何编写测试方案。

测试计划解决的是做什么，而测试方案就是解决怎么测试，如何进行测试。通常根据不同阶段（单元测试、集成测试、系统测试、验收测试）的被测对象以及每个阶段所要进行的测试类型（功能测试、性能测试、安全性测试、可靠性测试以及兼容性测试等）的不同，可能会采用不同的测试策略。

测试方案主要是对测试需求进行细化，分析测试用例设计方法，规划测试环境以及对测试工具的选取等。

常见的测试方案内容如下：

测试方案

---

1 概述
2 测试模型
  2.1 测试组网图/结构关系图
  2.2 测试需求
  2.3 测试策略
3 测试需求分析
  3.1 功能测试分析
  3.2 性能测试分析

（续）

测试方案
3.3　安全测试分析
3.4　兼容性测试分析
3.5　可靠性测试分析
3.6　其他测试分析
4　测试设计
4.1　测试规程设计
4.2　测试工具设计
4.3　测试用例设计

3.7.4　测试实现与执行

测试实现阶段主要根据测试方案设计来完成：测试脚本的开发、测试用例的写作。

测试脚本通常用在自动化测试和性能测试中，根据自动化测试的目标、性能测试场景来开发相应的测试脚本。

测试用例主要用来指导测试执行，可以根据用例设计的方法来进行设计，针对不同的阶段选择方法也不一样，白盒测试用例设计方法主要有逻辑覆盖法、基本路径法等；黑盒测试用例设计方法主要有等价类划分法、边界值分析法、流程设计法、判定表分析、因果图分析法、正交试验法、错误推测法以及异常处理等。

通用的测试用例格式如下：

用例编号	用例标题	属于模块	优先级	预置条件	数据	操作步骤	预期结果

测试执行前，首先根据项目的测试情况来搭建测试环境，一般有自动化测试环境、手工测试环境以及性能测试环境等。在测试中为了使得测试结果的数据更接近用户，应尽量模拟用户的实际环境来进行搭建。

其次根据测试的不同阶段，在执行前的准备也不同。比如性能测试，在执行性能测试前需要进行测试数据的准备阶段。又如系统测试，在执行测试前需要进行预测试。

预测试又称为冒烟测试，即利用较短时间快速验证软件系统的基本功能，主要是指核心业务以及风险比较高的功能，以确保后期的系统测试能够顺利进行。通常预测试执行的时间控制在2~3小时内，最多不超过一天。预测试的用例可以从已经写好的并且优先级比较高的用例中，抽取10%作为预测试的用例，也可以重新设计预测试用例。一般预测试的标准是预测用例的90%全部通过。

在执行测试阶段中，应严格按照测试计划进行；也可以根据项目的进度安排，按照用例的优先级进行测试。执行的过程中，需要注意缺陷的记录（截图、错误日志的消息等）。在实际工作中，测试工程师在执行时，每天要写测试日报记录发现的问题以及执行中遇到的困难和问题，还需要实时把缺陷记录到缺陷管理工具中，便于后期的进行跟踪、管理。待开发修复缺陷以后还要进行回归测试。

3.7.5 测试评估与报告

测试工程师根据缺陷的记录，进行分析与评估。主要分析缺陷的分布、密度以及发展趋势，还要分析软件在整个研发过程中引发缺陷的根本原因。最后编写缺陷报告，以便协助完成测试报告，为软件产品的质量提供真实的数据依据。

通用的缺陷报告内容如下：

缺陷报告			
缺陷编号：		缺陷状态：	
缺陷标题：		缺陷类型：	
所属版本：		所属模块：	
严重级别：		处理优先级：	
发现人员：		发现日期：	
重现方式：		指定处理人员：	
详细描述：			
附件：	（截图、错误日志消息）		

通用的测试报告内容如下：

测 试 报 告
1　概述 　1.1　目的 　1.2　项目描述 　1.3　术语和缩写词 　1.4　参考资料 2　测试概要 　2.1　测试环境描述 　2.2　测试方法和工具 3　测试结果 　3.1　测试执行记录（时间、版本等） 　3.2　覆盖分析（测试覆盖、需求覆盖） 4　缺陷分析与统计 　4.1　缺陷汇总（严重程度、缺陷类型、缺陷分布） 　4.2　缺陷分析（缺陷密度、缺陷质量、综合分析等） 　4.3　遗留缺陷（编号、描述、原因分析、预防措施、改进措施） 　4.4　未解决的问题（测试类型、缺陷描述、测试结果、评价） 5　测试结论与建议 　5.1　测试建议 　5.2　测试结论

3.7.6 测试结束活动

在测试执行全部完成后，并不意味着测试项目的结束。除了测试报告的写作之外，还要对测试中涉及的所有文档、数据及相关的资料进行整理归档。通常测试结束需要检查以下内容：

1）对测试项目进行全过程、全方位的审视，检查测试用例是否全部执行，检查测试是否有遗漏。

2）检查有没有未解决的各种问题，对项目存在的缺陷逐个进行分析，了解对项目质量影响的程度，从而决定整个测试过程是否可以告一段落。

3）检查测试报告是否达到产品质量已定义的标准，是否符合测试结束的标准以及对测试产出的风险记录进行评估，最终将测试报告定稿。

4）在测试结束后，通过对项目中的问题进行分析，找出流程、技术或管理中所存在的问题根源，将相关的经验教训进行总结并分享到项目组以及整个公司中，避免以后发生类似的错误。

第 4 章　软件测试方法

本章主要介绍软件测试的方法，包括白盒测试、灰盒测试、黑盒测试、静态测试、动态测试、手动测试、自动测试以及用例设计方法等。

学习目标：

- 熟悉白盒测试方法
- 掌握黑盒测试方法
- 掌握黑盒测试用例设计的方法：等价类划分法、边界值分析法、因果图分析法、判定表分析法、正交试验法等

4.1　测试方法划分

测试方法一般按以下几种划分：

按照执行阶段划分为：白盒测试、黑盒测试、灰盒测试。

按照执行状态划分为：静态测试、动态测试。

按照执行行为划分为：手动测试、自动测试

4.2　白盒测试

白盒测试（White Box Testing）又称结构测试、逻辑驱动测试或基于代码的测试，主要检查产品内部结构是否按照规格说明书的规定正常运行。白盒测试是一种测试用例设计方法，盒子指的是被测试的软件，白盒顾名思义是指盒子是可视的，观察者清楚盒子内部的东西以及里面是如何运作的，因此，白盒测试需要测试人员对系统内部的结构和工作原理有一个清楚的了解。图 4-1 为白盒测试的示意图。

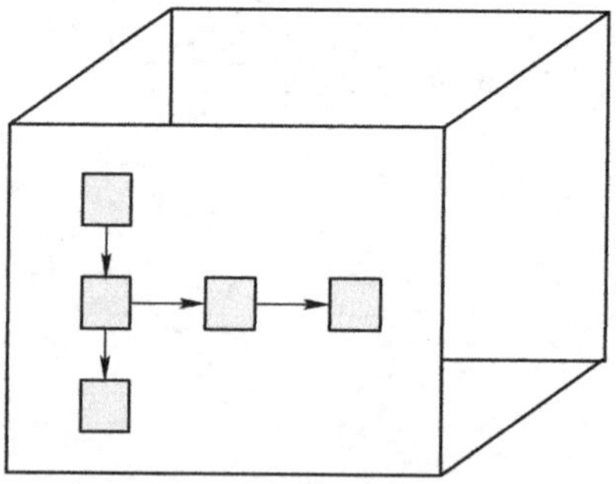

图 4-1　白盒测试

4.2.1 白盒测试常用技术

白盒测试常用的技术一般分为静态分析技术和动态分析技术。

1. 静态分析技术主要有：控制流分析、数据流分析、信息流分析、代码评审等

1）控制流分析：将程序的流程图转换为控制流程图借助算法进行控制分析。

2）数据流分析：根据代码得到的数据流表进行分析，主要关注数据的定义和引用。

3）信息流分析：根据输入变量、语句的关系及输出变量三者之间关系表进行分析。

4）代码评审：代码评审是在开发组内部进行，主要检查代码和设计的一致性，代码对文档标准的遵循及代码的可读性，代码的逻辑表达式正确性，代码结构的合理性等方面。代码评审比动态测试更有效率，能快速找到70%左右的逻辑设计上的错误和代码缺陷。

代码评审实施的方法很多，如代码走读、代码审查等。

代码走读属于非正式的评审，通过个人轮查和阅读的手段来找错误，其主要检查代码是否符合标准、规范和风格等。

代码审查属于正式的评审，通常由开发组长组织代码评审，其主要检查是否存在逻辑上的问题以及算法实现的问题等。

2. 动态分析技术主要有：程序插装、逻辑覆盖率测试等

1）程序插装：对程序的路径和分支中设计程序插装，即在程序中插入一些打印语句，其目的就是在执行程序时，打印出我们最为关注的信息。

2）逻辑覆盖率：在白盒测试中最常用到的技术就是逻辑覆盖率，主要有：语句覆盖、判定覆盖、条件覆盖、判定条件覆盖、路径覆盖等。下面通过实例具体讲解。

实例：C 语言简单运算程序如下：

```
Main{
float x,y,z;
begin
    if (x>1) and (y=0) then z=x/y;
    if (x=2) or (z>1)   then z=x+1;
end;
}
```

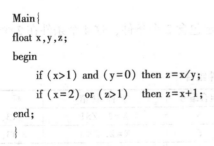

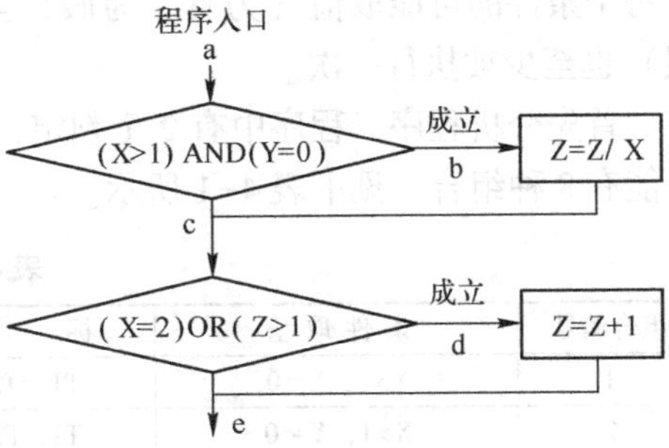

图 4-2 程序流程图

它的流程图如右图 4-2 所示。

图中 a、b、c、d、e 分别表示路径。

语句覆盖

语句覆盖是指在运行程序时，通过设计足够的测试数据，使被测程序中每一个语句至少被执行一次。其中的语句包含所有的语句。

针对上面的实例，设计测试数据：x=2，y=0，z=3 即可使得语句覆盖率达到 100%。

语句覆盖测试方法仅对程序中的语句进行覆盖，对隐藏的条件无法测试。比如在上述实例中，如果开发人员误将第一个的逻辑运算符 AND 写成 OR，利用上述测试数据进行测试，语句覆盖仍能达到 100%，但是无法发现程序中运算符误写的错误。

判定覆盖

判定覆盖是也称分支覆盖，是指在运行程序时，通过设计足够的测试数据，使被测程序中每个判定（逻辑真与假）至少被执行一次。

针对上面的实例，我们需要设计 2 组测试数据：x=2，y=0，z=3 和 x=1，y=0，z=1 才能实现判定覆盖率达到 100%。

从测试数据上，可以看出判定覆盖比语句覆盖要强一点，但是判定覆盖的缺点也是很明显的。比如在上述实例中，如果开发人员误将第二个条件 x>1 写成 x<1，利用上述测试数据进行测试，判定覆盖仍能达到 100%，但是无法发现程序中条件误写的错误。

条件覆盖

条件覆盖是指在运行程序时，通过设计足够的测试数据，使被测程序中所有判断语句中每个条件的可能取值（为真、为假）至少被执行一次。

在这里首先要搞清楚每个判断中的每个条件的取值（即为真、为假）。分析实例中 2 个判断中条件的各种取值，然后进行标记。如针对条件表达式 x>1 and y=0 中，x>1 取值为真，标记为 T1；x>1 取值为假，标记为 F1；y=0 取值为真，标记为 T2；y=0 取值为假，标记为 F2；条件表达式 x=2 and z>1 中，x=2 取值为真，标记为 T3，x=2 取值为假，标记为 F3；z>1 取值为真，标记为 T4；z>1 取值为假，标记为 F4。

针对各条件的取值，我们需要设计 2 组测试数据：x=2，y=0，z=3 和 x=1，y=1，z=1 可以实现条件覆盖率达到 100%。

从测试数据上看，条件满足但是判定未满足 100%覆盖，为解决这一矛盾，需要对条件和判定兼顾，采用判定条件覆盖。

判定条件覆盖

判定条件覆盖是指运行程序时，通过设计足够的测试数据，使被测程序中所有判断语句中每个条件的可能取值（为真、为假）至少被执行一次，并且每个判定的结果（逻辑真与假）也至少被执行一次。

首先分析程序，程序中有 2 个判定，每个判定包含 2 个条件，这 4 个条件在 2 个判定中可能有 8 种组合，见下表 4-1 所示。

表 4-1 条件组合

组合编号	条件取值	标记	组合编号	条件取值	标记
1	X>1，Y=0	T1，T2	5	X=2，Z>1	T3，T4
2	X>1，Y≠0	T1，F2	6	X=2，Z≤1	T3，F4
3	X≤1，Y=0	F1，T2	7	X≠2，Z>1	F3，T4
4	X≤1，Y≠0	F1，F2	8	X≠2，Z≤1	F3，F4

下面我们开始设计测试数据，来实现判定条件覆盖达到 100%，见下表 4-2 所示。

表 4-2 覆盖情况

测试数据	覆盖组合编号	覆盖条件判定	所经的路径
x=2，y=0，z=3	1、5	T1，T2，T3，T4	abd
x=2，y=1，z=1	2、6	T1，F2，T3，F4	acd
x=1，y=0，z=3	3、7	F1，T2，F3，T4	acd
x=1，y=1，z=1	4、8	F1，F2，F3，F4	ace

从上面路径角度看仅覆盖了 3 条路径，漏掉了路径 abe。因此判定条件覆盖还不是最完整的覆盖，无法满足对程序的完整测试，还需要考虑路径覆盖。

路径覆盖

路径覆盖是指运行程序时，通过设计足够的测试数据，使被测程序中所有的路径至少被执行一次。

上述实例中，有四条路径分为别：abd、acd、abe、ace。要使得路径达到全覆盖，至少需要设计4组数据：x=2，y=0，z=3和x=2，y=1，z=1和x=3，y=0，z=1和x=1，y=1，z=1。路径覆盖比前面几种逻辑覆盖方法覆盖率都大，但也有如下缺点：对于这4组数据，路径覆盖达到100%，但是显然条件没有达到（y≠0没有取到）。还有如果开发人员误将判定表达式x=2 or z>1中or写成and，上面的测试数据仍然可以满足路径的全覆盖，但是无法测试出该错误。

还有一种情况是带有循环的程序，那它的路径也是没有办法做到全覆盖的。

逻辑覆盖法中语句覆盖、判定覆盖、条件覆盖、判定条件覆盖、路径覆盖，它们的覆盖强度依次增强，但是每种覆盖率都有其局限性，也确实没有一种十全十美的测试方法能够发现所有的错误。因此，在测试中要把各种覆盖率方法组合起来进行测试。

4.2.2 基本路径测试

基本路径测试法是在白盒测试最为广泛的一种测试方法，它是一种通过程序的流程图，将其转化为程序控制流图，然后分析控制构造的环型复杂性，导出基本可执行路径集合，最后进行测试用例设计的方法。

1. 控制流

控制流程图是以图形的方式用来描述控制流的一种方法。在控制流程图中的只有两种图形符号。如图4-3所示。图中标志符号圆圈，用来表示程序流程图中矩形框、菱形框的功能，也称为节点。箭头用来表示控制的顺序，也称为边（是指两个节点的连线）。

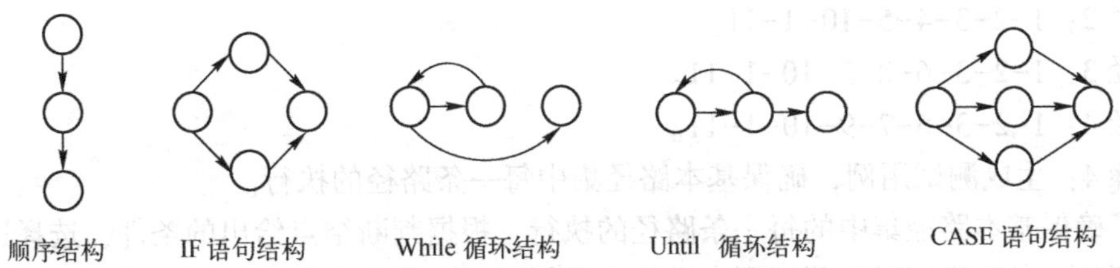

图4-3 控制流程图的基本符号

在程序流程图转化为控制流程图时需要注意以下几点：

1）在选择或多分支结构中，分支的汇聚始终有一个汇集节点。

2）边和节点圈定的范围称为区域，注意图形外的区域也应记为一个区域。

3）一个节点上至少有2条或2条以上的输出边称为判定节点。

4）至少沿着一条新的边移动的路径称为独立路径。

2. 基本路径测试法的步骤

基本路径测试是通过确定测试用例是否完全覆盖基本路径而进行测试。具体步骤如下：

步骤1：将程序的流程图转化为控制流程图，如图4-4所示。

图中有节点11个，边13条，区域4个（R1、R2、R3、R4），判定节点3个①、③、⑥。

步骤2：计算控制流程图的圈复杂度。

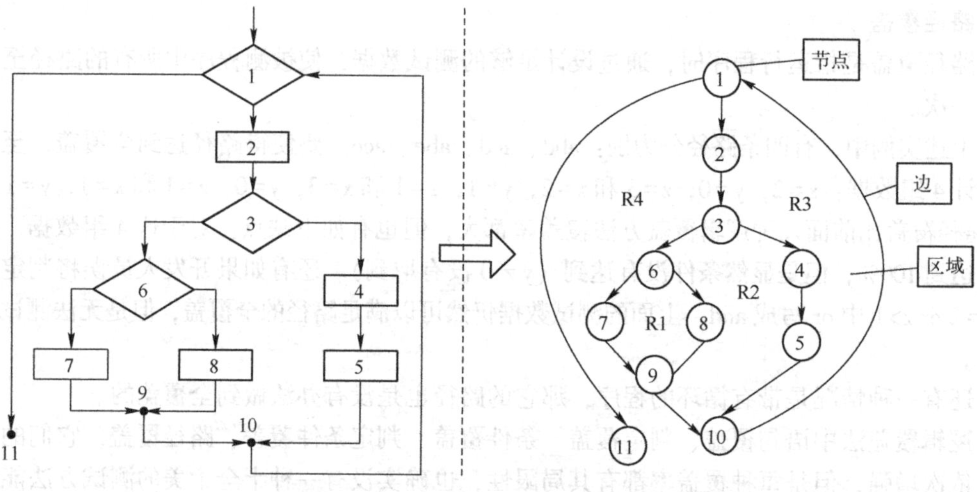

图 4-4　程序流程图转化为控制流程图

圈复杂度是一种为程序逻辑复杂性提供定量测度的软件度量，将该度量用于计算程序的基本的独立路径数目，为确保所有语句至少执行一次的测试数量的上界。独立路径必须包含一条在定义之前不曾用到的边。有以下三种计算圈复杂度的方法：

1）流图中区域的数量就是圈的复杂度。

2）控制流程图中，边的总数减去节点总数再加 2。

3）控制流程图中，判定节点加 1。

步骤 3：确认独立路径的集合。

根据上面的计算方法，可得出图 4-4 中有四条独立的路径，它们分别为：

路径 1：1-11。

路径 2：1-2-3-4-5-10-1-11。

路径 3：1-2-3-6-8-9-10-1-11。

路径 4：1-2-3-6-7-9-10-1-11。

步骤 4：生成测试用例，确保基本路径集中每一条路径的执行。

为了确保基本路径集中的每一条路径的执行，根据判断结点给出的条件，选择适当的数据以保证某一条路径可以被测试到，满足上面例子基本路径集的测试用例。

4.2.3　白盒测试的优缺点

白盒测试优点主要是检测代码中的每条分支和路径，对代码的测试比较充分。它可以揭示一些隐藏在代码中的缺陷或错误；还可以迫使测试人员仔细思考软件是如何实现的。其缺点也很明显，对软件规格的正确性不进行验证。而且对测试人员的要求非常高，必须要有一定的开发经验，能编写测试驱动或测试桩。由于成本也是比较昂贵的，所以目前大多数企业都不进行白盒测试，一般都是由开发人员来担任。

4.3　黑盒测试

黑盒测试（Black Box Testing）也称功能测试，主要来检测每个功能是否都能正常使用。

它也是在软件测试中使用最广泛的一类测试。

在黑盒测试中，通常把程序看作一个不能打开的黑盒子，在完全不考虑程序内部结构和内部特性的情况下，对程序接口进行测试，它只检查程序功能是否按照需求规格说明书的规定正常使用，程序是否能适当地接收输入数据而产生正确的输出信息，如图 4-5 所示。

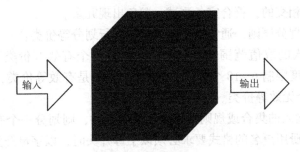

图 4-5　黑盒测试

由于黑盒测试着眼于程序外部结构，不考虑内部逻辑结构，主要针对软件界面和软件功能进行测试。所以黑盒测试是以用户的角度，从输入数据与输出数据的对应关系出发进行测试的。关注的是软件的功能需求，主要试图发现以下类型的错误：

1）功能是否正确，是否有遗漏。

2）界面是否错误。

3）数据结构或外部数据库访问错误。

4）性能错误。

5）初始化和终止错误。

在实际工作中，最常见的黑盒测试方法有：功能性测试、性能测试、安全性测试、兼容性测试、稳定性测试、可靠性测试以及安装卸载测试等。

从理论上讲，黑盒测试只有采用穷举输入测试，把所有可能的输入都作为测试情况进行考虑，才能查出程序中所有的错误。因为穷举测试是不可能的，所以要有针对性地选择测试用例。通过制定测试案例指导测试的实施，保证软件测试有组织、有计划地进行。只有对黑盒测试进行量化，才能保证软件的质量，具体量化的方法之一就是测试用例。

黑盒测试用例设计方法包括等价类划分法、边界值分析法、判定表分析法、因果图分析法、正交试验法、流程分析法、状态迁移法、异常分析法以及错误推测法等。

4.3.1　等价类划分法

等价类划分法是一种典型的黑盒测试用例设计方法，使用等价类划分，是将软件的输入域分为若干部分，然后从每个部分中选取少数具有代表性的数据进行测试，这样可以避免穷举产生的大量用例。

等价类是指某个输入域的子集合，在该子集合中，每个输入数据对于揭露软件中的错误都是等效的。简单地说，就是指输入该输入域中的某一个数据，如不能揭露被测对象中的缺陷，那么我们就说这个输入域中的所有数据都无法揭露该缺陷，反之亦然。

等价类划分一般划分为两种情况：有效等价类和无效等价类。

1）有效等价类：对需求规格说明而言，合理的、有效的输入数据构成的集合。

2）无效等价类：对需求规格说明而言，不合理的、无效的输入数据构成的集合。

因为软件不仅要能接收合理的数据，不合理的数据也需要做出正确响应，所以在设计测试用例时，两种等价类都需要考虑，这样的测试才能确保软件具有更高的可靠性。

根据需求规格说明书确定被测对象的输入域，进行等价类划分。等价类划分的标准，划分的子集必须是互不相交的，符合完备测试，避免出现冗余。

等价类划分法的划分原则，通常按照以下规则进行划分等价类：

1）如果规定输入的取值范围或个数时，则划分一个有效等价类和两个无效等价类。如：注册用户名的长度限制6~18个字符，6~18个字符是有效等价类，小于6个字符和大于18个字符则是两个无效等价类。

2）如果规定了输入的集合或规则必须要遵循的条件，则划分一个有效等价类，和一个无效等价类。如：注册用户名的格式要求必须以字母开头时，以字母开头是有效等价类，非字母开头则是无效等价类。

3）如果输入条件是一个布尔值，则划分为一个有效等价类和一个无效等价类。如：在注册用户时需要遵循协议或条款是否接受时，“接受”是有效等价类，“不接受”则是无效等价类。

4）如果输入条件是一组数据（枚举值），并且程序对每一个输入的值做不同的处理，则化为若干个有效等价类和一个无效等价类。如：网游中充值VIP等级（3个等价），对每个VIP的等级优惠不同，VIP1、VIP2、VIP3不同等级是三个有效等价类，不是VIP用户则是无效等价类。

5）如果输入条件规定了必须要遵循的某些规则下，则划分为一个有效等价类和若干个无效等价类（无效等价类需要从不同的角度去违反规则）。如：密码要求首位必须是大写字母的，首字母大写是有效等价类，首位小写字母的、首位为数字的或首位为特殊字符的则是无效等价类。

6）不是所有的等价类都有无效等价类。如性别的选择只有男或女两种。

等价类划分法的设计用例的步骤如下：

步骤1：根据需求规格说明书，等价类划分。

步骤2：设计等价表，填写划分好的内容并设计编号。

根据划分原则将划分好的有效等价和无效等价填入等价类划分设计表中，见表4-3。

表4-3 等价类划分设计表

输入条件	子条件	有效等价类	有效等价编号	无效等价类	无效等价编号

步骤3：设计覆盖表，填写覆盖的所有的有效等价类编号和无效等价类编号。

通常设计数据覆盖所有等价类时，有以下2个原则：

1）设计新的测试数据，尽可能多地覆盖尚未被覆盖的有效等价类，重复这一步，直到将所有的有效等价类都被覆盖完为止。

2）设计新的测试数据，只覆盖一个无效等价类，重复这一步，直到将所有的无效等价类都被覆盖完为止。

步骤4：根据每组测试数据生成对应的测试用例。

等价类划分法是最简单、最容易理解的，也是在用例设计中使用最广泛的一种用例设计方法。它的优点是考虑了单个输入域，所有可能的取值情况，避免了我们在设计用例时盲目或随机选取输入测试不完整或不稳定的数据。最大的缺点就是产生的测试用例比较多，而且在设计时，没有考虑输入条件之间的约束关系，可能会产生一些无效的测试用例，同时也没有对边界点进行考虑，所以在设计时需要结合其他的设计方法进行补充，如边界值分析法。等价类划分法的难点就是对输入域的划分以及寻找隐藏的条件。

【案例解析】

某网站的用户注册的需求说明，用户名为必填项，要求长度为 6~18 个字符，并由字母、数字、下划线组成，必须以字母开头，结尾必须是数字或字母，而且不区分大小写字母，重名账号不允许注册。密码为必填项，要求 8~15 个字符，首位必须是大写字母，而且区分大小写字母。确认密码，要求与密码输入一致。如图 4-6 所示。

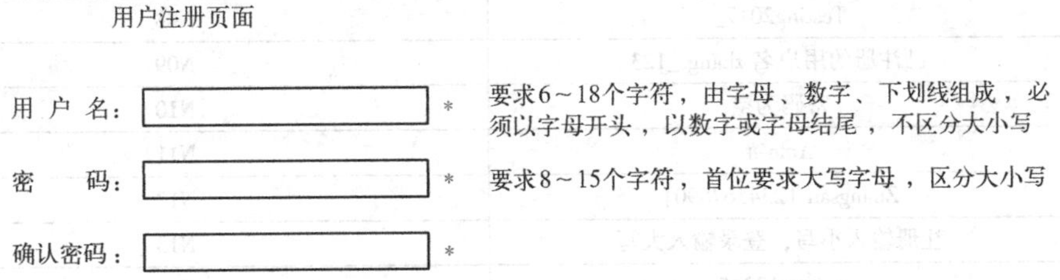

图 4-6　等价类设计案例——用户注册页面

根据上面需求说明，首先进行划分等价类。经过细化后并将有效等价类和无效等价类填入等价类划分设计表中，并进行编号，见表 4-4。

表 4-4　等价类划分设计表

输入条件	子条件	有效等价类	编号	无效等价类	编号
用户名	必填项	必填	01	不填	N01
	长度	6~18	02	小于 6 个字符	N02
				大于 18 个字符	N03
	组成	字母、数字、下划线	03	含有其他特殊字符	N04
				含有汉字	N05
	开头	以字母开头	04	以数字开头	N06
				以下划线开头	N07
	结尾	以数字结尾	05	以下划线结尾	N08
		以字母结尾	06		
	重名	未注册的用户名	07	已注册的用户名	N09
密码	必填项	必填	08	不填	N10
	长度	8~15	09	小于 8 个字符	N11
				大于 15 个字符	N12
	大小写	区分大小写	10	不区分大小写	N13
	首位	首位大写字母	11	首位为小写字母	N14
				首位为数字	N15
				首位为特殊字符	N16
确认密码	一致性	与密码一致	12	与密码不一致	N17

根据覆盖的规则，将测试数据覆盖的有效和无效等价类编号填入表中，见表4-5。

表4-5　覆盖情况

序号	测试数据	覆盖等价类编号
1	zhang_123、Amos. 1314、Amos. 1314	1、2、3、4、5、7、8、9、10、11、12
2	lisi17test、Hu123456、Hu123456	1、……、4、6、……、11
3	用户为空	N01
4	amos	N02
5	wangwu123456789testing	N03
6	zhaoliun#2017	N04
7	Testing 测试	N05
8	1Testing2017	N06
9	_Testing2017	N07
10	Testing2017_	N08
11	已注册的用户名 zhang _123	N09
12	密码为空	N10
13	Amos#	N11
14	Zhangsan 1234567890!	N12
15	注册输入小写，登录输入大写	N13
16	tenson12345	N14
17	12345 tenson	N15
18	_tenson12345	N16
19	与密码不一致	N17

最后根据上面的测试数据设计对应的测试用例示例，见表4-6。

表4-6　测试用例示例

用例编号	* * *_ST_用户注册_Case001
所属模块	用户注册模块
用例标题	验证：输入正确的信息是否成功注册用户
优先级	高
前置条件	打开注册页面
测试数据	用户名：zhang_123，密码：Amos. 1314，确认密码：Amos. 1314
操作步骤	1. 进入注册页面输入测试数据 2. 单击注册"提交"按钮
预期结果	系统提示 zhang_123 注册成功，并成功跳转到 zhang_123 注册成功页面

4.3.2　边界值分析法

边界值分析法是对等价类划分法的一个补充，该方法不仅需要考虑输入域的边界，而且还要关注输出域的边界。由长期的测试工作经验得知，大量的错误发生在输入和输出范围的边界上。因此针对各种边界情况设计用例，可以查出更多的错误。

该方法一般在规定了取值范围或规定了值的个数，或者明确输入条件的有序集合中使用。使用边界值分析法设计用例需要考虑3个点的选择。3点的关系图如图4-7所示。

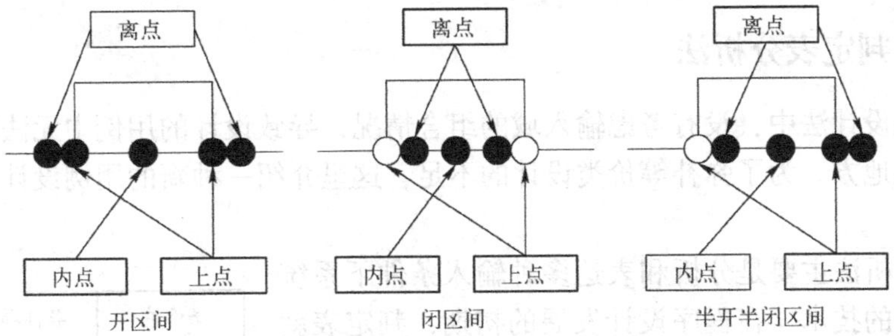

图 4-7　上点、离点、内点关系图

1. 上点：就是边界上的点，它不区分开区间还是闭区间。

2. 离点：离点是离上点最近的点。如果输入域是封闭的，则离点在域的范围外；如果输入域是开区间，则离点在域的范围内。

3. 内点：顾名思义就是输入域内任意一个点。

通常按照以下规则进行边界点的划分：

1）如果规定了输入域的取值范围，则选取刚好在范围边界的点，以及刚好超过边界的点，作为测试的输入数据。

2）如果规定了输入值的个数，则用最大个数，最小个数，比最小个数少 1，比最大个数多 1 的数作为测试数据。

3）如果规定了输入是一个有序的集合，则选取集合的第一个元素和最后一个元素作为测试数据。

注意：在设计时，通常选择上点和离点。在选择离点时，需要考虑数据的类型和精度。如：上点数据类型是实数，精确度为 0.001，那么离点就是上点减 0.001 或上点加 0.001。

边界值分析法设计用例的基本步骤如下：

步骤 1：设计等价表，填写划分好的内容并设计编号。

步骤 2：为每一个等价类的边界点设计上点、离点、内点并设计编号。

步骤 3：设计测试数据，覆盖所有的等价类及边界点直到所有的点全部进行覆盖完。

步骤 4：根据每组测试数据生成对应的测试用例。

【案例解析】

某银行系统，允许用户通过日期对交易进行查询，系统对输入日期的限定为 1990 年 1 月~2049 年 12 月，并规定：日期由 6 位数字字符组成，前 4 位表示年，后 2 位表示月。

分析输入条件有 6 位数字字符，年份的范围，月份范围，设计见表 4-7。

表 4-7　等价类边界值设计

输入条件	有效等价类	有效边界点	无效等价类	无效边界点
日期长度	6 位数字字符	上点：6 位	小于 6 位数字字符	离点：5 位
			大于 6 位数字字符	离点：7 位
日期类型	数字字符	无	非数字字符	无
年份范围	1990~2049	上点：1990、2049	小于 1990	离点：1989
		离点：1991、2048	大于 2049	离点：2050
月份范围	1~12	上点：1、12	小于 1	离点：00
		离点：0、13	大于 12	离点：13

4.3.3 判定表分析法

在等价类设计法中，没有考虑输入域的组合情况，导致设计的用例中无法覆盖输入域之间存在关联的地方。为了弥补等价类设计的不足，这里介绍一种新的用例设计方法——判定表分析法。

判定表分析法主要是分析和表达多种输入条件下系统执行不同动作的技术。在程序设计发展的初期，判定表就已被当作编写程序的辅助工具了，它可以把复杂的逻辑关系和多种条件组合的情况表达得很明确。判定表由四个部分组成，如图 4-8 所示。

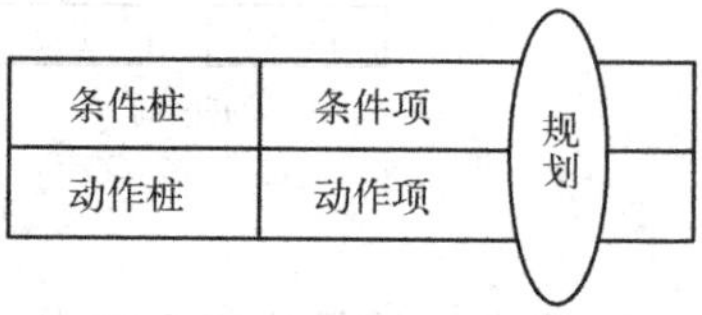

图 4-8　判定表组成

1）条件桩：列出被测对象的所有输入，并列出输入条件与次序无关。

2）动作桩：列出输入条件系统可能采取的操作，这些操作的排序顺序没有约束。

3）条件项：列出输入条件的其他取值，在所有可能情况下的真假值。

4）动作项：列出在条件项的各种取值情况下应采取的动作。

规则：将条件项和动作项组合在一起，即在条件项的各种取值情况下应采取的动作。在判定表中贯穿条件项和动作项的每一列构成一条规则，即测试用例。可以针对每个合法的输入组合的规则设计测试用例进行测试。规则计算方式为 2^n 个，其中 n 表示条件个数。

在根据判定表设计好的测试用例中，可能存在相似的规则，即条件桩的取值对动作桩无影响的情况。此时，可以将规则进行合并。合并的规则是动作桩相同情况下，并且条件项中存在相似的关系，则可以合并规则。合并规则如图 4-9 所示，图中 Y 表示真，N 表示假，X 表示动作。

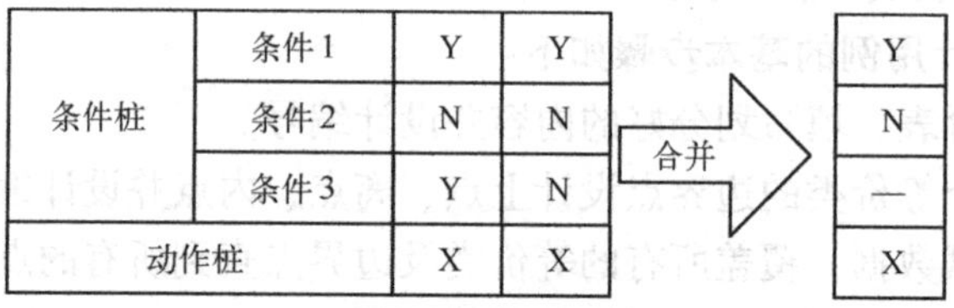

图 4-9　判定表合并规则

判定表分析法的设计用例的步骤如下：

步骤 1：找出条件桩和动作桩。

步骤 2：分析条件项，并计算规则个数，然后构成判定表。

步骤 3：根据条件项的各种取值将动作项填入判定表中。

步骤 4：简化判定表，合并相似的规则。

步骤 5：根据每条规则生成对应的测试用例。

在使用判定表时，需要注意，合并是存在风险的，因为它是以牺牲输入条件的组合为代价的。一般情况下，测试用例少的时候不建议合并，如果用例设计多需要合并时，最多只进行一次合并。

【案例解析】

书籍阅读指南，需求描述如下：

1）觉得疲倦但对书的内容感兴趣，同时书的内容让你糊涂，回到本章重读。
2）觉得疲倦但对书的内容感兴趣，同时书的内容不让你糊涂，继续读下去。
3）不觉得疲倦并对书的内容感兴趣，同时书的内容让你糊涂的话，回到本章重读。
4）觉得疲倦并对书的内容不感兴趣，同时书的内容不让你糊涂，停止阅读休息。
5）觉得疲倦并对书的内容不感兴趣，并且书的内容让你糊涂，请停止阅读休息。
6）不疲倦，对书的内容感兴趣，书的内容不糊涂，继续读下去。
7）不疲倦，不感兴趣，对书的内容糊涂，跳到下一章去读。
8）不疲倦，不感兴趣，对书的内容不糊涂，跳到下一章去读。

首先分析条件桩和动作桩，条件项有您觉得疲倦吗、您对书中的内容感兴趣吗、书的内容让你糊涂吗；动作桩有回到本章重读、继续读下去、跳到下一章去读、请停止阅读休息。

其次根据条件来计算规则 2^3 个（即 8），构成判定表，见表 4-8（图中 Y 表示真，N 表示假，X 表示动作）。

表 4-8 判定表

		1	2	3	4	5	6	7	8
条件	您觉得疲倦吗？	Y	Y	Y	Y	N	N	N	N
	您对书中的内容感兴趣吗？	Y	Y	N	N	Y	Y	N	N
	书中的内容让你糊涂吗？	Y	N	Y	N	Y	N	Y	N
动作	回到本章重读	X				X			
	继续读下去		X				X		
	跳到下一章去读							X	X
	请停止阅读休息			X	X				

再根据合并规则，将 1 和 5、2 和 6、3 和 4、7 和 8 合并得到判定表，见表 4-9。

表 4-9 合并后的判定表

		1	2	3	4
条件	您觉得疲倦吗？	—	—	N	N
	您对书中的内容感兴趣吗？	Y	Y	Y	N
	书中的内容让你糊涂吗？	Y	N	—	—
动作	回到本章重读	X			
	继续读下去		X		
	跳到下一章去读				X
	请停止阅读休息			X	

合并后只剩 4 条规则，看上去用例数减少了，但是很容易产生漏测的风险。

4.3.4 因果图分析法

在利用判定表设计用例的过程中，如果条件过多，导致设计判定表比较困难。为了弥补该缺点，接下来介绍一种新的测试用例设计方法——因果图分析法。

因果图分析法是分析输入条件之间的约束情况，然后生成判定表，进行用例设计。下面介绍一下因果图的基本图形符号：因果符号和约束符号。

1. 因果符号

因果是指输入和输出的因果关系。因果符号有恒等、非、或、与四种表示方法，如图 4-10 所示，其中 c1 表示输入的状态，即原因、e1 表示输出的状态，即结果。c1 和 e1 均可取值 0 或 1（0 表示某状态不出现，1 表示某状态出现）。

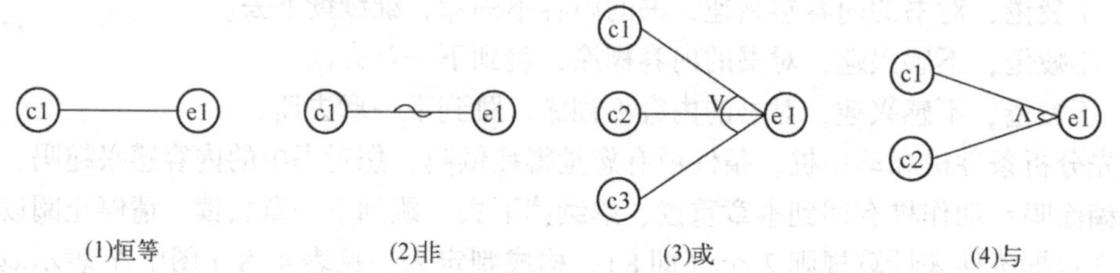

图 4-10　因果符号

1）恒等：当输入条件发生时，则一定会产生对应的输出；相反当输入条件不发生时，则不产生对应的输出。即 c1 为 1 时，e1 一定为 1；否则 c1 为 0，e1 一定为 0；

2）非：与恒等相反，当输入条件发生时，则不产生对应的输出；反之亦然。即 c1 为 1 时，e1 一定为 0；否则 c1 为 0，e1 一定为 1；

3）或：当输入多个条件时，只要有其中一个条件发生，则产生对应的输出。即只要 c1、c2、c3 其中一个为 1，则 e1 为 1；只有 c1、c2、c3 全部为 0 时，e1 才为 0；

4）与：当输入多个条件时，只有所有的输入条件发生时，才会产生对应的输出。即 c1、c2 都为 1 时，e1 才为 1；只要 c1、c2 其中一个为 0，e1 为 0。

2. 约束符号

约束是指输入与输入之间存在的某些依赖关系，称为约束。约束符号有异、或、唯一、要求、强制五种表示方法，其中前面四种是针对输入条件的约束，最后一种强制只针对输出条件的约束。如图 4-11 所示，其中 a，b 分别代表条件。条件的取值 0 或 1（0 表示某状态不出现，1 表示某状态出现）。

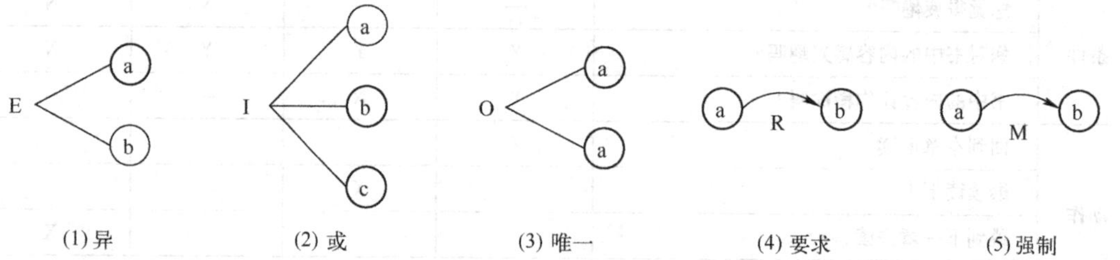

图 4-11　约束符号

1）异：在所有输入条件中，至多有一个可能不发生。即图 4-11 中，a 和 b 最多只有一个为 1，不能同时为 1，但可以同时为 0。

2）或：在所有输入条件中，至少有一个发生。即图 4-11 中，a、b、c 最少有一个为 1，不能同时为 0，但可以同时为 1。

3）唯一：在所有输入条件中，有且只有一个发生。即图 4-11 中，a 和 b，只有一个为 1，不能同时为 1，也不能同时为 0。

4）要求：在所有输入条件中，只要有一个发生，则要求其他条件也发生。即图 4-11 中，a 和 b，a 为 1 时，要求 b 也为 1。

5）强制：是针对结果的约束关系，当一个结果发生，强制另一个结果不发生。即图 4-11 中，结果 a 为 1 时，强制 b 为 0。

因果图分析法的设计用例的步骤如下：

步骤 1：找出输入条件（原因）和输出条件（结果）。

步骤 2：画出因果关系图，如果一步不能达到结果，可以借助中间节点。

步骤 3：将因果关系图转换为判定表。

步骤 4：简化判定表，合并相似的规则。

步骤 5：根据每条规则生成对应的测试用例。

【案例解析】

需求规定：当输入的第一列字符必须是 X 或 Y，第二列字符必须是一个数字时，对文件进行修改，如果第一列字符不正确，则给出信息 A；如果第二列字符不正确，则给出信息 B。

首先分析原因和结果，并进行编号。见表 4-10。

表 4-10　原因与结果

原　因		结　果	
1	第一列字符为 X	21	修改文件
2	第一列字符为 Y	22	给出信息 A
3	第二列字符为一个数字	23	给出信息 B

再根据它们之间的对应关系，画出因果图并标记约束符号，如图 4-12 所示。

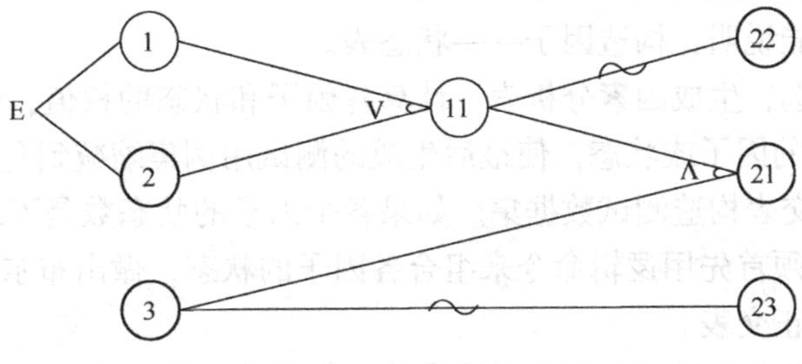

图 4-12　带约束的因果图

再根据因果图转换为判定表（Y 代表出现、N 代表不出现），见表 4-11。

表 4-11　转化后的判定表

桩 \ 规则		1	2	3	4	5	6	7	8
条件（原因）	1	Y	Y	Y	Y	N	N	N	N
	2	Y	Y	N	N	Y	Y	N	N
	3	Y	N	Y	N	Y	N	Y	N
中间节点	11	—	—	Y	Y	Y	Y	N	N
动作（结果）	22	—	—	N	N	N	N	Y	Y
	21	—	—	Y	N	Y	N	N	N
	23	—	—	N	Y	N	Y	N	Y

由于原因1和2不可能同时出现，故规则1、2属于不可能发生的组合，即1、2规则的测试用例可以不考虑。最终生成的测试用例就是规则3、4、5、6、7、8共计六条。

4.3.5 正交试验法

正交试验法是从大量的试验点中挑选出适量的、有代表性的点，应用依据迦罗瓦理论导出的“正交表”，合理的安排试验的一种科学的试验设计方法。它是根据正交性从全面试验中挑选出部分有代表性的点进行试验，这些有代表性的点具备了“均匀分散，齐整可比”的特点，是研究多因素多层次采样点的一种设计方法，正交试验设计是一种基于正交表的、高效率、快速、经济的试验设计方法。

正交试验中常用的术语有指标、因子、因子状态三个。

1）指标：通常把判断试验结果优劣的标准叫做试验的指标。

2）因子：把所有影响试验指标的条件称为因子。

3）因子的状态：把影响试验因子称为因子的状态。

正交试验表示形式有2种：$L_r(m^n)$或$L_r(m^n,p^q)$，其中n、q代表因子数，即正交表中的列；m、p代表水平数也称状态，即单个因子取的最大数；r代表行数，正交表中行的数量，即测试用例数。简单地说正交试验法就是测试组合的方法，这一点跟判定表法类似，但是判定表法是通过人工对全排列组合来进行化简得到测试用例，而正交试验法是借助数学工具，通过算法从全排列组合中选择组合并放到正交表中，通过查看合适的正交表，可以直接得到测试用例。正交表的原理就是两两组合。

正交表查询网址：https://www.york.ac.uk/depts/maths/tables/orthogonal.htm

正交试验法设计用例的步骤如下：

步骤1：提取功能说明，构造因子——状态表。

步骤2：加权筛选，生成因素分析表。计算各因子和状态的权值，删去一部分权值比较小，即重要性比较小的因子或状态，使最后生成的测试用例集缩减到允许范围。

步骤3：利用正交表构造测试数据集。如果各个因子的状态数是不统一的，几乎不可能出现均匀的情况。必须首先用逻辑命令来组合各因子的状态，做出布尔图，根据布尔图查找最接近的相应阶数的正交表。

步骤4：依照因果图上根节点到叶子节点的顺序逐步替换正交表上的中间节点，得到最终的正交表。

步骤5：利用正交表每行数据构造测试用例。

【案例解析】

某数据库查询系统，规定查询条件，可以按照功能、结构、逻辑符号等查询类别进行查询；也可按照简单、组合、条件等查询方式进行查询；还可以按照元门、功能块等元胞类别进行查询；还可以按照终端显示、图形显示、行式打印等打印方式进行查询。

根据规定分析因子和因子的状态，可得到因子——状态表，见表4-12。

根据规格分析，在上表中，因为打印方式的权值和查询类别中逻辑符号的权值比较小，所以我们将这些权值比较小的因子或状态进行加权筛选，得到分析表，见表4-13。

再将上面的查询方式中简单和组合进行合并，得到组合后的因素表，见表4-14。

再将合并后的因素表，替换到正交表3因子2状态中，见表4-15。

表 4-12　因子——状态表

状态 \ 因子	查询类别	查询方式	元胞类别	打印方式
1	功能	简单	门	终端显示
2	结构	组合	功能块	图形显示
3	逻辑符号	条件		行式打印

表 4-13　分析表

状态 \ 因子	查询类别	查询方式	元胞类别
1	功能	简单	门
2	结构	组合	功能块
3		条件	

表 4-14　合并后的因素表

状态 \ 因子	查询类别	查询方式	元胞类别
1	功能	简单/组合	门
2	结构	条件	功能块

表 4-15　替换正交表 3 因子 2 状态

状态 \ 因子	查询类别	查询方式	元胞类别
1	功能	简单/组合	门
2	功能	条件	功能块
3	结构	简单/组合	功能块
4	结构	条件	门

再将表 4-15 进行分解，最后得到具有 6 条测试用例的测试数据集，见表 4-16。

表 4-16　测试数据集

状态 \ 因子	查询类别	查询方式	元胞类别
1	功能	简单	门
2	功能	组合	门
3	功能	条件	功能块
4	结构	简单	功能块
5	结构	简单/组合	功能块
6	结构	条件	门

根据表 4-16 中每行的测试数据生成测试用例。需要注意的是，在最后设计用例时，需要补充已筛选权值比较小的测试用例，即查询类别为逻辑符号的测试用例。

因为在正交表中有 4 因子 3 状态，所以该案例还可以采用直接补空状态进行设计用例。然后再用其他状态替换补空的状态（即空状态可以用门或功能块替换），见表 4-17。

表 4-17　替换 4 因子 3 状态的正交表

状态 \ 因子	查询类别	查询方式	元胞类别	打印方式
1	功能	简单	门	终端显示
2	功能	组合	功能块	图形显示
3	功能	条件	门或功能块	行式打印
4	结构	简单	功能块	行式打印
5	结构	组合	门或功能块	终端显示
6	结构	条件	门	图形显示
7	逻辑符号	简单	门或功能块	图形显示
8	逻辑符号	组合	门	行式打印
9	逻辑符号	条件	功能块	终端显示

虽然该方法在工作中使用比较广泛，但需要注意正交表中包含的组合并没有考虑实际取值的意义，因此可能出现无效的组合。在设计中需要删除无效组合，还需要补充遗漏的常见组合。

4.3.6　流程分析法

流程分析法也称场景法，主要是针对测试场景类型。它是从白盒测试设计方法中的路径覆盖分析法演变过来的一种重要的方法。在白盒测试中，路径就是指函数代码的某个分支组合，路径覆盖法需要构造足够的用例覆盖函数的所有代码路径。在黑盒测试中，若将软件系统的某个流程看成路径的话，则可以针对该路径使用路径分析的方法设计测试用例。

在实际工作中，流程分析法是最容易理解和执行的，它是主要通过流程对系统的功能点或业务流程进行描述，可以展示测试效果。流程分析法一般包含基本流和备选流，从一个流程开始，通过描述经过的路径来遍历所有的基本流和备选流。

基本流：是指程序的主流程，是实现业务流程最简单的路径。

备选流：是指实现业务流程时，因错误操作或者是异常操作，导致最终未达到目的流程。

流程分析法如图 4-13 所示。直线表示基本流；其他曲线表示为备选流。由图可以看到，一个备选流可以从基本流开始；也可以从备选流开始。备选流的终点，可以是一个流程的出口，也可以是回到基本流，还可以是汇入其他的备选流。可以确认的流程如下所示：

流程 1：基本流

流程 2：基本流→备选流 1

流程 3：基本流→备选流 1→备选流 2

流程 4：基本流→备选流 3

流程 5：基本流→备选流 3→备选流 1

流程 6：基本流→备选流 3→备选流 1→备选流 2

流程 7：基本流→备选流 4

流程 8：基本流→备选流 3→备选流 4

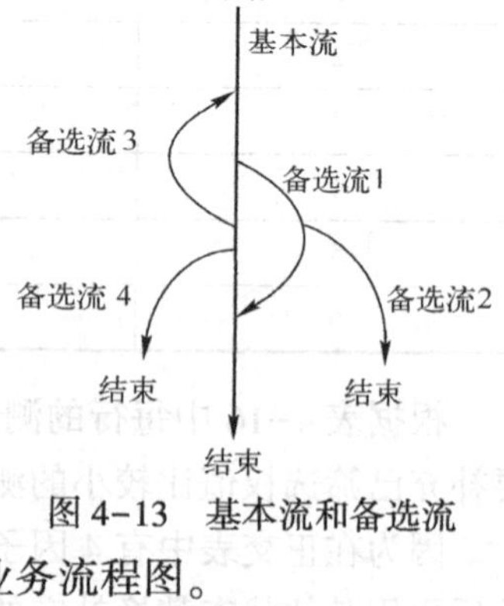

图 4-13　基本流和备选流

流程分析法的基本步骤如下：

步骤 1：根据规格说明，描述程序的基本流和备选流并画业务流程图。

步骤2：根据业务流程，分析每一个节点的输入和输出。

步骤3：确定测试流程（路径）。

步骤4：根据节点的输入、输出，选取测试数据，构造测试用例。

【案例解析】

某银行ATM取款机的取款流程进行测试。

首先画取款的流程图，如图4-14所示。ATM取款中的基本流和备选流见表4-18。

表4-18 ATM机基本流和备选流

基本流	1	用户插入正确的银行卡，提示用户输入密码
	2	输入密码，进行检验。显示ATM可办的业务
	3	用户选择取款
	4	输入取款金额，进行校验，用户按下确认键
	5	ATM点钞、出钞，并同步数据
	6	用户取款
	7	显示是否打印凭条
	8	退出银行卡，恢复到初始状态
备选流1		无效银行卡
备选流2		输入密码错误
备选流3		输入密码错误次数超过3次
备选流4		ATM内没有现金
备选流5		输入的金额无效，即不是100的整数倍
备选流6		输入的金额超过每次取款的最大限额
备选流7		取款金额不能超过每天取款的最大限额
备选流8		账户余额不足
备选流9		取款超时
备选流10		不打印凭条
备选流11		超时未取卡

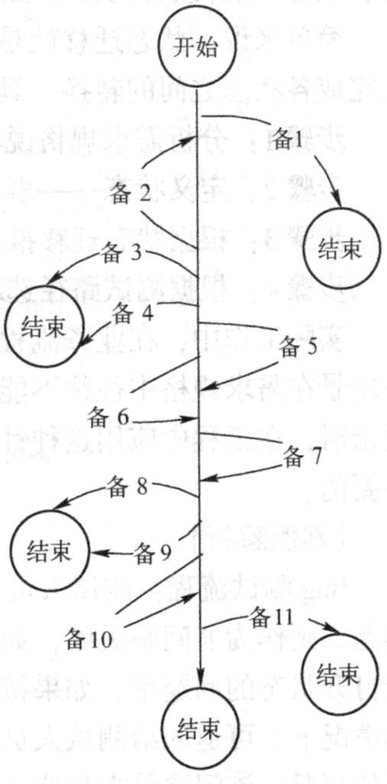

图4-14 ATM取款流程图

其次生成ATM取款的流程，见表4-19（备选流2、5、6、7、10的循环未写入表中）。

表4-19 ATM取款的流程

流程1：成功取款	基本流
流程2：插入无效卡退出	基本流+备选流1
流程3：输入密码错误次数小于3次，返回	基本流+备选流2
流程4：输入密码错误次数大于3次，退出	基本流+备选流3
流程5：ATM机现金不足，退出	基本流+备选流4
流程6：输入的金额无效，即不是100的整数倍	基本流+备选流5
流程7：输入的金额超过每次取款的最大限额	基本流+备选流6
流程8：取款金额不能超过每天取款的最大限额	基本流+备选流7
流程9：确认取款后，提示账户余额不足	基本流+备选流8
流程10：出钞后，超时未取款，退出	基本流+备选流9
流程11：不打印凭条，确认继续	基本流+备选流10
流程12：取款完后，超时未取卡	基本流+备选流11

最后根据表 4-20 设计测试数据生成测试用例。

4.3.7 状态迁移法

状态迁移法是通过把被测系统，分析出它的若干个状态，以及这些状态之间的转换条件和路径，那么就可以从状态迁移路径覆盖的角度来对设计用例进行测试。其主要验证在给定的条件内是否能够产生需要的状态变化，是否存在不可能达到的状态或非法的状态，是否可能产生非法的状态转移等。在黑盒测试中主要目标是设计足够的用例达到对系统状态的覆盖、状态-条件组合的覆盖以及状态迁移路径的覆盖。

简单来说，状态迁移就是将程序的业务流程中每个节点用状态来描述，通过触发的事件来完成各状态之间的转换。具体的实施步骤如下：

步骤 1：分析需求规格说明书来绘制状态迁移图。

步骤 2：定义状态——事件表。

步骤 3：根据状态迁移推出测试的路径。

步骤 4：根据测试路径选取测试数据，最后生成测试用例。

实际工作中，在业务流程中都涉及了复杂的业务场景（即业务状态的迁移）。而这些业务场景在需求规格中往往不能够完全阐述清楚，容易出现遗漏。所以当被测系统的业务场景复杂时，在工程中应用这种针对状态迁移测试的思路完成对复杂业务场景的测试有时是很有必要的。

【案例解析】

Bug 测试流程：测试人员提交新问题单，项目测试经理（TPM）审核问题单，如果不是问题，则作为非问题关闭，如果重复则作为重复问题关闭，否则置为打开状态。开发人员分析打开状态的问题单，如果接受则进行修改。否则应与测试人员协商，在问题单提交人同意的情况下，可退回给测试人员作为非问题关闭。对于开发人员拒绝修改，但测试人员无法认同的情况，该问题单需提交 CCB 评审，根据评审结果，如果确认要修改则进入修改状态，如果不是问题则作为非问题关闭，如果是问题但暂时无法解决则挂起，挂起的问题单到达指定修改期限时，会再次进入打开状态。修改后的问题单需由测试人员进行回归测试，如果回归通过则关闭问题单，如果回归不通过则重新进入打开状态。

首先根据描述确定流程的节点，即节点状态，分析状态之间的迁移关系，用圆圈代表状态，箭头代表状态迁移方向，绘制状态迁移图，如图 4-15 所示。

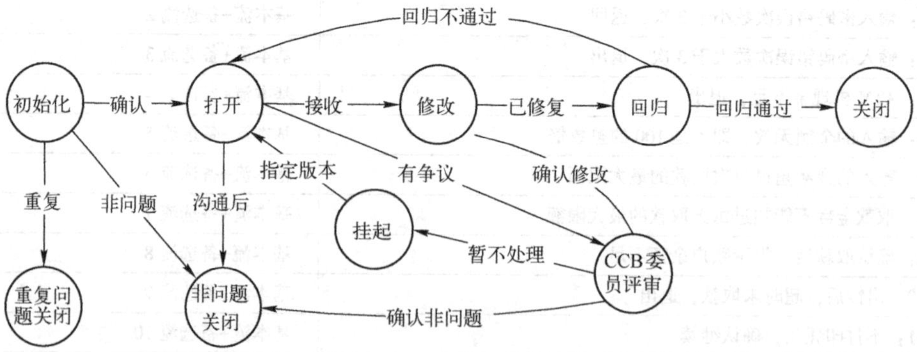

图 4-15 Bug 测试状态图

其次根据状态图，将输入不同条件导致的输出和状态迁移列入表中，见表4-20。

表 4-20 状态事件表

当前状态（前置条件）	触发事件（操作步骤）	下一状态（预期结果）
初始化	TPM 审核，确认是问题	打开
	TPM 审核，确认是重复问题	重复问题关闭
	TPM 审核，确认非问题	非问题关闭
打开	开发确认问题，已接收	修改
	和开发沟通后，确认非问题	非问题关闭
	和开发沟通后，有争议	CCB 评审
修改	开发已经将 Bug 修复	回归
回归	回归测试通过	关闭
	回归测试不通过	打开
CCB 评审	确认是问题	修改
	确认非问题	非问题关闭
	讨论后暂不处理或延期处理	挂起
挂起	指定版本或 Bug 到期	打开

最后可以根据状态事件表设计测试路径，最后生成测试用例，还要设计非法状态转换的测试用例。

4.3.8 异常分析法

异常分析就是针对系统有可能存在的异常操作、软硬件缺陷引起的故障进行分析，依此设计测试用例。一方面主要针对系统的容错能力、故障恢复能力进行测试。另一方面，针对系统资源的异常进行测试。简单地说，就是通过人为的制造异常情况，来检查系统处理能力。

下面主要介绍一下常见的异常分析情况：

1）测试软件不按照正常的流程运行。
2）删除或修改系统的重要配置文件。
3）比如特殊符号“/”斜杠、“./”点斜杠、“ ‘ ”单引号以及空格等。
4）强行关闭数据库服务器、制造数据库死机、非法破坏数据表或数据等。
5）增加服务器资源的使用情况，CPU、内存、硬盘等。
6）对部分或者所有相关软件进行断电测试。

4.3.9 错误推测法

在软件测试中，基于经验和直觉推测程序中可能存在的各种错误，从而有针对性的设计测试用例的方法，就是错误推测法。

它的基本的设计思路就是分析程序中最易出错的场景和情况，在此基础上有针对性的设计测试用例。需要测试人员深度熟悉被测系统的业务、需求，对被测系统或类似系统之前的缺陷分布情况进行过系统的分析，包括功能缺陷、数据缺陷、接口缺陷和界面缺陷等。

在实际测试活动中，随着对产品的了解的加深和测试经验的丰富，使得错误推测法设计的测试用例往往非常有效，可以作为测试设计的一种补充手段。简单说就是积累的经验越丰富，方法使用效率越高。错误推测不是瞎猜，主要是针对系统可能存在的薄弱环节的测试补充，而不是为了覆盖而测试。

4.3.10 黑盒测试的优缺点

黑盒测试使用范围比较广泛，其优点主要是站在用户的角度进行测试，测试人员不需要了解程序实现的细节，相对白盒测试而言，黑盒测试的测试数据很容易生成，但是要测试到每一个输入流几乎是不可能的，其最大的缺点就是不能针对特定的程序段，这样很容易造成程序路径的漏测，当程序非常复杂时其隐藏的问题很难发现。

在实际工作中，由于黑盒测试的测试人员编程能力相对薄弱，所以大部分测试人员现在研究的都是介于白盒和黑盒之间，就是灰盒测试，也是常说的接口测试。

4.4 灰盒测试

灰盒测试是一种综合测试法，是介于白盒测试与黑盒测试之间的一种测试，它不仅关注输出、输入的正确性，同时也关注程序内部的情况。灰盒测试以程序的主要功能和主要性能为测试依据，测试方法主要根据程序流程图、需求说明书以及测试者的实践经验来设计。灰盒测试由方法和工具组成，这些方法和工具取材于应用程序的内部知识和与之交互的环境，能够用于黑盒测试以增强测试效率、错误发现和错误分析的效率。

白盒和黑盒两类测试是完全不同的出发点，并且是两个完全对立点，反映了事物的两个极端，两种方法各有侧重，是不能替代的。灰盒测试不像白盒那样详细、完整，但又比黑盒测试更关注程序的内部逻辑，常常是通过一些表征性的现象、事件、标志来判断内部的运行状态。通常灰盒测试关注的粒度是一个模块或模块与模块之间的接口问题。其要求测试人员清楚系统内部是由哪些模块构成，模块之间是如何运作的。因此，测试人员需要熟悉接口测试工具的使用方法，还可以跟自动化测试相结合，从而提升测试的效率，进一步提升软件的质量。

4.5 静态测试

静态测试是指不运行被测程序本身，仅通过分析或检查源程序的语法、结构、过程、接口等来检查程序的正确性。对需求规格说明书、软件设计说明书、源程序进行结构分析、流程图分析、符号执行来找错。静态方法通过程序静态特性的分析，找出欠缺和可疑之处，例如不匹配的参数、不适当的循环嵌套和分支嵌套、不允许的递归、未使用过的变量、空指针的引用和可疑的计算等。静态测试结果可用于进一步的查错，并为测试用例选取提供指导。

静态测试包括代码检查、静态结构分析、代码质量度量等。它可以由人工进行，充分发挥人的逻辑思维优势，也可以借助软件工具自动进行。

代码检查包括代码检查、桌面检查、代码审查等，主要检查代码和设计的一致性，代码对标准的遵循、可读性，代码的逻辑表达的正确性，代码结构的合理性等方面；可以发现违背程序编写标准的问题，程序中不安全、不明确和模糊的部分，找出程序中不可移植部分、违背程序编程风格的问题，包括变量检查、命名和类型审查、程序逻辑审查、程序语法检查和程序结构检查等内容。

在实际使用中，代码检查比动态测试更有效率，能快速找到缺陷，发现30%~70%的逻辑设计和编码缺陷；代码检查看到的是问题本身而非征兆。但是代码检查非常耗费时间，而且代码检查需要知识和经验的积累。代码检查应在编译和动态测试之前进行，在检查前，应准备好需求描述文档、程序设计文档、程序的源代码清单、代码编码标准和代码缺陷检查表等。静态测试具有发现缺陷早、降低返工成本、覆盖重点和发现缺陷的概率高的优点以及耗时长、不能依赖测试和技术能力要求高的缺点。

静态测试最常用的技术就是评审，在软件活动中主要的评审是同行评审和阶段评审。

4.5.1 同行评审

同行评审（Peer Review）是一种学术成果审查程序，即一位作者的学术著作或计划被同一领域的其他专家学者来加以评审。在软件活动中，通常是指通过评审对象作者的同行来确认缺陷或错误的检查方法。一般评审对象是指文档、代码、流程、方法等。在软件活动的每个阶段中都需要开展评审活动，而且是越早越好，便于早期发现缺陷，从而解决缺陷，降低成本和风险，来提高软件的质量。

1. 同行评审的类型

同行评审的组织形式一般分为正规检视、技术评审、走读3种类型。

1）正规检视：正规检视是在软件开发过程中进行的、发现、排除软件在开发周期各阶段存在的错误、不足的过程，是一种软件静态测试方法，其生存周期为软件的开发周期，应用与开发过程中产生的（非阶段性）软件文档和程序代码。目的是发现存在的缺陷或错误。

正规检视的规模一般很小，是由设计、开发、测试、质量等不同部门中工作性质相关的人员组成，通常检视小组的成员要求具有不同技术领域的经验，这对检视过程非常重要。而且要求每个检测者都从他们自己的观点出发来检查产品，这样有益于发现很隐蔽的缺陷或错误。协作是正规检视的特色，通常一个检视者的想法可能会引起另一个检视者的其他想法，这是正规检视过程中的规范性表现。

2）技术评审：技术评审是由一个正式的组对产品进行评价。其主要特点，是由一组评审人员按照规范的步骤对软件需求、设计、代码或其他技术文档进行检查，以确认任何与规格和标准不一致的地方，或在检查后给出可替换的建议。技术评审的严格程度没有像正规检视那么严格。技术评审的参与者包括作者以及产品技术领域内的专家。

技术评审是为了确认和裁决技术问题，而不是为了发现问题。通常技术评审目的主要包含验证软件符合它的需求规格以及确认软件符合预先定义的开发规范和标准。

3）走读：走读的目的是要评价一个产品，通常是软件代码。走读一直以来都与代码检查联系在一起，其实走读也可以应用到别的产品（如结构设计、详细设计、测试计划等文档）上。而走读的最主要目标是要发现缺陷、遗漏和矛盾的地方，改进产品和考虑替换的实现方法。另外走读也有一些其他的目的，包括技术的交换、参与人员的技术培训、设计思想的介绍等。一般走读的形式是比较自由的。

2. 同行评审的角色

同行评审的角色包括组织者、作者、讲解员、评审专家、记录员等。

1）组织者：组织者支持、运作整个评审活动，其必须明白评审的目的以及开发过程中的作用和重要性。熟悉规范的评审流程，能够培训参与者和对评审内容进行客观的检查。其领导能力必须得到整个评审成员的认可。

2）作者：是指工作产品的开发者，负责对工作产品的介绍及评审后的问题修复。

3）讲解员：讲解员负责介绍工作产品。在评审会议开始前，讲解员要深入了解工作产品，便于在评审会议上讲解。

4）评审专家：一般由资深的开发、测试、设计人员担任，主要来发现工作产品的问题或不足的地方。

5）记录员：在评审会议中准确无误的记录已确认的问题，对未定的问题也要记录。

3. 同行评审的流程

同行评审的流程包括计划阶段、介绍会议、准备阶段、评审会议、第三小时会议、返工阶段以及跟踪阶段7个阶段，如图4-16所示。

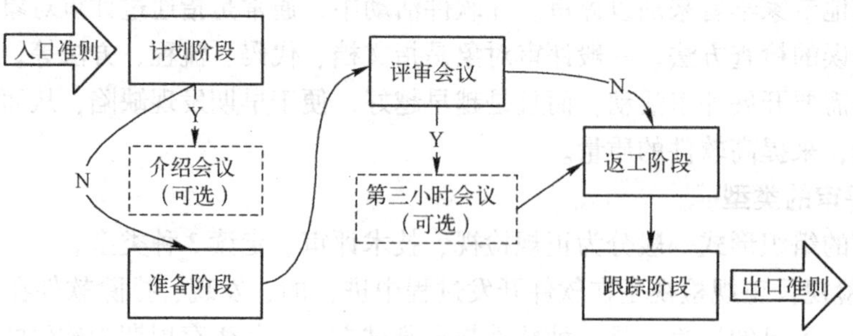

图4-16　同行评审的流程

1）计划阶段：一般由项目负责人指定会议组织者来规划本次评审。首先组织者要确认评审的内容，包括代码、文档等（如果评审内容过多可以分多次评审，一般评审会议时间为2小时）；其次组织者需要指定评审专家，一般专家人数为3~7人；再次组织者确认会议的时间、地点；最后组织者准备通知单和评审包（评审的内容、参考资料、评审表单以及检查表等），并提前2~3个工作日，通过邮件发给相关人员（作者、评审专家、会议记录员、讲解员等）。

2）介绍会议：该阶段是可选的，一般都评审专家提出申请，再由组织者来决策是否需要介绍会议。如果需要由作者来讲解，否则直接进入准备阶段。

3）准备阶段：在正式召开评审会议前，首先由专家对评审的内容进行检查，并将发现的缺陷或错误填入评审表单中；组织者收到评审表单后进行整理问题，如果问题过少，则取消评审会议，否则进入评审会议。

4）评审阶段：评审会议是非常重要的环节，其核心目的是发现及确认问题，仅对工作产品做出评价，不可评价作者的能力。会议开始首先由讲解员讲解工作产品，然后针对评审表单中的问题或会上发现的新问题进行讨论；最后由记录员记录所有的问题及分类，并发给组织者，组织者再更新评审表单。需要注意的是，会议上仅确认、分类、并给出问题解决方法建议，不解决任何问题。

5）第三小时会议：该阶段跟介绍会议一样，都属于可选阶段。在评审会议时，针对有争议的问题或无法确认的问题，由作者来决定是否召开。

6）返工阶段：该阶段主要有作者对评审会议中发现确认的问题进行修改，问题修改后要更新到评审表单中，便于后续的跟踪确认活动。

7）跟踪阶段：组织者将作者更新的评审表单再次发送给评审专家，由评审专家进行确认问题是否得到了修改，并且确认没有引入新的问题。最后由组织者确认无误后对本次评审进行归档。

同行评审是软件研发活动中非常重要的一种发现问题的手段。在实际工作中，评审活动通常存在一些错误行为，如不做计划随机开展、选择不合适的专家、准备工作不充分、评审会议中经常偏离主题或对问题的争论太多以及后期跟踪不及时等。

4.5.2 阶段评审

随着现在软件越来越复杂，在项目规程中包括研发、测试都会划分不同的阶段进行。阶段性评审就是对不同阶段的里程碑进行正式评审。因为，只有前一个阶段的输出产物通过了验证评审无误后，才能开展后续的活动。阶段评审主要是从项目的资源、技术、风险、进度以及规模等因素评审项目的状态并确保软件活动是否可以进入下一阶段。阶段评审的目的，主要是评审阶段作品的正确性、可行性及完整性。

阶段评审活动类似与同行评审，主要包括计划阶段、准备阶段、评审阶段、跟踪阶段等环节。

1. 计划阶段

首先项目经理指定组织者，组织者负责制定阶段评审计划，明确阶段里程碑的目标，确认评审时间、资源等；其次确认评审专家，人数通常在 5 人左右，一般是由公司的部门经理、技术总监、架构师、项目经理、研发经理、测试经理、SQA 等人构成。最后根据不同阶段的不同问题，确定对应的评审资料，通过审核后，发送并通知所有参与评审会议的人员。

2. 准备阶段

评审专家收到资料评审资料后，给出相关的评审意见，并在规定的时间内发给组织者进行整理，再由项目经理确定是否进行评审会议。

3. 评审阶段

在评审过程中，参与的评审专家对各自的意见进行表述。由项目经理汇总阶段性产物的可行性，正确性以及完整性信息。根据实际情况判断是否需要进行下一步推进，进入下一个阶段。

4. 跟踪阶段

主要是对评审结果的跟踪，通常评审的结果有：不接收或接收。不接收就是产品或项目没有实现本阶段的预期目标，无法开展下一个阶段；接收分有条件或无条件，无条件接收就是当前阶段的输出产物满足预定的目标，可以进行下一阶段；有条件接收就是存在一定问题，必须解决相关的问题，才可以进入下一阶段。

4.5.3 同行评审与阶段评审的区别

同行评审与阶段评审相比，主要区别在于关注点、评审的内容、目的、方式、时间以及参与评审人员不同。

1. 评审关注点不同

同行评审侧重技术实现和工件开发。而阶段评审关注于整个产品或项目的进度管理，通过阶段评审了解项目的进展情况，更好地控制项目生产过程及不同阶段里程碑的实现情况。

2. 评审的内容不同

同行评审通常是指项目中产出的工件（文档、代码等）等进行评审。阶段评审主要是项目阶段的不同状态进行评审。

3. 评审的目的不同

同行评审的目的主要是发现评审对象中存在的缺陷或存在不足的地方。阶段评审的目的是对主要评审阶段产物的可行性、正确性和完整性等进行评审。

4. 评审的方式不同

同行评审可以是正式会议评审（正规检视、技术评审），也可以是非正式评审（走查（走读）、审查）。阶段评审必须是正式的会议评审。

5. 评审的时间不同

同行评审在工作中随时都可以进行，比如技术评审，走查。而阶段评审主要是一个阶段的完成，通常是项目的关键阶段的时间点上。

6. 评审的人员不同

同行评审的人数一般是 3~7 人，而且人员几乎都是作者的同行，而阶段性评审人数一般在 5 人左右，通常都是经理或经理级别以上。

4.6 动态测试

动态方法是指通过运行被测程序，检查运行结果与预期结果的差异，并分析运行效率和健壮性等性能，这种测试方法由三部分组成：构造测试实例、执行程序、分析程序的输出结果。所谓动态测试就是通过运行软件来检验软件的动态行为和运行结果的正确性。目前，大多数公司主要的测试方式就是动态测试。

第5章　软件测试管理

一个好的软件产品离不开一个成熟的测试团队，而一个成熟的测试团队必须有一个好的测试管理。简单地说只要有流程就需要管理。本章主要介绍软件测试的管理，包括配置管理、过程管理、需求管理、缺陷管理以及风险管理。

学习目标：

- 熟悉配置管理
- 掌握过程管理
- 掌握需求管理
- 掌握缺陷管理
- 掌握风险管理

5.1　配置管理

软件配置管理（Sofware Configuration Management，简称SCM）是一种标识、组织和控制修改软件的技术。它贯穿在整个软件生命周期中，通过对软件生命周期中不同时间点上所产出的文件或代码进行标识，并通过更改这些标识，来进行控制整个过程，从而达到保证软件产品的完整性和可测性。

在软件整个研发过程中，配置管理可以说是一个全员参与的管理活动，其中参与的人员包括，项目经理、配置管理员、SQA、软件开发组、软件测试组以及变更控制委员会等。配置管理主要是对项目文档以及代码进行规范管理。

5.1.1　配置管理角色与职责

在项目中不管是什么样的管理流程来说，保证该流程的前提就是要有明确流程的角色、相应的职责和权限。因此下面主要介绍软件配置管理过程中涉及的角色与职责。

1. 项目经理

项目经理（Project Manager，简称PM）是整个软件研发活动的负责人，主要对配置管理的整个过程负责，其主要职责有制定配置管理计划，并且指定配置管理员和变更控制委员会的成员。

2. 配置管理员

配置管理员（Configuration Management Officer，简称CMO）是配置管理活动的负责人，主要工作是建立和维护配置管理库，并且设置相应的访问权限，对项目的配置项进行管理和维护，执行版本控制和变更控制以及备份和归档配置库。

3. 软件开发工程师

软件开发工程师（Software Developer Engineer，简称SDE）的职责主要工作是依据项目配置管理计划和相关的规定，进行创建、修改开发相关的配置项。

4. 软件测试工程师

软件测试工程师（Software Test Engineer，简称 STE）的职责主要工作是依据项目配置管理计划和相关的规定，创建、修改测试相关的配置项。

5. 软件质量保证

软件质量保证（Software Quality Assurance，简称 SQA）的职责对配置管理的过程质量负责，其主要工作是跟踪当前项目的状态和基线的审核，并且参与项目评审以及验证其修复的结果，同时还要验证配置库的备份。

6. 变更控制委员会

变更控制委员会（Change Control Board，简称 CCB）的职责是对配置项的变更进行合理性的判断并给出解决方案。CCB 一般由资深的开发工程师、测试工程师、系统工程师、产品技术工程师以及软件质量保证人员组成。在一些比较大的公司是由系统分析组来担任。

5.1.2 配置管理的流程

通常配置管理的流程有以下几个步骤：

1. 标识配置库并制定配置管理计划

在项目启动后，由项目负责人指定 CMO 以及 CCB 成员。由 CMO 制定配置管理计划，将配置管理工作贯穿在软件研发的全过程，并对配置项进行标识，要求每个配置项必须被唯一标识，通常配置项标识包括配置项名称和配置项版本的标识。

2. 配置库建立和维护管理

CMO 根据计划建立配置库，针对不同的角色分配相应的权限，并通知项目组成员。然后对配置库定期进行备份，并保证配置库中的数据能够成功恢复。

3. 配置控制与状态发布

在配置项提交评审时（未基线化），CMO 将该配置项纳入配置库并进行标签。此时配置项处于受控状态，在该状态下，配置项每次的更新需要用不同的版本号来进行标识。如果配置项变更，则该配置项必须重新评审后进行签发。在配置项被基线化后，CMO 应将该配置项的名称和位置，通知项目组成员，以确保配置项的状态能够被相关人员所了解，通常情况下至少 2 周发布一次。

4. 基线变更控制

任何已基线化的配置项进行变更，都需要已变更的方式进行申请变更请求。变更请求（Change Request，简称 CR）可以由客户或项目组成员启动，不管由谁来启动，都需要填写变更请求表进行更改。通常基线变更的控制流程，如图 5-1 所示。

5. 配置审计和配置归档

根据配置管理计划，一般在阶段结束会议前，由 QA 和 CMO 进行基线审计，审计主要验证配置项的完整性、正确性、一致性和可跟踪性以及变更控制是否和配置计划一致。当项目结束后，CMO 将配置库进行归档到产品配置库，并删除所有的本地的复制资料。

配置管理的好处：加强了项目团队之间的协调与沟通，增加了团队的竞争力，并规范了测试的流程，对工作量的考核进行了量化，有利于对整个项目的管理。它还保护了企业的知识财富，提供了丰富的业务经验库，缩短了项目的研发周期，节省了费用等。

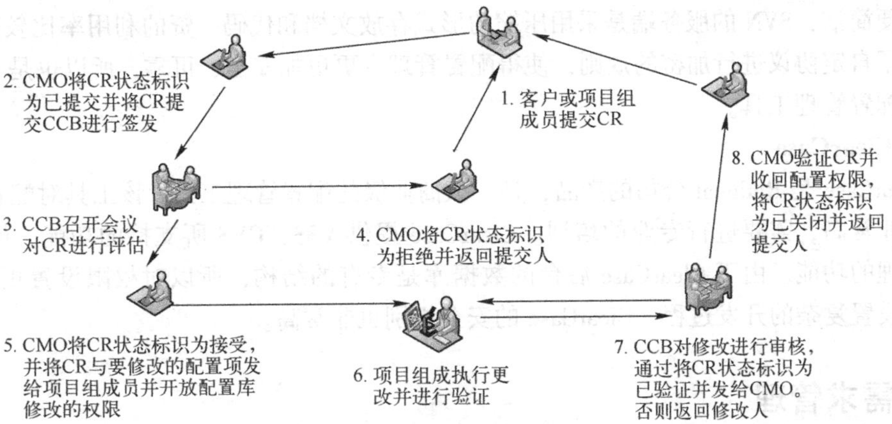

图 5-1　基线变更控制流程

总之，软件配置管理为项目管理提供了各种监控项目进展的视角，为项目经理确切掌握项目进程提供了保证。配置管理也为开发人员提供了一个协作的平台，在此平台上，大家能够更有效率的交流和协作。可以说，配置管理是软件开发的基石。

软件配置管理近年来在中国得到了极大的认可，可以毫不夸张地说，没有配置管理，就谈不上软件开发，就谈不上软件质量，就谈不上软件业的发展。随着软件业规模的扩大，配置管理的实施已经不是要不要的问题，而是什么时间开始、如何实施的问题了。

5.1.3　配置管理工具介绍

配置管理工具是指支持完成配置项标识、版本控制、变化控制、审计和状态统计等任务的工具。常用的配置管理工具有：微软公司的 VSS（Microsoft Visual Sourcesafe）、开源软件 CVS（Concurrent Version System）和 SVN（Subversion）、Rational 公司（现属 IBM）的 ClearCase 等。

1. Microsoft Visual Sourcesafe

VSS 是美国微软公司的产品，是一款入门级的工具。VSS 主要采用标准的 Windows 操作界面，安装和配置非常简单，简单说只要对微软的产品熟悉，就很容易上手。它的最大的缺点就是没有提供对流程的管理。由于 VSS 的文件夹都是通过完全共享给用户进行使用，所以安全性比较低。

2. 开源软件 CVS

CVS 是开放源代码的配置管理工具，也是一款入门级的工具。CVS 是基于 Unix/Linux 的版本控制，使用者需要对 Unix/Linux 的系统有所了解。CVS 的功能除了具备 VSS 的所有功能外，CVS 主要采用 C/S 体系，代码、文档的各种版本都存储在服务器端，需要进行各种命令行操作。CVS 的客户端有 WinCVS 的图形化界面，服务端也有 CVSNT 版本，易用性比较强。CVS 的权限设置比较单一，只能通过对 CVSROOT 的 password、readers、writers 文件进行权限设置，无法完成复杂的权限控制。

3. 开源软件 SVN

SVN 是在 CVS 的基础上诞生的开放源代码的配置管理工具。SVN 除了继承 CVS 的基本功能外，还提供了对流程的管理。而 SVN 的客户端 TortoisesSVN 相对 CVS 的客户端 WinCVS

更加方便简洁，SVN的服务端是采用压缩的形式存放文档和代码，资的利用率比较高。SVN还提供了自定协议进行加密的规则，使得配置管理变更更加安全、可靠，所以也是一种比较通用的配置管理工具。

4. ClearCase

ClearCase是Rational公司的产品，是一款商业级的配置管理工具。该工具对配置管理员的要求非常高，需要进行专业的培训。ClearCase提供VSS、CVS所支持的功能，但不提供变更管理的功能。由于ClearCase后台的数据库是专有的结构，所以对权限设置更加灵活，并擅长设置复杂的开发过程，ClearCase的安全级别也非常高。

5.2 需求管理

软件的需求包含多个层次，不同层次的需求反映不同程度的细节问题。Standish Group从大量的项目数据统计中得出，项目失败的罪魁祸首就是“需求”。有效的需求管理是项目成功的关键所在。想要进一步了解需求管理，首先要了解什么是需求。

5.2.1 什么是需求

需求是指人们在欲望驱动下的一种有条件的、可行的，又是最优的选择，这种选择使欲望达到有限的最大满足，即人们总是选择能负担的最佳物品。

在软件产品中，需求一词主要是指软件产品必须符合的条件或具备的功能。

在IEEE软件工程标准术语中对需求的定义为：

1）用户解决问题或达到目标所需的条件或权能。

2）系统或系统部件要满足合同、标准、规范或其他正式规定文档所需具有的条件或权能。

需求不仅包含通常意义上的产品功能，而且还包括行业规范中定义的标准。

5.2.2 需求的类型

需求的类型包含：业务需求、用户需求、系统需求、功能需求、其他非功能需求以及标准规则等，如图5-2所示。

1. 业务需求

业务需求（Business requirement）表示组织或客户对系统产品高层次的目标。业务需求通常来自项目投资人、实际用户的管理者、市场营销部门以及产品策划部门。它主要反映了组织为什么要开发该系统，也就是说组织希望达到的目标。它们通常在使用前景和范围文档来记录业务需求。

2. 用户需求

用户需求（User requirement）描述的是用户的目标或用户要求系统必须完成的任务。也就是说用户需求描述了用户能使用系统来做些什么。

3. 系统需求

系统需求（System requirement）用于描述包含多个子系统的产品（即系统）的需求。系统可以是纯软件系统，也可以是软、硬件结合的系统。

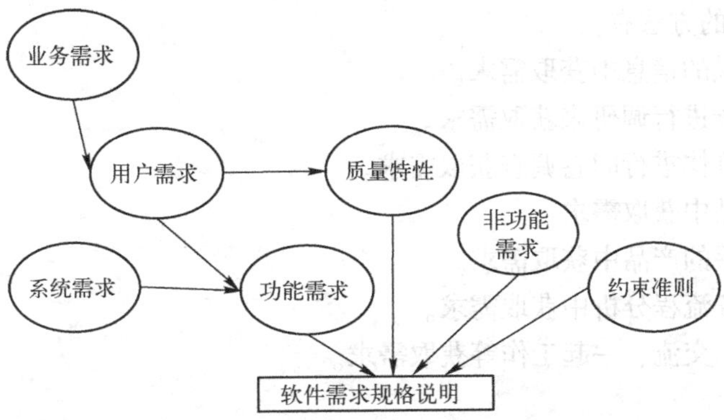

图 5-2　软件需求组成关系图

4. 功能需求

功能需求（Functional requirement）定义了开发人员必须实现的软件功能，使得用户能完成他们的任务，从而满足了业务需求。简单地说就是描述了开发人员需要实现什么。

5. 约束准则

约束准则描述了系统必须满足企业方针、政府条例、工业标准、计算方法、行业的规范标准和约束条件等。

6. 软件需求规格说明

软件需求规格说明（Software Requirements Specification，简称 SRS）中说明的功能需求充分描述了软件系统所应具有的外部行为。它在开发、测试、质量保证、项目管理以及相关项目功能中都起了重要的作用。也可以说，就是为了使用户和软件开发者双方对该软件的初始规定有一个共同理解的说明文档，也是整个开发工作的基础。

5.2.3　需求工程

需求工程是随着计算机的发展而发展的。20 世纪 80 年代中期，形成了软件工程的子领域需求工程（requirement engineering，简称 RE）。伴随着软件工程技术的发展，需求工程越来越引起人们的关注。进入 20 世纪 90 年代，需求工程成为研究的热点之一，并把需求工程划分为两大部分：需求开发和需求管理。

5.2.4　需求开发

需求开发是由需求分析人员与用户接触、交流，并对市场需求进行分析的一系列活动。也可以说就是从用户和市场获取需求，并进行分析，最终形成需求规格说明书的过程，是一系列决定需求内容的过程。需求开发主要包含以下几个活动：需求获取、需求分析、需求定义和需求验证。

1. 需求获取

需求获取就是通过与用户交流，对现有系统的观察及对任务进行分析，从而开发、捕获和修订用户的需求，它是需求工程的主体。通常需求获取的人员不宜太多，也不能过少，需要关键的人员参加，一般需求获取人员需要具备深厚的业务背景、敏锐的洞察力、前瞻的预测能力和创造性思维以及很好的沟通能力、亲和力和很强的分析能力。

通常获取需求的方法有：

1）从用户提供的信息中获取需求。

2）通过对市场进行调研来获取需求。

3）选择用户群体进行问卷调查获取需求。

4）从现有产品中获取需求。

5）从竞争对手的产品中获取需求。

6）从系统业务流程分析中获取需求。

7）通过访谈、交流、一起工作等获取需求。

2. 需求分析

需求分析也称为软件需求分析、系统需求分析或需求分析工程等，是开发人员经过深入细致的调研和分析，准确理解用户和项目的功能、性能、可靠性等具体要求，将用户非形式的需求表述转化为完整的需求定义，从而确定系统必须做什么的过程。需求分析是软件计划阶段的重要活动，也是软件生存周期中的一个重要环节，主要是分析系统在功能上需要“实现什么”，而不是考虑如何去“实现”。

需求分析的目标是把用户对待开发软件提出的“要求”或“需要”进行分析与整理，确认后形成描述完整、清晰与规范的文档，确定软件需要实现哪些功能，完成哪些工作等。此外，软件的一些非功能性需求（性能、可靠性、安全性、易用性等），软件设计的约束条件以及运行时与其他软件的关系等也是软件需求分析的目标。

进行需求分析时，特别需要关注原始需求背后的隐性需求。

这里我们主要说一下用例建模的需求分析法：首先找到系统中的活动者，也就是角色；其次从这些角色入手，分析其可能的所有活动以及这些活动之间的关系，并将这些活动的流程用状态图细化；最后根据状态图对需求进行分析。

比如：在一个简单的电商平台中，角色就是买家、卖家以及系统管理员，我们只有分析买家、卖家以及系统管理员有哪些日常活动以及活动之间的关系，然后将这些活动用状态图细化，这样需求规格才可以确定下来。

3. 需求定义

需求定义就是将需求分析的结果形成书面文档（软件需求规格说明书）。

常见的软件需求规格说明内容如下：

需求规格说明书

1 引言

- 1.1 目的
- 1.2 产品的范围
- 1.3 预期的读者和阅读建议
- 1.4 参考文献

2 综合描述

- 2.1 产品的前景和功能
- 2.2 用户类型和特征
- 2.3 设计和实现的约束限制
- 2.4 运行环境与假设

（续）

需求规格说明书
3　外部接口需求 　3.1　用户界面 　3.2　软、硬件接口 　3.3　其他接口说明 4　系统特性 　4.1　功能需求 　4.2　性能需求 　4.3　安全性需求 　4.4　软件质量属性 　4.5　约束和准则 5　其他需求 附件1：分析模型 附件2：待确定问题的列表

通常一个完整的软件需求规格说明书需包含以下7大特征：

1）完整性：每一项需求必须将所实现的功能描述清楚，便于开发人员获得设计与实现这些功能所需的所有必要信息。

2）正确性：每一项需求都必须准确地陈述其要开发的功能。通常需求的正确性需要用户参与。

3）可行性：每一项需求都必须是在已知系统和环境的限制范围内可以实施的。为避免不可行的需求，通常需要需求分析人员与考虑市场的人员一起探讨，来负责检查技术的可行性。

4）必要性：每一项需求都应把客户真正所需要的和最终系统所需遵循的标准记录下来。也可以理解为每项需求都必须追溯到用户的输入。

5）划分优先级：给每一项需求或特性分配一个实施优先级以指明它在特定产品中所占的分量，为了更好地管理和调控。

6）无二义性：每一项需求有且只能有一个统一的解释，即每一项需求必须用简洁明了的语言表达出来。避免二义性的有效方法就是对需求文档进行评审。

7）可验证性：每一项需求必须能够通过设计测试用例或其他方法进行验证。

4. 需求验证

需求定义主要是在需求定义之后，由客户、公司决策层、专家来最终确定，需求规格说明中定义的需求是否需要放到项目中，有没有超出预算，有没有遗漏的需求等。避免在后期设计、实现与测试活动带来不必要的影响。

5.2.5　需求管理

需求管理是一种获取、组织和记录系统需求的系统化方法，并使客户和项目团队在系统需求变更上保持一致的过程。也可以说，需求管理指明了系统开发所要做和必须做的每一件事，还指明了所有设计应该提供的功能和必然受到的制约。需求管理有：需求分配、需求评审、需求基线、变更控制以及需求跟踪。

1. 需求分配

需求本身是有层次的，当一个系统的需求非常多，并且不可能由一个项目组完成时，此时，需要考虑将项目分成若干个子项目，或根据需求优先级来划分目前项目开发的需求和后续版本的项目，在这两种情况下才存在需求的分配。如果项目比较小或需求较少时，不需要进行需求分配。进行需求分配时其意味着基本架构设计已经完成，否则很难进一步分配。

2. 需求评审

需求规格说明在项目中的重要性是众所周知的，所以需求的评审也一样，它是一项精益求精的技术，必须通过正式评审，也就是同行评审。在实际工作中，测试人员往往对需求的评审不够重视，给后期的测试带来很大的困难，甚至会设计出错误的用例，导致测试质量的下降。所以这里主要强调测试工程师在需求评审中需要注意的地方有：

1）对每一项需求的描述是否易于理解，是否存在二义性。

2）需求中对特殊含义的术语是否给予了定义。

3）每个特征是否用唯一的术语进行了描述。

4）需求中的条件和结果是不是合理，有没有遗漏一些异常的描述。

5）需求中不能包含不确定性描述，如大约、可能等。

6）环境搭建是否存在困难。

总之在需求评审中，要使客户、产品、研发以及测试人员在理解上必须达到一致。

3. 需求基线

基线就是将配置项在生命周期的不同时间点上通过正式评审而进入一种受控的状态，这个过程被称为“基线化”。建立基线的好处有：

1）重现性：可以及时返回并重新生成软件系统给定发布版的能力，简单说就是当项目版本更新出现不稳定状态时，可以及时取消变更，回溯版本。

2）可追踪性：建立项目工件之间的前后继承关系，目的就是确保设计满足要求、代码实施设计以及用正确代码编译可执行文件。

3）版本隔离：基线为项目研发的各个环节提供了一个定点和快照，新的项目可以从基线提供的定点中建立。

需求基线管理的流程就是：首先，将需求评审后的相关文档提交到配置库；其次，确认这些文件的版本并建立基线标志；最后发布基线，通知项目组的所有成员及相关人员，基线文档存放的位置和标志。如果需求变更，则需要基线重新建立并通知。

4. 需求变更

需求基线建立后，整个研发活动都是以此需求为标准进行。在整个研发过程中，需求的不确定性使得需求变更是无法避免的。需求的变更会引起项目的目标变化，一方面是产品的功能、性能等会发生变化；另一方面是整个开发过程的时间进度、人员成本也会受到影响；需求变更往往会牵一发而动全身，对项目的成本有非常大的影响。

为了更好地控制整个项目的研发，应建立需求变更控制的流程，如图 5-3 所示。

5. 需求跟踪

需求跟踪是指跟踪一个需求使用期限的全过程，即从需求源到实现的前后生存期。为我们提供了由需求到产品实现整个过程范围的明确查阅的能力。

需求跟踪的目的是建立与维护“需求、设计、编程、测试”之间的一致性，确保所有的工作成果符合用户需求。

为了实现可需求跟踪的能力，必须对每一个需求进行统一的标识并建立需求跟踪矩阵（Requirement Tracking Matrix，简称 RTM）。

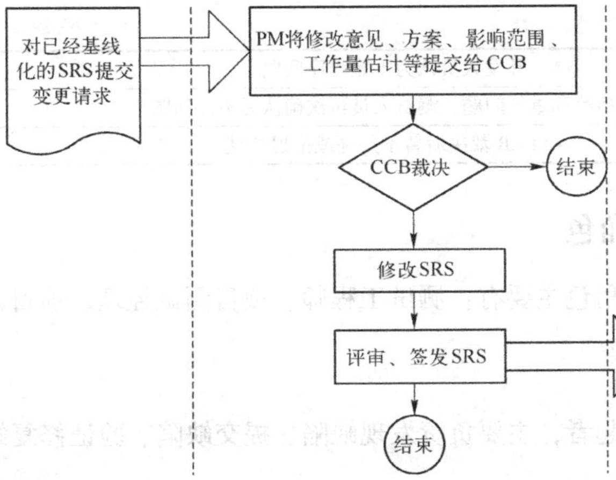

图 5-3 变更控制流程

RTM 的跟踪过程：原始需求→需求规格说明→概要设计→详细设计→代码→单元测试→集成测试→系统测试。

5.3 缺陷管理

软件的缺陷是软件产品整个研发过程中的重要属性，它提供了许多信息。通常，缺陷会导致软件产品在某种程度上不能满足用户的需要，开发人员根据它来分析产品潜在问题或缺陷，评估产品的质量，测试也需要进行跟踪与维护。所以针对软件缺陷开展有效的跟踪管理是软件产品质量保证的重点。

缺陷管理就是在软件生命周期中识别、管理、沟通缺陷的过程。其目标可以概括为一个中心、两个基本点、三个要求。一个中心是确保软件的质量；两个基本点是缺陷的管理和维护；三个要求是要求测试人员对每一个缺陷进行跟踪，要求开发人员对每一个缺陷进行分析改进，要求每个角色都担负起相应的职能。

如何使企业对缺陷进行全方位的管理，需要先了解一下缺陷管理涉及的角色、缺陷的状态、缺陷管理的基本流程、缺陷管理工具以及缺陷的分析。

5.3.1 软件缺陷的状态

通常软件缺陷的状态有：New、Open、Fixed、Close、Reopen、Postpone、Rejected、Duplicate、Abandon、Pending，见表 5-1。

表 5-1 缺陷的状态

New	缺陷的初始状态	新建
Duplicate	缺陷已被其他人员提交	重复
Open	开发人员开始修改缺陷	打开
Fixed	开发人员修改完毕	修复
Close	回归测试通过	关闭
Reopen	回归测试不通过	重新打开
Postpone	推迟修改	延期

（续）

Rejected	开发人员认为不是程序问题	拒绝
Abandon	被拒绝和重复问题，测试人员再次确认后不是问题	非问题
Pending	经 CCB 裁决后暂不处理或推迟处理	挂起

5.3.2 缺陷管理的角色

通常缺陷管理中涉及的角色主要有：测试工程师、项目测试经理、项目开发经理、开发工程师以及评审委员会 CCB。

1. 测试工程师

测试工程师是缺陷的发起者，主要负责发现缺陷、提交缺陷、验证修复缺陷即回归。

2. 项目测试经理

项目测试经理对测试工程师提交的缺陷进行审核，主要审核是否为重复缺陷、是否为非问题，是否为无效缺陷以及缺陷的规范。

3. 项目开发经理

项目开发经理对已确认的缺陷再次进行分析，主要分析缺陷的类型以及对缺陷的认可，还有就是对缺陷修复后的代码进行封装。

4. 开发工程师

开发工程师就是对已分配的缺陷进行修复并分析。

5. 评审委员会 CCB

评审委员会 CCB 主要是对有争议的缺陷进行最后的裁决。

上述 5 个角色，基本上就可以把缺陷管理的流程介绍清楚了。如果公司想把缺陷管理的流程变得更严谨，还应涉及几个角色（配置管理员、项目经理、产品经理、SQA）等。尤其是配置管理员在缺陷管理中也非常重要，它主要负责每个角色的权限分配以及回收。

5.3.3 缺陷管理基本流程

缺陷管理的基本流程，如图 5-4 所示。

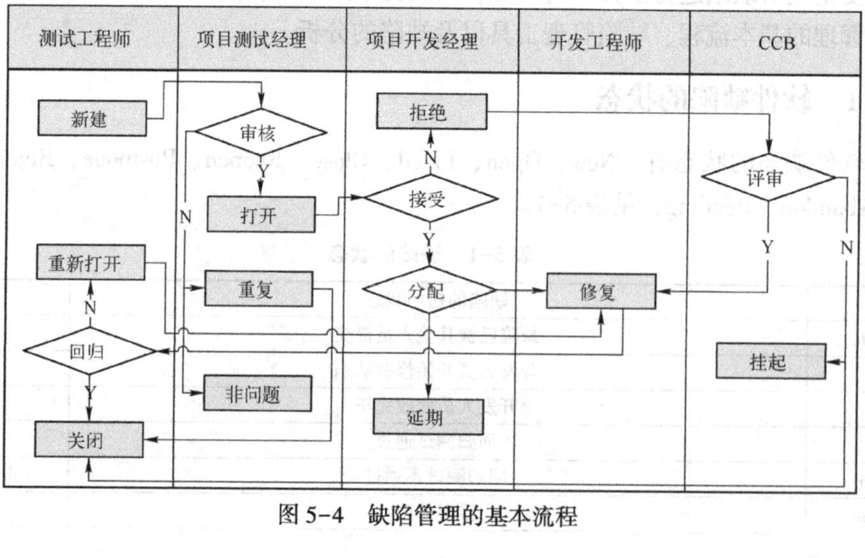

图 5-4　缺陷管理的基本流程

5.3.4 缺陷的等级划分

在不同的企业对软件缺陷等级的划分大同小异，大致可分为五个等级，分别为致命的、严重的、一般的、提示的、建议的。

1. 致命的

致命错误主要指造成系统或应用程序死机、崩溃、非法退出等，造成用户数据丢失或被破坏，或功能设计与需求严重不符以及性能问题等。

2. 严重的

严重错误主要指功能和特性没有实现，导致严重的问题或致命的错误声明，导致模块功能失效或异常退出，还有程序接口错误以及数据流错误等。

3. 一般的

一般错误主要指次要功能丧失，提示信息不太正确，用户界面设计太差以及删除未提示等，这样的缺陷虽然不影响系统的基本使用，但没有没有达到预期的效果。

4. 提示的

提示的主要指对功能几乎没有影响的缺陷，产品及属性仍可使用，如提示窗口未采用行业术语，界面不规范等。

5. 建议的

建议的缺陷主要指由问题提出人对测试对象的改进意见或测试人员提出的建议、质疑。

5.3.5 缺陷报告的内容

通常在实践工作中，缺陷报告是测试执行完成后，最重要的输出之一，一份良好的缺陷报告也是提高软件质量的重要保障。不同的公司因缺陷管理的流程不一样，可能有不同的缺陷报告模板。但是一个好的缺陷报告通常包含的内容如下：

1. 缺陷编号

用数字进行唯一标识缺陷的，通常是在缺陷管理工具中新建 Bug 时会自动生成。

2. 缺陷状态

通常描述当前缺陷的状态：比如挂起，延期等。

3. 缺陷标题

通常用一句比较简洁的话来概括缺陷，开发通过描述可以初步推测缺陷原因，来提高处理的效率。

4. 缺陷类型

类型主要为了进一步描述缺陷产生的原因是什么，通常类型系统缺陷、数据库缺陷、界面错误、接口缺陷、功能缺陷、性能缺陷、建议性错误等，见表 5-2。

表 5-2 缺陷的类型

缺陷类型	描 述
系统缺陷	引起死机、非法退出、死循环、程序错误等
数据库缺陷	发生死锁、数据库表的约束条件、表中空字段过多、数据库连接错误等
界面错误	操作界面错误、格式错误、删除未提示、界面不规范等
接口缺陷	数据通信错误、程序接口错误、硬件接口与通讯错误等

（续）

缺陷类型	描　述
功能缺陷	程序功能未实现、实现错误、额外实现等
性能错误	内存泄漏、响应超时、TPS 值、系统资源等
需求错误	需求不明确导致、需求错误等
建议性错误	功能、操作、说明等建议

5. 所属版本

用例描述当前缺陷所在的测试版本，便于后期回归时注意测试版本。

6. 所属模块

主要是描述缺陷所在的业务模块，便于后期统计缺陷的分布情况，利于在进行回归测试的方法以及测试策略的改进。

7. 严重级别

严重级别主要指缺陷的严重程度。通常，不同的严重程度给软件带来的后果、风险的影响都不一样以及开发人员处理的优先级也不同。

8. 处理优先级

处理优先级有：非常紧急、紧急、正常等。是由开发人员根据缺陷的严重级别来确定处理的优先级。通常，处理优先级跟缺陷严重级别相同。

9. 发现人

指缺陷的发现者。这里需要注意的是，缺陷发现人不一定是测试工程师，可能开发、产品以及维护人员、甚至还可能是客户。

10. 发现日期

一般在提交缺陷时，由缺陷管理工具自动生成，便于后续进行缺陷的跟踪。

11. 重现方式

指缺陷重现的概率，便于开发定位分析。重现方式有：必然、偶然、无法重现等。

12. 指定处理人员

指具体修复缺陷的人员，根据缺陷的类型进行指定处理人。通常指定具体的开发人员；如果是需求错误，需要指定产品或需求分析人员。便于后期进行跟踪缺陷。

13. 详细描述

详细描述缺陷引发的原因，包括前提条件、输入数据、重现的步骤、重现次数、预期结果、实际结果等信息。

14. 附件

通常为了加深描述可以添加一些附件信息，如截图、错误的日志信息等。

5.3.6　缺陷分析

整个测试管理中，缺陷分析也是最重要的部分。缺陷分析是对缺陷的信息进行收集、汇总，从而得出分析结果。用来发掘软件系统中缺陷分布、密度以及发展趋势等，最终追溯在整个研发过程中缺陷引入的基本原因，为软件质量分析提供真实的数据依据。

1. 缺陷收敛点与零反弹点

缺陷收敛点与零反弹点，如图 5-5 所示。

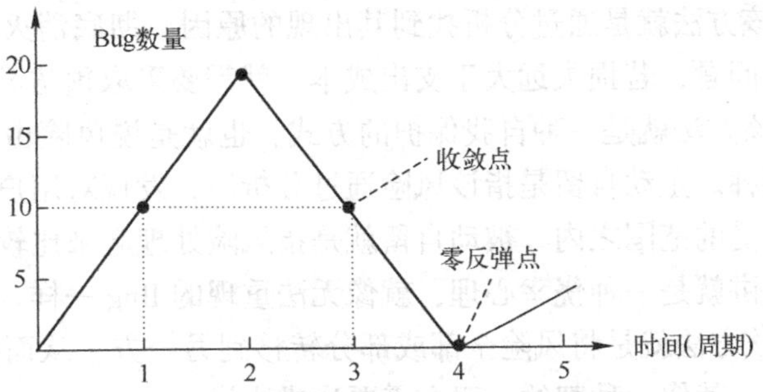

图 5-5　缺陷收敛点与零反弹点

收敛点：由图得知，首轮测试 Bug 数量会不断上升，当上升到峰值后逐渐下降，直到缺陷数量下降到与首轮测试的缺陷数量持平时，该点就是缺陷的收敛点。

零反弹点：由图得知，随着开发不断修复缺陷以及测试时间周期变化，缺陷数量会越来越少，直到零。反弹点通常指修复后引发的新 Bug。

2. 缺陷分析方法

作为一名合格测试人员，如何在整个项目体现存在的价值，发现缺陷只是体现价值的一方面，另外一方面还需要帮助开发定位、分析问题以及要做到后期怎么去规避类似问题。常用的缺陷分析方法有 ODC 分析、Gompertz 分析、DRE/DRM 分析、四象限分析等。

5.4　风险管理

在整个软件的生命周期中都会存在一定的风险，严重影响项目研发和维护。而如何规避这些风险，已经成为软件测试工作开展过程中的核心所在。软件项目的风险管理是软件项目管理的重要内容，它是通过一种规范地、可行的一些原则来控制项目中存在的风险。下面我们主要介绍一下风险管理的过程和项目中常见的风险。

5.4.1　风险管理的过程

风险管理的过程主要有三个阶段，分别为风险识别、风险评估、风险处理。

1. 风险识别

风险识别就是指风险产生的条件，通常需要有经验的人员或者风险专家来进行，应当在项目的整个生命周期中定期进行。主要内容有：市场风险、环境风险、技术风险、人员风险、管理风险等。在实际工作中，主要利用头脑风暴法来进行。

2. 风险评估

风险评估是通过风险模拟来进行，主要评估出现的概率以及对项目目标造成的后果，来确定哪些风险需要制定应对措施。

3. 风险处理

风险处理是指针对不同的风险，采取相应的处理措施，尽可能地把风险带来的损失降到最低。风险处理的方法有四种：风险回避、预防风险、风险自留、风险转移。

1）风险回避：该方法属于消极处理技术，它是主动去避开风险。通常用在处理风险的成本大于其带来的效益和风险出现的频率相当高的情况下。

2）预防风险：该方法就是通过分析找到其出现的原因，彻底消灭或中和。预防风险主要考虑成本与损失的问题，若损失远大于支出成本，就需要采取预防风险的方法。

3）风险自留：该方法就是一种自我保护的方式，也就是说风险由自己来承担。它有主动自留和被动自留两种。主动自留是指该风险通过分析后，发现对用户、对企业几乎不带来损失或者是损失在承受的范围之内。被动自留就是指风险处理起来比较麻烦，但是出现风险的概率很小。通俗地讲就是一种侥幸心理，就像无法重现的 Bug 一样。

4）风险转移：该方法就是将风险全部或部分转移到另一方，从而得到保障，也是应用比较广泛的一种方法，就像一种契约，双方需要达成协议。

5.4.2 项目中常见的风险

软件项目中的风险主要体现在：人员、技术、成本和进度四个方面。在管理风险以及安全风险等。项目中常见的风险有：需求风险、人员风险、技术风险、管理风险等。

1. 需求风险

需求是一个项目的主体，也是项目成功的关键所在。在实际工作中，需求风险在不断地变化，这种情况几乎是无法避免的。如果不加以控制和管理，那很可能导致项目达不到预期的效果，甚至会产出错误的项目。

常见的需求风险有：

1）在需求讨论中客户参与不够。

2）没有建立有效的需求变更管理过程。

3）对新产品、新市场的认知不足等。

2. 人员风险

大多数公司在做项目时都会考虑质量、成本、进度。人员包含管理人员、研发人员、测试人员等。

常见的人员风险有：

1）项目缺少一个好的管理者来做带动整个项目组的积极性。

2）对员工缺少精神上的、物质上的激励措施。

3）使用一些不不熟悉业务或工具的人员。

4）员工之间沟通交流发生冲突。

5）项目中人员的离职、请假等变动等。

3. 技术风险

技术是项目的核心，主要指研发的技术、测试的技术以及框架平台的技术。

常见的技术风险有：

1）缺少专业设计人员以及具有特定技能的人。

2）对新技术难以实现。

3）测试人员不熟悉编程语言，网络技术等。

4. 管理风险

1）缺乏规范的流程指导，以致角色、职责不明确。

2）不切实际的承诺。

3）缺少与员工之间的沟通、交流。

总之，风险无处不在，质量需要管理，更需要测试。

下面介绍在测试过程中常见的风险，见表 5-3。

表 5-3　常见的测试风险

风　险	潜在的影响	预防/处理措施	可能的征兆
开发进度延缓	推迟系统测试执行的时间和进度	控制开发进度，提前做好沟通和协调	项目计划的变更、各个环节的进度拖延
项目交付日期的变更	测试总时间缩短，难以保证测试的质量	多与客户沟通并得到客户的理解，调整测试策略、测试资源及计划	难以把握，特别是客户提出的这种变更
软件需求的变更	导致测试工作量发生变化	做好需求变更管理，调整测试计划和策略	客户的需求没做控制，项目范围没明确定义
开发代码质量低	Bug 太多、太严重，反复测试的次数和工作量极大	提高编码人员的编码水平，严格控制提交测试的版本	没有设计或设计不到位，编码人员编程经验太少
对需求的理解偏差太大	对测试的 Bug 确认困难	结合界面原型对需求多做沟通	没有界面原型，需求没有通过评审
测试对业务不熟悉	测试数据准备和关键点的测试不充分，测试效率难以提高	测试人员及早介入项目、多沟通，提供一定的业务培训	测试人员项目介入太晚，业务领域太新或新员工
测试人员的变动	测试进度减慢，甚至不能进行	多沟通做好部门的人事管理，保证对统一业务领域有多人熟悉	测试人员离职、其他更紧急的项目需要支援
测试数据的准备不充分	测试效率和质量降低，难以测到重点，也测不到位	将数据的准备时间安排得充分些；增加测试次数	测试周期太短，业务支持不够，测试人员介入太晚
测试策略不合理	难以满足测试要求，效率得不到保证	多进行沟通或进行有效性评估	测试策略没经过评审，没有进行及时跟踪

5.5　敏捷风险管理

5.5.1　敏捷项目的理解

敏捷项目管理是近年来最为流行的一种项目管理方式，敏捷管理的特点在于尽早交付、持续改进、灵活管理、团队投入、充分测试。在软件产品开发和测试过程中，以需求为例，与传统流程做个不合理的比较，如图 5-6 所示。

1）传统项目：需求、设计、开发、测试、发布。高中低级需求同时进行，每个阶段的输入依赖上个阶段的输出，越晚发现问题，可控性越差。

2）敏捷项目：高级需求、设计、开发、测试、演示与变更；中级需求、设计、开发、测试、演示与变更；低级需求、设计、开发、测试、演示与变更；集成、测试、发布。这样对传统和敏捷流程来做比较显然是不合理的，因为敏捷过程中的人和过程都是倡导自由的，而且敏捷流程中从上对下的影响是很小的，敏捷本身没有一个实际标准的流程模型图。笔者依此来引导，可让初次接触敏捷项目的人更直观地了解敏捷项目是分段开发的流程。

计算机的技术自从 20 世纪问世以来呈几何式变化，而管理项目的流程却停滞不前，这造成大部分的项目的失败。Standish Group 软件统计集团每年都会针对美国的软件项目统计，2004 年前项目彻底失败在 20%左右，受到质疑的项目达到 40%左右，这些直接带来损失上千亿美元。时间、成本、需求偏差、质量成了主要的失败原因。

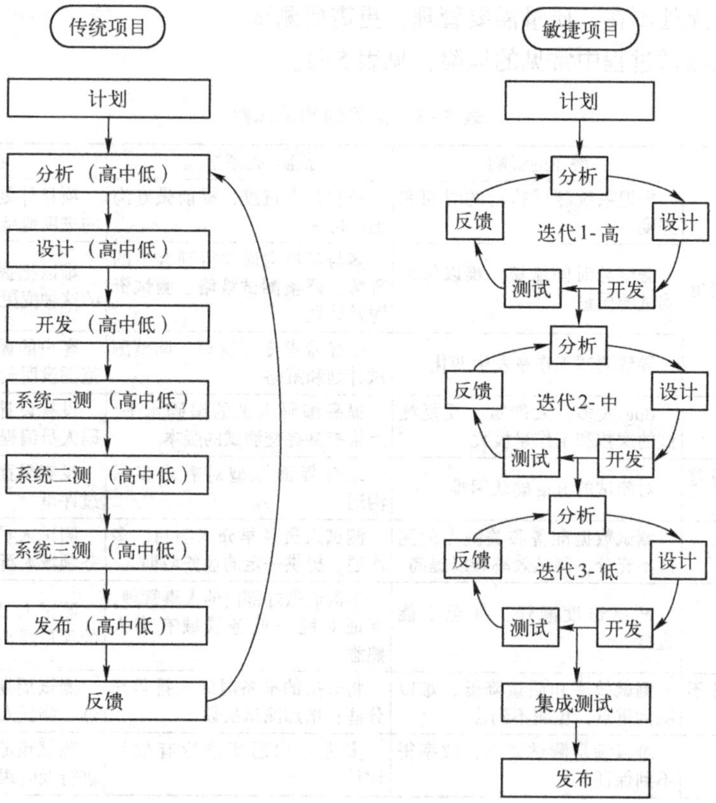

图 5-6　传统项目与敏捷项目的比较

敏捷管理应对能力强、改进效率高，更多以经验来控制项目。敏捷项目按照迭代（RUP 在前面流程中有详细介绍）的方式运行，把项目分段完成，甚者把某个需求切分成更小的片段来完成，定期对项目进行评估。这就要求每个参与敏捷项目的成员要知道自己即将做些什么。对每个细小的问题都应快速处理与调整，保证下个迭代能顺利进行。项目灵活性得到充分的提高，但对团队的投入也会要求更高。我们做的事并没有因此减少，一次完成的设计、开发、测试，需要分解成多次同样流程的循环。

不难发现敏捷开发的产品运作后在控制质量上有很多可圈可点的地方，例如：

- 从高级需求向低级需求运作，大大提高了软件发布后的产品的期望值。
- 产品在开发过程会有很多需求变更的情况，颗粒式开发大大降低了变更成本。
- 需求变更如果影响到了项目的计划，可以用后面迭代中最低级的需求换取时间。
- 个体互动将更加频繁，需求的传递准确性将大幅提高。
- 阶段性和碎片化的迭代，使项目中的评估针对性将更强。

敏捷团队：业务人员、项目 IT 人员、敏捷指导。

传统的开发团队只有项目 IT 人员。在敏捷中有了业务人员，减少了烦琐的文档，直接人与人沟通，不但提高质量，也增加的每个人的价值。而敏捷指导是在敏捷推广初期中指导敏捷流程和提出改进建议，在成熟的团队中，项目经理可以是敏捷流程的指导。

5.5.2 敏捷项目需求的管理

敏捷项目应尽早地开发有价值的需求和持续不断的满足客户的要求来体现软件的价值。本身提倡提出有价值提议，鼓励任何时候对需求的变更。成熟的敏捷产品，可短期内持续发布有价值的产品。

这意味着从本次版本中的众多需求中进行等级划分，具备价值越高的需求优先级越高，风险越高的优先级越高，高风险高价值优先进行迭代。而对于一次迭代中完成不了的，要将需求进行拆分迭代。

在明确好本次迭代需要做的需求后，做好需求基线，确定需求范围，做好详细的迭代计划，召开迭代开工会，正式启动迭代工作。

需求的分配也不再是由项目经理指定任务分配给每个测试人员，而提倡需求领取的方式，鼓励每个人自主认领需求，自我认领的默认就是自己要承诺的，领取需求的自身特点是自我做主。而项目经理要做的是对技能不足的员工多加关注与指导。

对于每个需求会制作 Story Card，故事卡的内容主要是：As a ......（作为什么角色），I want ......（我希望需求如何），So that ......（目的是什么）。

有了故事卡，放置于 Story Wall：将每个 Story 的任务卡片制作成不同的颜色，Scrum 成员把任务卡片添加到任务板上的不同状态中，在任务板上随着自己的进度来移动它们，并最终从任务板上拿掉任务卡片。任务板上的不同时间轴和颜色状态，可以很直观的了解和督促每个 Story 的进展。

在项目过程的需求变更是不可避免的，有初期设计缺陷未被提前评审出，也有客户主动要求需求变更。而敏捷项目中提到的提倡需求变更，指的是用户主动对需求的变更，为的是响应市场变化，提升需求价值。在敏捷项目过程中，人力和时间是不改变了，需求变更和客户确认后，尽量减少本次迭代的计划，充分利用计划初期预留的 15%缓冲（buffer）时间，而在下个冲刺时计划是新制定的，不受任何影响。

5.5.3 敏捷项目时间的管理

敏捷开发采用时间盒（Time Boxing）的方法，即限定时间而不限定范围。特性可以调整，但不过度的去承诺，所以迭代不会延期，因为在迭代终点将放弃未完成的 Story。

在每个迭代中，需要预留 15%的 buffer 时间，来应对突发需求。

有时可以再在一个 Time Boxing 中设置两个发布节点，来解决一些可能发生变更或复杂的需求。

既然敏捷项目的时间是固定的，又需要在时间盒内创造更具价值的产品，就要不断的评估和调整我们所能够完成的任务。

传统项目的一个痛点就是计划赶不上变化，而敏捷中便以变化来应对变化，做到快速响应，突出价值。而影响项目计划时间的因素常见的有：

1）所有的需求都是依靠经验来预估的，计划的时间本身就存在偏差；

2）人员技能的不足，业务技能和专业技能都可能存在缺乏的情况；

3）需求设计漏洞，这会造成需求在某个阶段的被动变更；

4）客户主动变更需求，这是我们需要积极配合的，提升产品的价值和价格。

5.5.4 敏捷项目成本的管理

项目成本管理是指为保障项目实际发生的成本不超过项目预算，使项目在批准的预算内按时、按质、经济高效地完成既定目标而开展的成本管理活动。

成本管理包括项目资源规划、项目成本估算、项目成本预算、项目成本控制等过程。

1）项目成本：包括项目生命周期每一阶段的资源耗费。

2）项目直接成本：指与项目有直接关系的成本费用，是与项目直接对应的，包括直接人工费用、直接材料费用、其他直接费用等。

3）管理费用：指为了组织、管理和控制项目所发生的费用，项目管理费用一般是项目的间接费用，主要包括管理人员费用支出、差旅费用、固定资产和设备使用费用、办公费用、医疗保险费用以及其他一些费用等：指与项目的完成没有直接关系，费用的发生基本上不受项目业务量增减所影响的费用。这些费用包括公司的日常行政管理费用、销售费用、财务费用等，这些费用已经不再是项目费用的一部分，而是作为期间费用直接计入公司当期损益。

管理水平对成本的影响。高的管理水平可以提高预算的准确度，加强对项目预算的执行和监督，对工期的控制能够严格限制在计划许可范围内，减少各种更改所造成的成本增加和工期的变更，减少风险损失。

成本估算概述：成本估算的输出结果是成本预算的基础和依据，成本预算则是将已批准的估算进行分摊。

5.5.5 敏捷项目质量的管理

软件测试的一系列活动，其最终目的就是为了保证产品的质量，也就是说质量的管理是在整个测试过程中，由各环节所决定。敏捷的质量管理与传统的质量管理在管理过程中出现的一些变化：

1. 质量管理的协助角色变化

传统质量管理中除了项目经理，另有 QA（Quality Assurance，质量保证）来配合监控公司质量保证体系的运行状况，审计项目的实际执行情况和项目计划中已制定准则的差异，并收集改进措施和输出统计分析报告。可以说是过程中的产品质量的监督与审计者。

而在敏捷项目中，在团队建设的初级阶段，会有敏捷教练的角色加入。敏捷教练是熟知敏捷运作流程的专业人士，他去指导项目团队的流程运作。比如该如何去开展站立会议，该如何计划迭代周期，该如何做好迭代的持续更新，教练不像 QA，他所监控的不是数据，而是流程中的活动是否有效进行，对每个活动环节做持续指导和对应的优化建议，以改善流程中的活动来提高产品开发效率和质量。以前 QA 制定的一系列的标准和计划的 checklist 不再适用。敏捷项目讲究的是个体自由发挥，不被文档束缚进度，不被规则限制效率，只要出口的准则达到 QA 的监控标准，质量和效率则都得到充分的保证。

2. 质量的个人因素

个人因素主要因素除了测试本身的专业知识、个人能力、测试经验以外，还有测试人员对于敏捷项目的运作理解和节奏把控上。测试人员是敏捷团队的核心部分，敏捷教练或是 TPM（TestProject Manager 测试项目经理）需要向测试提供支持和训练，以使测试适应开发的快节奏。在敏捷项目中，面对面沟通要高于文档的管理，计划会议和设计讨论都需要测试人员的参与，包括产品经理最早对需求的澄清会议，测试都需要参加和团队的其他成员交流。即测试人员、开发人员和产品经理多方协作。在一些公司产品经理或是需求提出人员，称为BA，即BussinessAnalyst，BA和开发人员DE、测试人员TE组成了敏捷开发团队。敏捷项目不再只是看看需求规格说明书，细细解读需求的过程，敏捷更注重过程人与人交流。需求测试人员有良好的沟通能力、理解能力和全面的专业技能，才能完成领取的story，做好充分的质量测试。

3. 自动化测试比重的提升

为什么说敏捷项目自动化测试越来越被重视？

传统项目的周期和测试重复率要低于敏捷测试。敏捷测试是在原框架上不断地提升产品价值和需求，在每轮迭代中都有不同新需求的融入，已开发的需求必然有可能被周边影响，有必要做一些核心功能和基本功能的重复测试，CI（Continuous Integration）持续集成的自动化测试就显得必不可少。自动化测试工程师和CI维护工程师在敏捷中的重要性会日渐显现出来，需要项目管理者TPM的长期规划和培养。

4. 敏捷活动的有效指导

敏捷是个理念的开发流程，只有合适和高质量的流程控制才能开发出高质量的产品。

敏捷中有哪些特别的活动值得我们推广和持续优化呢？腾尚时代流程管理团队认为，敏捷近史中值得推广的有：Story、Story Wall、Stand-up Meeting、CI。

1）Story：站在用户角度去描述一个需求，如同阐述一个故事，制作一个故事卡片，写明“作为……；我想要……；以便……。”故事可以分段阐述，一段段的小故事，便于和用户去沟通，更能准确定位出核心价值，可做到持续交付。Story需要有验收用例作为需求实现的标准，测试可以更准确的写出符合需求的用例。

2）Story Wall：就是将story制作成卡片，张贴在白板墙上。每个story以横轴展示所处状态，横轴显示的状态阶段按照本公司的实际流程制定。卡片可以制作成不同的颜色，用于区分不同重要级别、不同的风险或是不同的责任人。在办公区域抬头便可见Story Wall，让碎片的story所处的状态一目了然，有着很直观的视觉冲击感，让成员很明确知道该优先去处理什么。

3）Stand-up Meeting：高效的站立会议，在每天早上第一时间完成。团队站在Story Wall前，围成半圈，依次发言。发言主要内容可称为三段论：“昨天做了什么？今天准备做什么？碰到了什么困难？”。主持记录，尽量避免讨论。让所有的风险从个体上展现出来，让所有个体的效率全部展现出来，腾尚时代公司Francis认为这是监控每个人进度、效率、风险的最佳方式。

4）CI：持续集成将测试的自动化用例利用最大化，也让开发每日构建的安装包做到了充分的验证。所谓CI，就是将开发每日更新提交的代码自动生成安装包，进行自动化安装测试环境，并进行全面的自动化测试用例执行，输出测试报告，并发送邮件给相关人员。这些全部都将在CI持续集成框架中自动完成，团队中需要有CI维护工程师每日去维护框架、环境、测试用例以及Fail用例分析，CI维护工程师大都由测试来担当。CI能够快速的发现新引入的问题，大大降低了bug修复成本，不会遗留到后期。

敏捷模式比传统流程的质量管理更具多样性和挑战性，加强人员之间的交流，加强与客户的沟通，有效的暴露出存在的风险，快速应对需求变化等，敏捷模式比传统模式更能提升产品的质量。

5.5.6 敏捷项目沟通的管理

项目沟通管理（Project Communication Management）改变了传统注重文档化管理的方式，文档虽然可以有效传承，但效率和应变能力是个弊端，而沟通可以快速建立起良好的合作关系，并且能够快速了解批次的性格和工作习惯，久而久之，沟通和工作都将变得更加简单。

从一切通过正式的会议沟通变成随时随地的非正式沟通，所有人都不再被流程框架所限制，发挥自己的长处，展现自己的能力，只要能解决问题，可以用自己擅长的方式，和需要的人直接沟通。测试项目经理要做的不再是听你阐述后组成复杂的流程会议，只要知道需要什么协助，提供需要的资源或是需要的联系方式。

业务人员的加入，甚至有客户人员的到访沟通，让敏捷项目的需求变得更加清晰准确。没有比沟通更准确的传递需求方式，尽早面对面沟通是敏捷项目的灵魂，传统与敏捷的沟通管理对比见表5-4。

表5-4 传统与敏捷的沟通管理

传统沟通管理	敏捷沟通管理
特性相关人员多以邮件沟通，不强调面对面沟通	敏捷项目管理将面对面作为基本沟通方式，特性相关人员会安排到一起办公，开发与测试相邻而坐
重文档，可文档化的过程和技术，尽可能的进行文档化，进行资源储备，建立复杂的资源文档库	轻文档，不要让文档成为累赘，但要在出现争议时也有可查的依据。文档强调言简意赅，恰到好处，敏捷更多是通过沟通更全面和更准备的理解文档内容
团队成员可能会被要求参加大量的会议，不论那些会议是否有用的或者必要的	按照设计，敏捷项目中的会议是尽可能快速的，并将仅包含真正想参加会议并能从会议中受益的人员。敏捷项目会议能够带来面对面沟通的所有好处并避免浪费时间。敏捷项目会议的结构是将提高生产效率，而不是降低生产效率

敏捷沟通的常见活动

1）sprint 计划会议：每个迭代都会以固定时长的 Sprint 会议作为开始，需 Scrum 团队全员参加，沟通关于此迭代的各个阶段的时间点，迭代的目标，人员的安排和配置等，沟通让团队达成共识的目标和一致的理解。

2）头脑风暴：由特性小组的成员召集一起，随时随地找一个白板就此 Story 的框架设计、疑难问题攻克、设计方案选择、不明确问题澄清进行细致商讨来定制方案。

3）Showcase：开发将已设计并不完善的基本功能进行尽早展示，以确保设计与需求无偏差的前提下，尽早发现问题和不足，降低成本，提高效率。

4）Stand-up Meeting：亦指每日晨会，固定时间与地点，Scrum 中的各小团队围圈站立进行十五分钟左右的高效会议。轮流简述各自昨天的进展，今天的计划，现在的困难。站立会议不引导讨论，只暴露出问题跟踪解决。

5）评审会议：在迭代交付中 Sprint Review Meeting 是产品经理对产品增量的成果进行评价和反馈，看是否已达到迭代交付的标准，是否达到计划会议中设定的目标。评审会将收集的反馈问题添加到开发项中，在评估完这次的迭代的情况，来对接下来的迭代需求或开发项进行优先级排序。

6）回顾会议：迭代结束时全员参与，积极探讨，持续改进建议。沟通改进、流程改进、文档改进、会议改进、用例改进、时间改进、改进一切可优化的环节。

5.5.7 敏捷项目风险的管理

风险管理是项目管理的重要组成部分，风险管理主要包括风险识别、风险分析、风险应对和风险监控四个过程。

软件项目风险是指在项目开发的过程中遇到各方面的问题以及这些问题对软件项目的直接影响。包含影响项目的进度，增加项目的成本，甚至造成项目周期性的失败。

敏捷流程本身的特点就是尽早实现产品价值，快速的经常性交付，由此看来敏捷项目本身就是解决了最大的传统流程项目的风险，也就是项目无法交付的风险。所以敏捷项目并没有特定风险管理的内容，采用敏捷流程的项目团队一致认可可以减小传统软件项目风险的影响，但是敏捷流程还没到达放弃风险管理的成熟期。

敏捷项目风险管理的思路是：首先分析敏捷项目测试的特点，然后结合传统项目风险管理过程的经验进行有效管理。敏捷项目通过其流程减轻了常见的软件风险，但这也因此也蕴含了大量的风险。

敏捷测试的风险主要体现在：需求风险、人员风险、技术风险和进度风险。

（1）需求风险

Story定义范围不准确或是太大，增加了大量的验收标准。需要加强用户沟通，抓准需求的核心价值，对需求进行优先级的排序，做好每个迭代周期内Story的具体范围。

（2）人员风险

人员风险主要体现在技术和业务能力不足，情绪干扰，士气底下，人才流失。敏捷本身需要每个人参与沟通，完成自己领取的需求，从测试的技术要求上需要更加全面。可通过内部交流培训提高每个人的技能，从而也做到了不断储备和复制技能，避免人才和技能的流失产生的风险。还需要做好定期的有效沟通，了解团队人员的情绪变化，并做好激励措施，提高团队士气，减少人才流失。

（3）技术风险

技术风险指在软件测试过程中遇到技术性的问题，且在短时间内无法解决。敏捷测试周期短，每个测试工程师职责贯穿整个迭代流程，从而需要有较为全面的技术支撑。但项目成员技能组成呈现为金字塔结构，必然在分配任务后，存在个体上的技术风险，也会存在整个测试团队不具备的技术性问题。需要提前识别出此类风险，引进关键技术的优秀人才。

（4）进度风险

交付期内未达到产品的质量出口准则，会造成直接的经济损失。从项目计划开始就需要制定可行的任务分配安排，不承诺超出团队能力范围的工作量。测试项目经理需要具备丰富的评估工作量的能力，并能及时协调工作内容来降低风险。做好优先级的划分，尽快提升产品的价值，以便有更多时间去应对有价值的需求变更，对无价值的变更坚决否定，对临时任务做好充分的评估再做协调，不冲突核心需求。

项目风险在任何模式下都是无处不在的，项目管理者需要不断在项目管理中汲取经验，做好项目总结工作，持续优化管理流程和改进管理中的细节，做好降低和解决风险的准备。

第 6 章　测试工具的介绍

本章主要介绍软件测试中常用工具的使用。

学习目标：

- 掌握配置管理工具——SVN 客户端的使用
- 掌握接口测试工具——PostMan 的使用
- 掌握接口测试工具——Jmeter 的使用
- 掌握性能测试工具——Loadrunner 的使用
- 掌握网络抓包工具的使用

6.1　配置管理工具——SVN

SVN 主要分为服务端和客户端。下面简单介绍一下 SVN 在 Windows 系统下的安装配置以及基本使用。首先从官网：http://www.visualsvn.com/server/download/下载服务端 VisualSVN-Server-2.0.5.msi 和客户端 TortoiseSVN。

6.1.1　VisualSVN 的安装配置

1. 双击 VisualSVN-Server-2.0.5.msi，出现图 6-1 所示的 VisualSVN 安装的对话框。

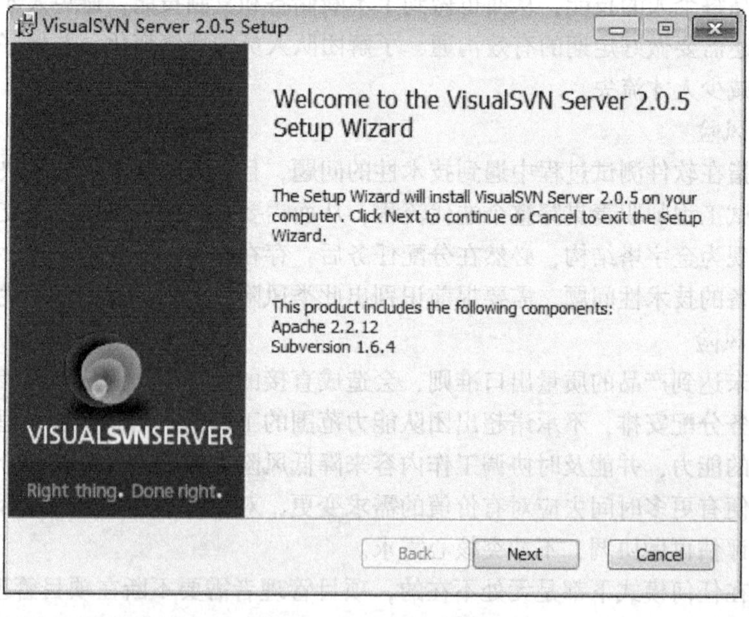

图 6-1　VisualSVN 安装

2. 进入图 6-1 所示的 VisualSVN 安装界面中，单击“Next”按钮，出现图 6-2 所示的许可协议条款的对话框。

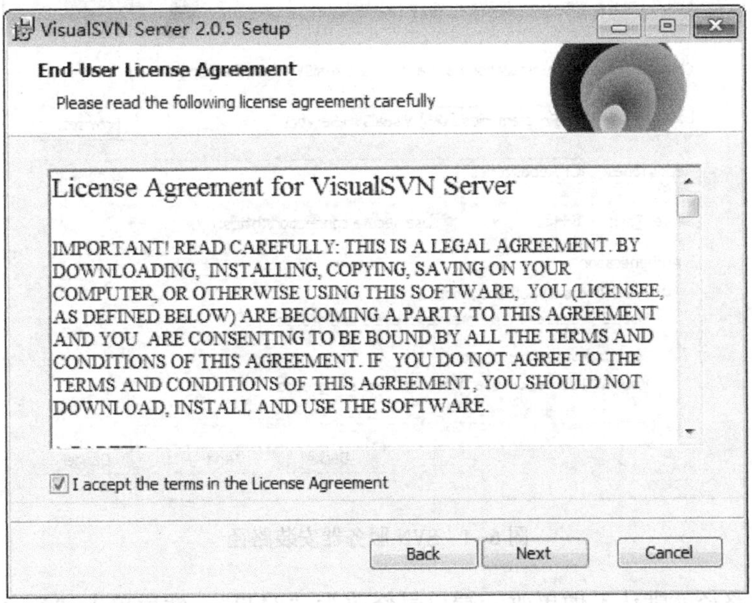

图 6-2　许可协议条款

3. 勾选同意协议条款后，单击“Next”按钮，出现图 6-3 所示的对话框，该页面主要是选择需要安装的组件。

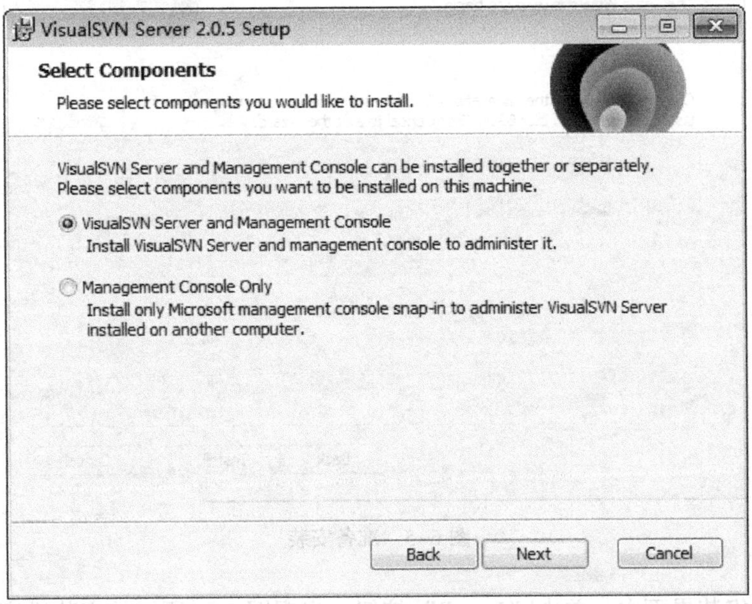

图 6-3　安装组件的选项

4. 勾选 VisualSVN 服务器和管理控制，单击“Next”按钮，出现图 6-4 所示的对话框。该页面主要是选择安装路径、服务器配置的路径以及服务的端口号。

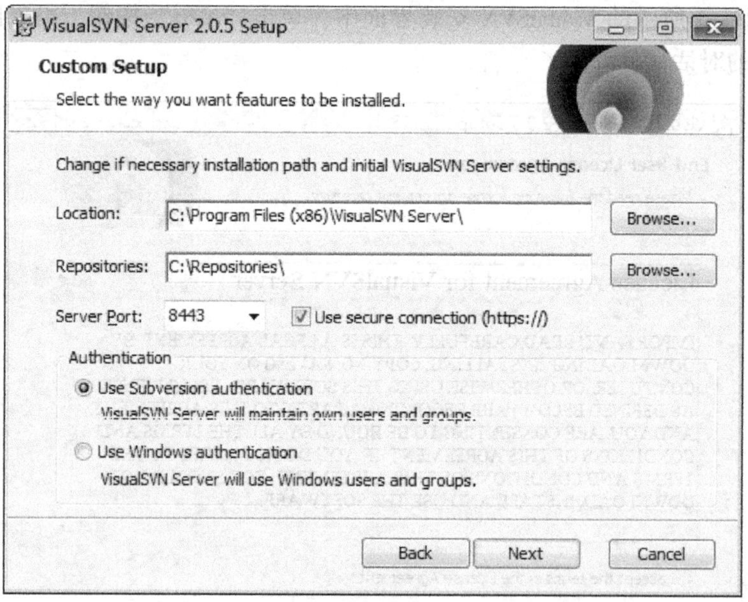

图 6-4　SVN 服务器安装路径

5. 在这里路径就默认不做更改，端口号修改为“8443”。然后单击“Next”按钮，出现图 6-5 所示的准备安装的对话框。

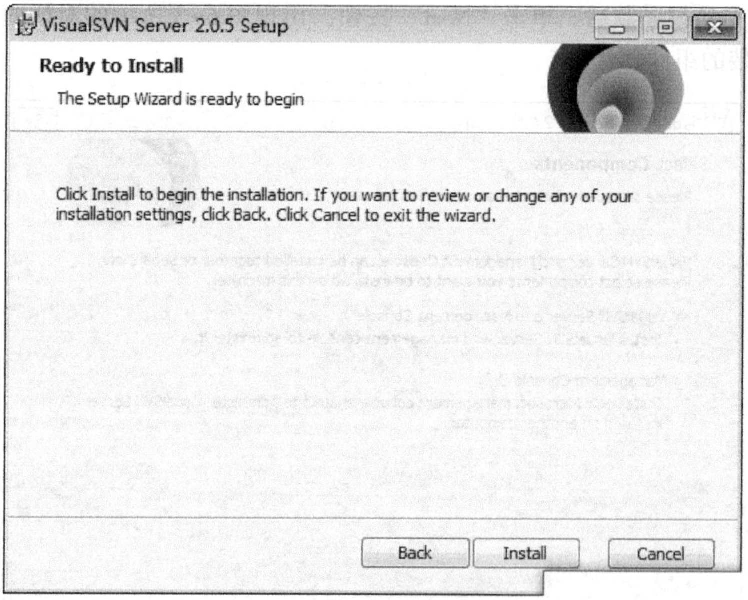

图 6-5　准备安装

6. 在准备安装界面中，单击“Install”按钮，出现图 6-6 所示的安装进度对话框。

7. 待安装进度完成后，出现图 6-7 所示安装完成的对话框。

8. 到此，VisualSVN 服务端安装完成。单击“Finish”按钮结束。

接下来介绍一下 VisualSVN 服务端的基本使用。

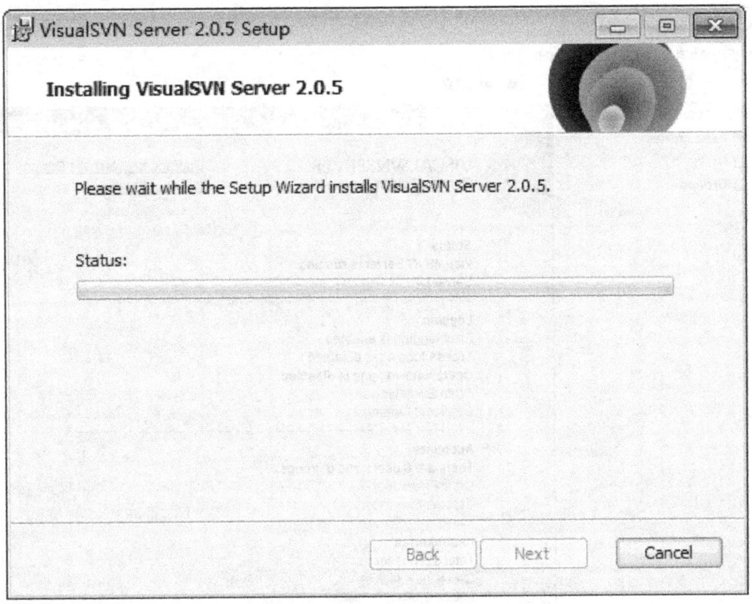

图 6-6　安装进度

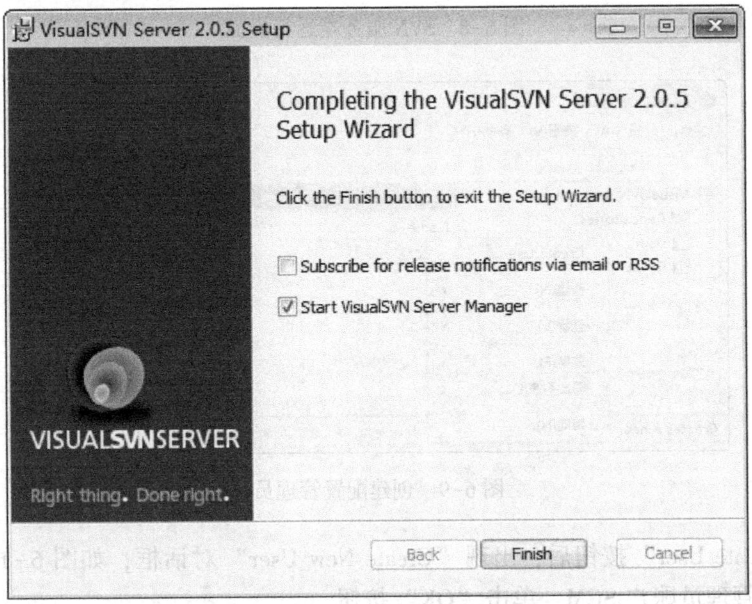

图 6-7　安装完成

6.1.2　VisualSVN 服务端的使用

启动 VisualSVN Server Manager 后，出现图 6-8 所示的对话框。该页面主要显示 SVN 服务端的状态以及配置管理的信息。

1. 新建配置管理员。在配置库列表中右键“User”→选择“Create User”进行新建，如图 6-9 所示。

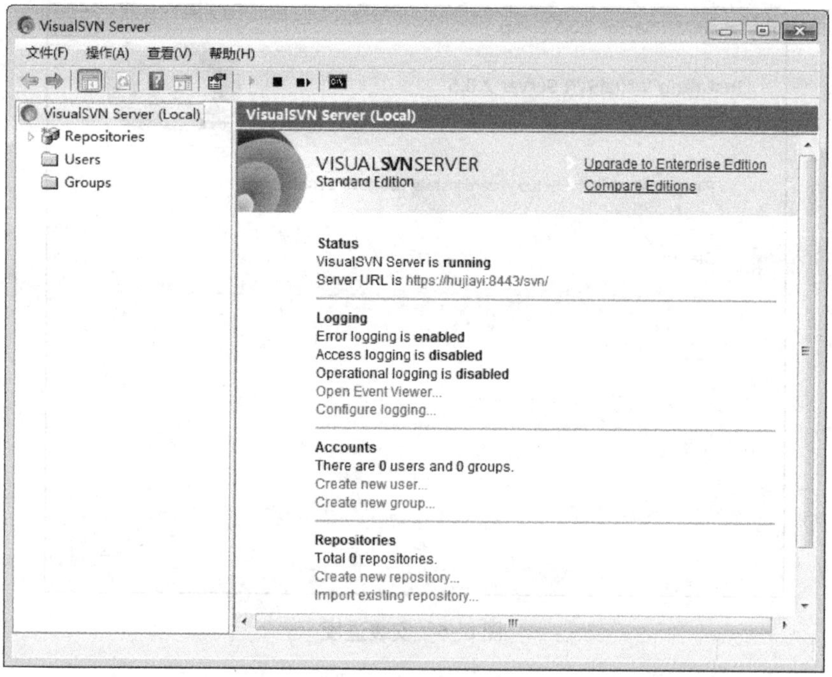

图 6-8 SVN 服务端运行界面

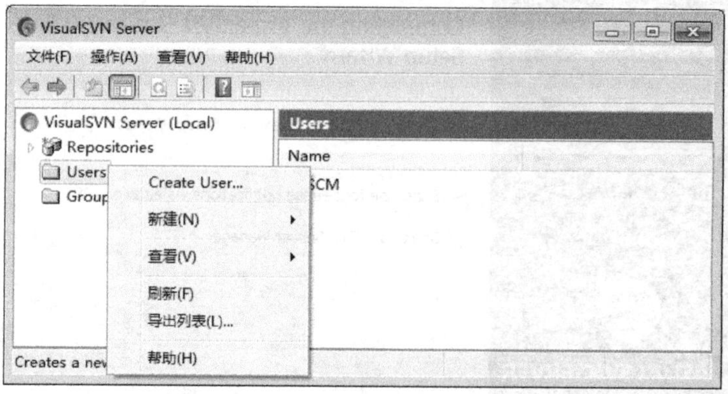

图 6-9 创建配置管理员

单击“Create User”按钮后，出现“Create New User”对话框，如图 6-10 所示的对话框。输入配置管理员账户 SCM，单击“OK”按钮。

2. 删除默认 Everyone 管理权限，并设置 SCM 为超级管理员。在配置库列表中右键“Repositories”→选择“Properties...”进行权限设置，如图 6-11 所示。

单击“Properties...”后，出现图 6-12 所示的对话框。

单击“Remove”删除“Everyone”的权限，再单击“Add”设置 SCM 为管理员。如图 6-13 所示。

3. 新建版本库。在配置库列表中右键“Repositories”→单击“Create New Repository”进行新建项目版本库。输入“Tenson-APP”项目版本库名称，如图 6-14 所示。

单击“OK”按钮后，出现图 6-15 所示的对话框。

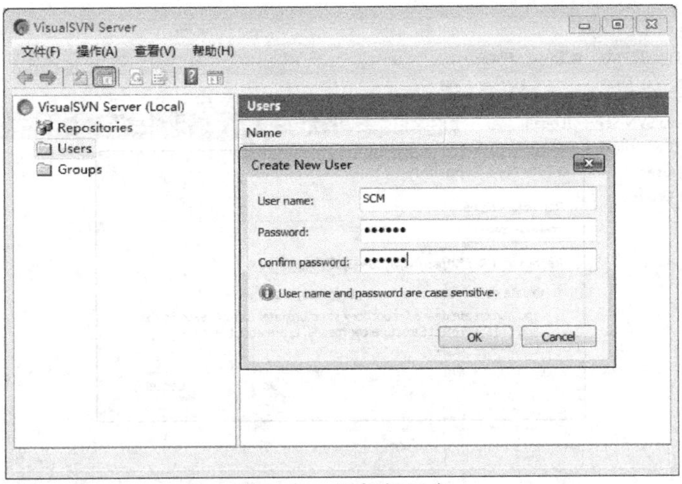

图 6-10 添加新用户

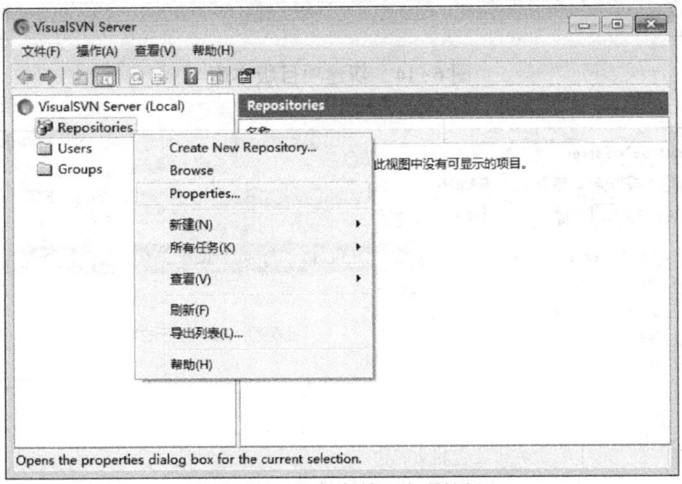

图 6-11 版本库管理权限设置

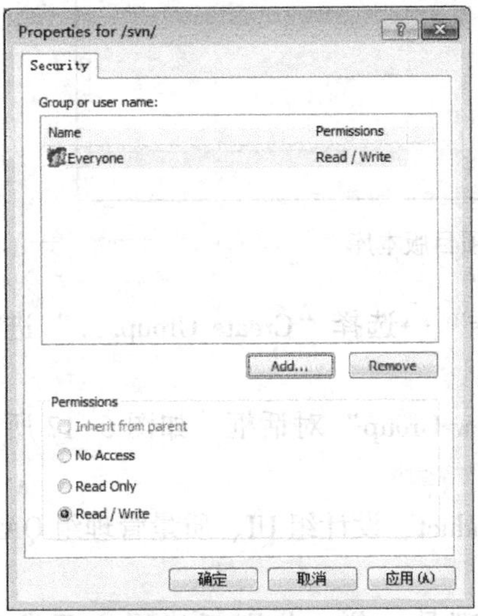

图 6-12 设置管理员权限

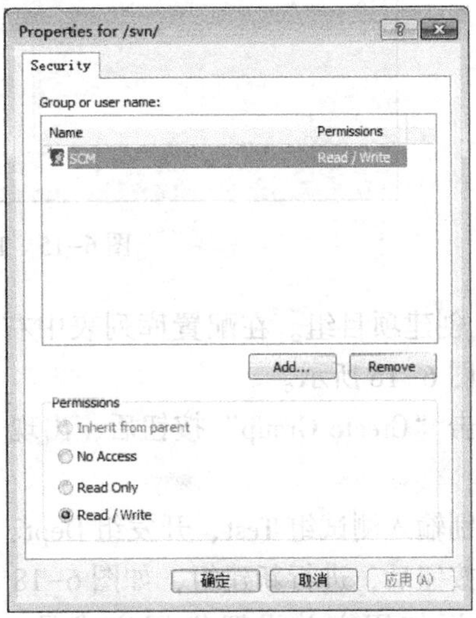

图 6-13 设置 SCM 为管理员

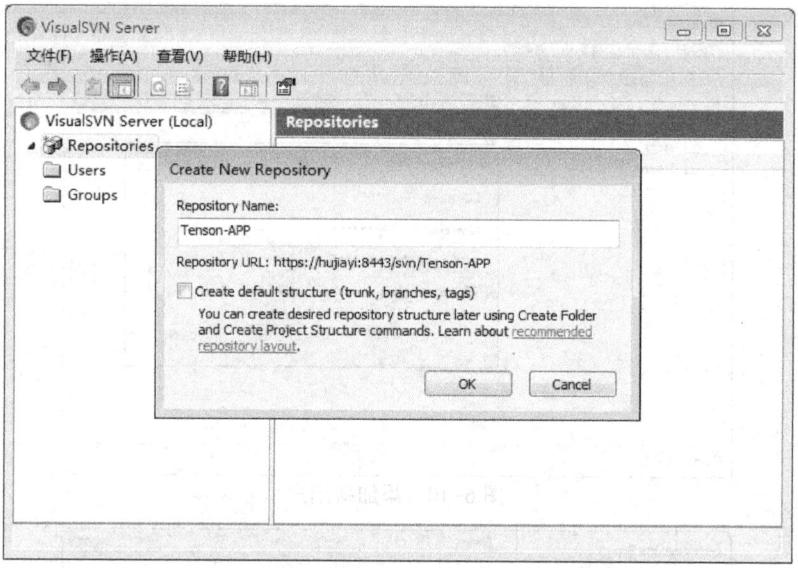

图 6-14　新建项目版本库

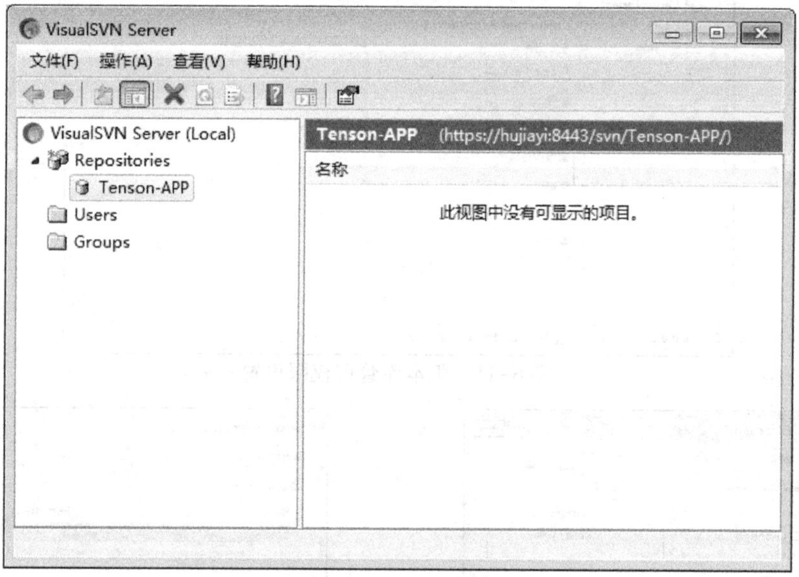

图 6-15　Tenson-APP 项目版本库

4. 创建项目组。在配置库列表中右键 “Groups” →选择 “Create Group...” 进行新建组，如图 6-16 所示。

单击 “Create Group” 按钮后，出现 “Create New Group” 对话框，如图 6-17 所示的对话框。

分别输入测试组 Test、开发组 Dept、产品组 Product、设计组 UI、质量管理组 QA，单击 “OK” 按钮后，进行新建组，如图 6-18 所示。

5. 添加用户并设置组用户成员。同创建管理员一样，分别新建用户开发工程师 “zhangsan”、测试工程师 “lisi”、产品经理 “wangwu”、质量保证工程师 “zhaoliu”、UI 设计

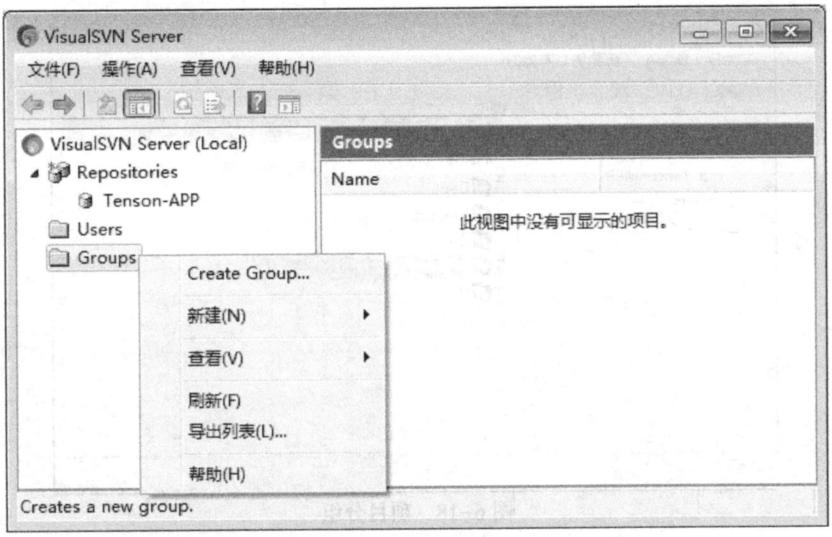

图 6-16　创建组

图 6-17　新建组

工程师“sunqi”、项目经理“PM”、项目测试经理“TPM”、项目开发经理“PDM”等人员，如图 6-19 所示。

6. 添加项目组成员。在配置库列表中单击“Groups”按钮，如图 6-20 中所示。

单击“Test”组，出现图 6-21 所示的对话框。

单击“Add”按钮，添加测试组成员项目测试经理“TPM”、测试工程师“lisi”。然后为每个组添加成员。

7. 设置项目组的访问权限。在配置库列表中，右键“Tenson-APP”选择“Properties”进行权限设置，设置 SCM 的权限为授权后才可以进行读写，如图 6-22 所示。

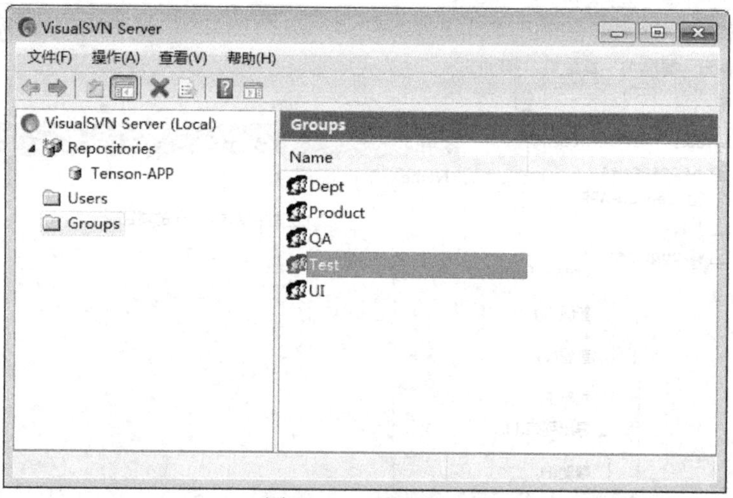

图 6-18　项目分组

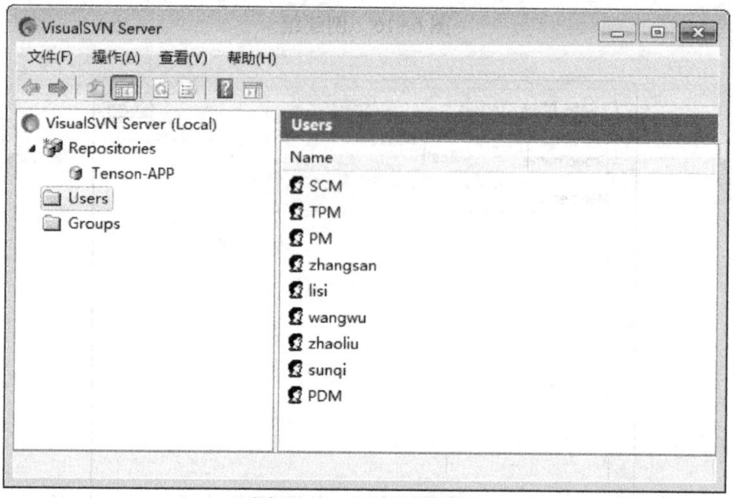

图 6-19　项目组成员

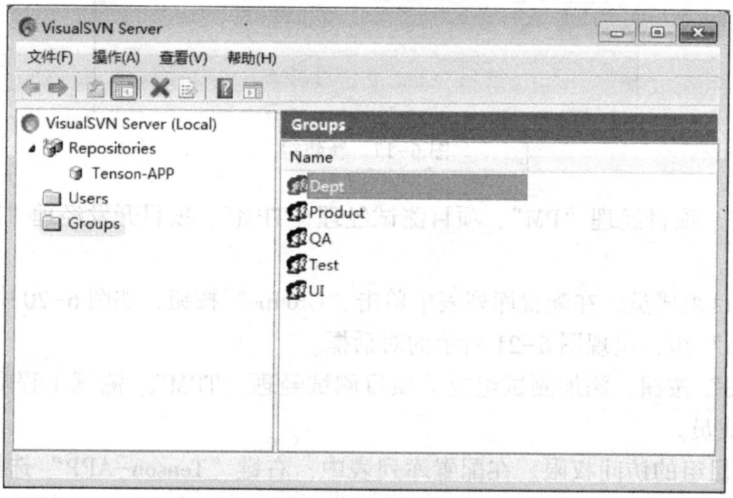

图 6-20　项目组

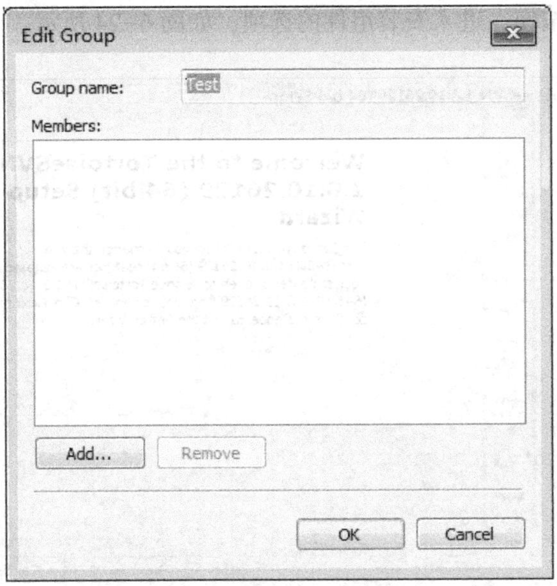

图 6-21　编辑组成员

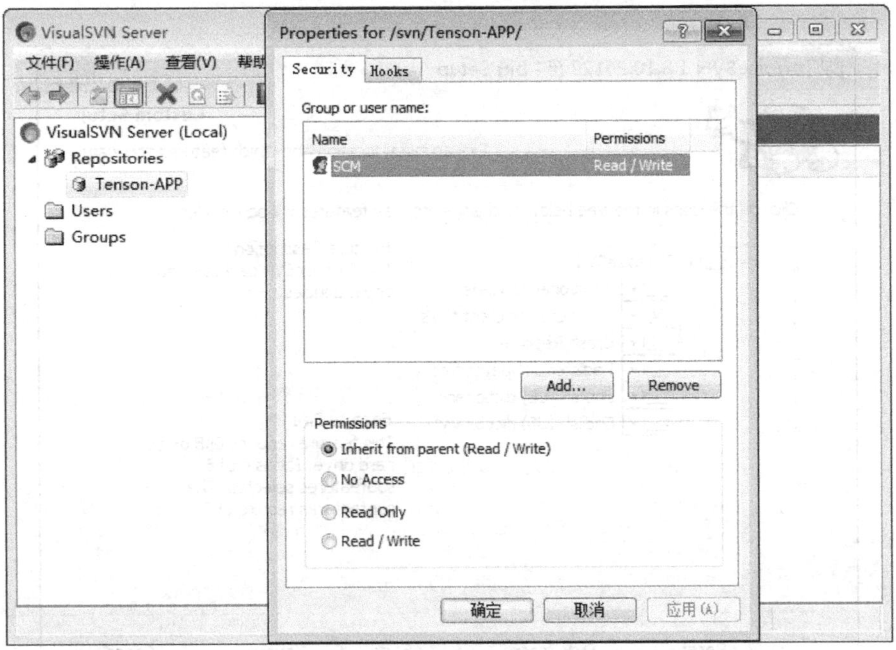

图 6-22　设置管理员的权限

最后，为“Tenson-APP”项目创建配置项并设置相应的访问权限。SVN 服务端的使用就简单介绍到这里。

6.1.3　TortoiseSVN 的安装配置

1. 双击 TortoiseSVN. msi，出现图 6-23 所示的 TortoiseSVN 安装的对话框。

2. 单击“Next”按钮，进入安装组件的选项，如图 6-24 所示。

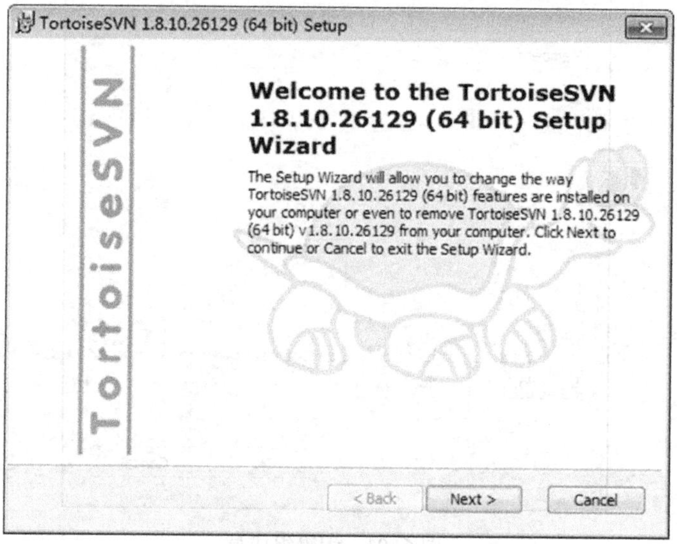

图 6-23　TortoiseSVN 安装界面

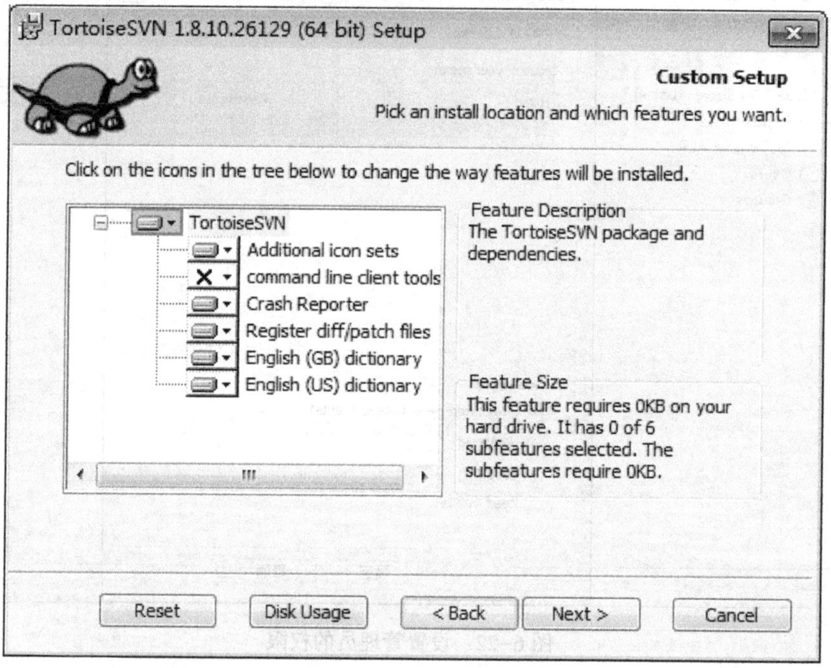

图 6-24　TortoiseSVN 安装路径

3. 单击“Next”按钮，进入安装界面，如图 6-25 所示。

4. 单击“Next”按钮，进入安装结束界面，如图 6-26 所示。

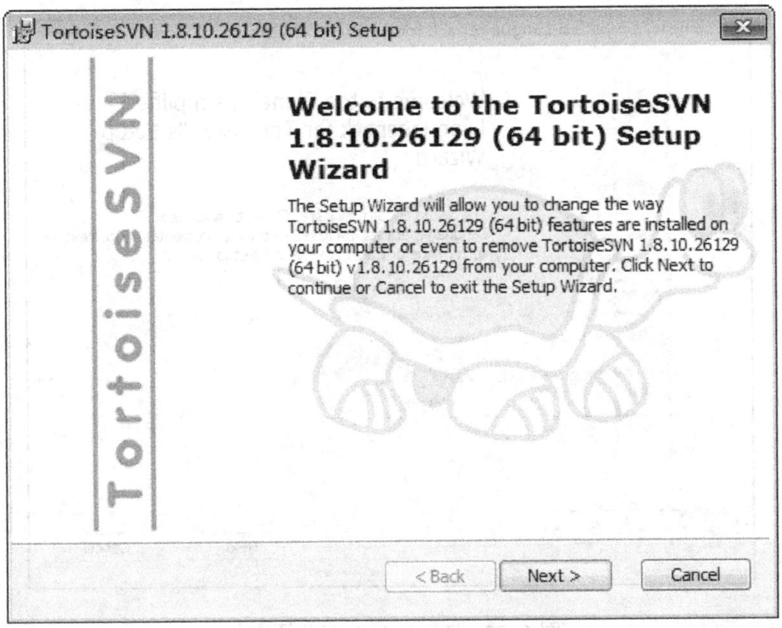

图 6-25　TortoiseSVN 安装界面

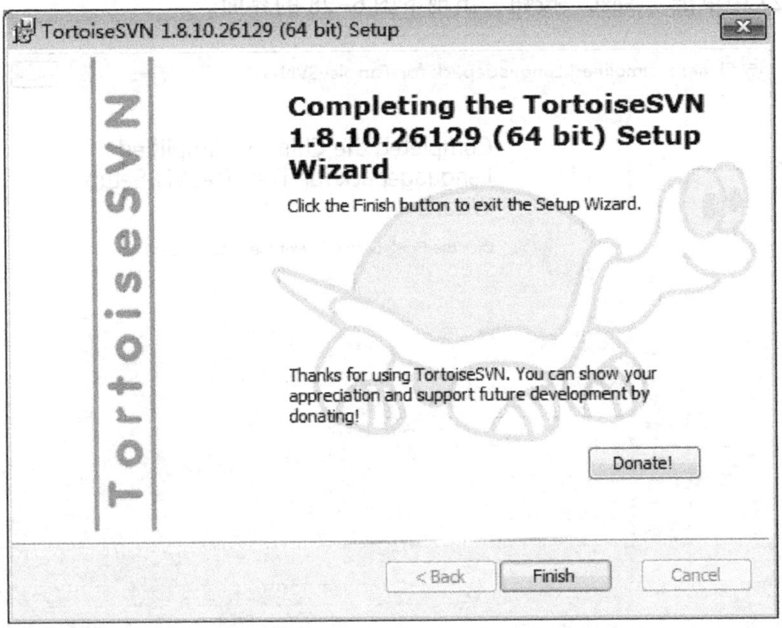

图 6-26　TortoiseSVN 安装结束

5. 单击“Finish”按钮，安装结束。

6.1.4　TortoiseSVN 客户端的使用

方便介绍客户端的使用，在这里安装汉化语言包，如图 6-27 所示。

图 6-27　TortoiseSVN 汉化语言包

在图 6-27 中单击“Next”按钮，出现下图 6-28 的界面。

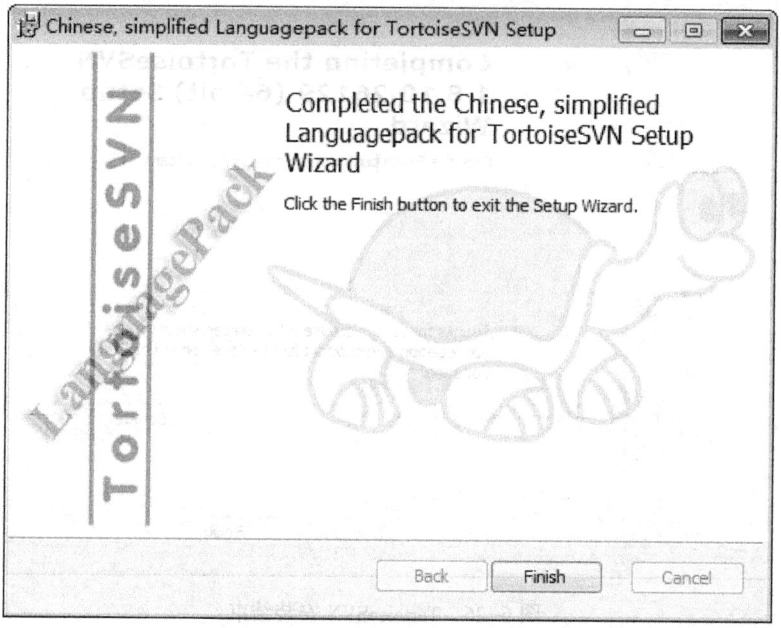

图 6-28　TortoiseSVN 汉化版安装结束

在图 6-28 中，单击“Finish”完成安装。在电脑桌面上右键查看快捷菜单，然后单击 TortoiseSVN 工具→“Settings”，如图 6-29 所示。

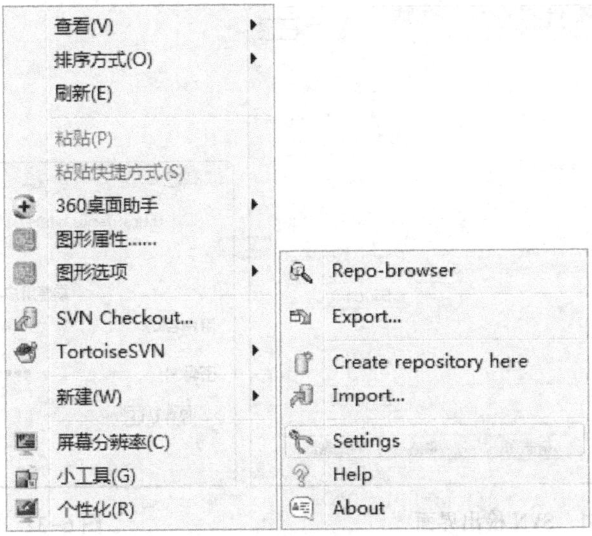

图 6-29 TortoiseSVN 菜单

单击“Settings”后，进入 TortoiseSVN 设计界面，如下图 6-30 所示，在 Language 中，选择中文，然后单击“确定”按钮，到此汉化完成。

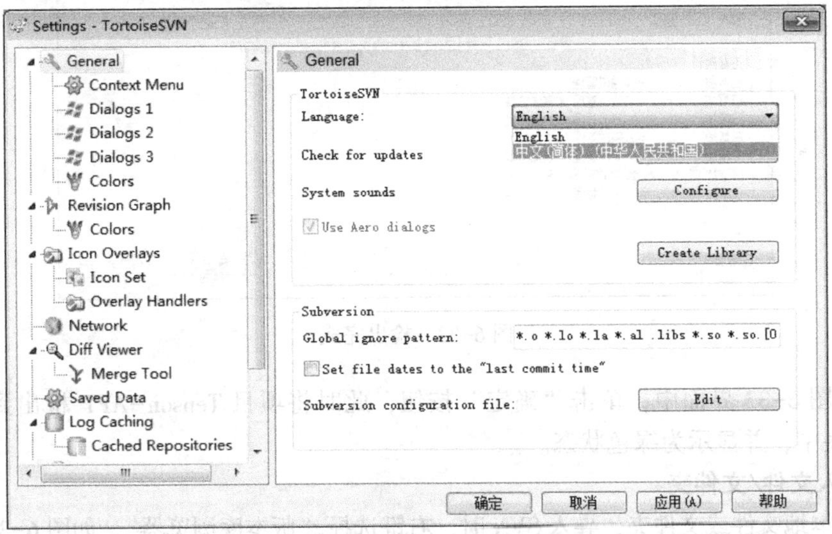

图 6-30 TortoiseSVN 设置界面

接下来我们介绍一下 TortoiseSVN 的使用。

1. 检出项目

配置管理需在 SVN 服务器，创建项目 Tenson-APP。

1）首先在本地 D 盘，创建一个空文件夹 SVN，然后右键单击 SVN 文件夹，选择“SVN 检出”，弹出如图 6-31 所示的界面。

2）在图 6-31 界面中，输入版本库地址 https://Amos-hu:8443/svn/Tenson-APP/，单击“确定”按钮，弹出账户确认对话框，如图 6-32 所示。

图 6-31　SVN 检出界面

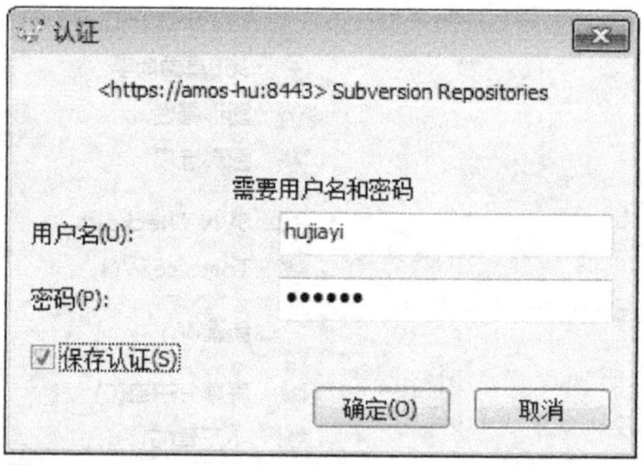

图 6-32　账户认证

3）在图 6-32 界面中，输入用户名和密码，单击“确定”按钮，弹出对话框检出完成，如图 6-33 所示。

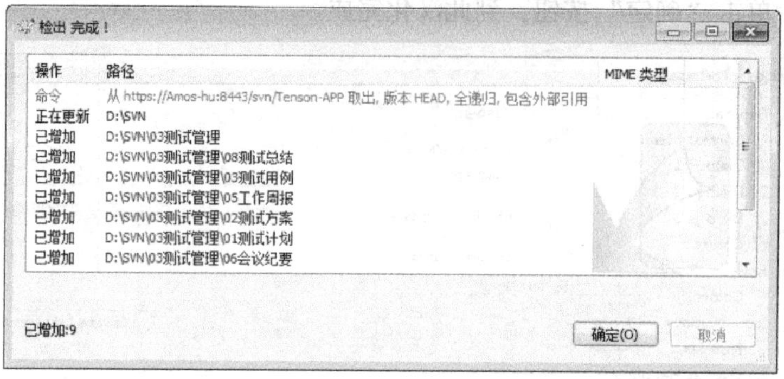

图 6-33　检出完成

4）在图 6-33 界面中，单击“确定”按钮，此时将项目 Tenson-APP 检出到本地 D:\SVN 文件夹中，并显示为绿色状态。

2. 导入文件/文件夹

1）将本地文件或文件夹，导入 SVN 时，右键选择“版本库浏览器”，如图 6-34 所示。

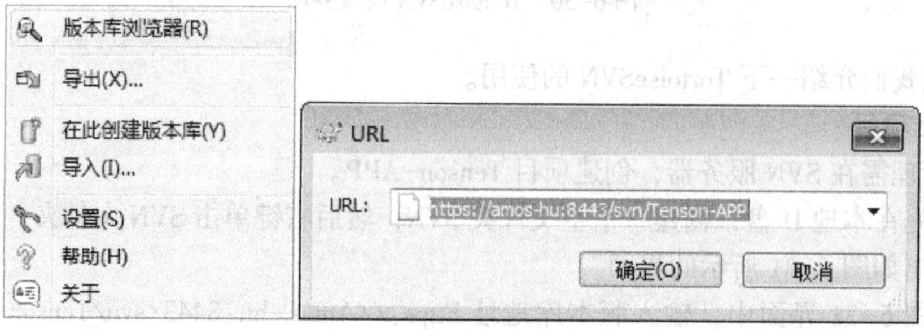

图 6-34　输入配置库地址

2）在图 6-34 中，单击“确定”按钮，出现界面，如图 6-35 所示，在界面中选择相应的目录导入文件或文件夹即可。

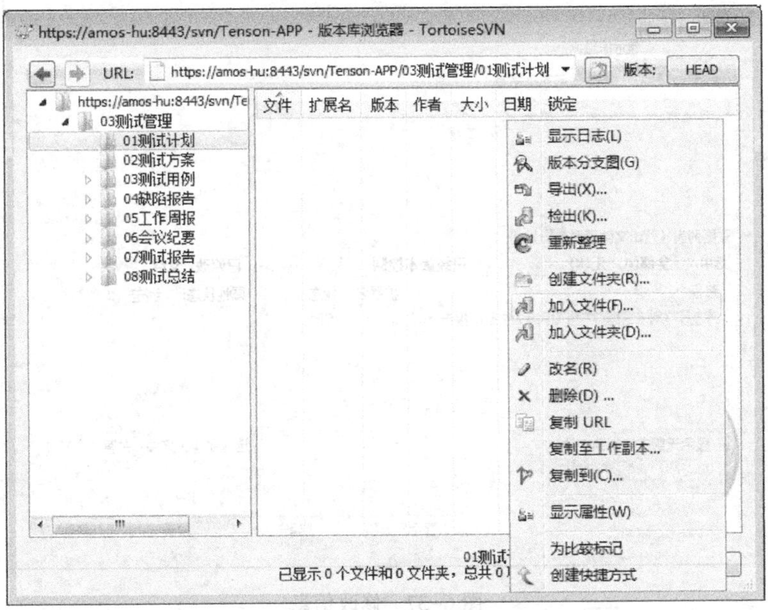

图 6-35　配置库

3. 提交修改的文件到

本地 SVN 文件夹跟配置库同步后，文件夹显示为绿色。

1）如果在本地文件夹中修改文件内容保存后，SVN 文件夹显示为红色，表示当前文件夹中有内容被修改。此时可以选中文件夹右键，选择 SVN 提交，如图 6-36 所示。

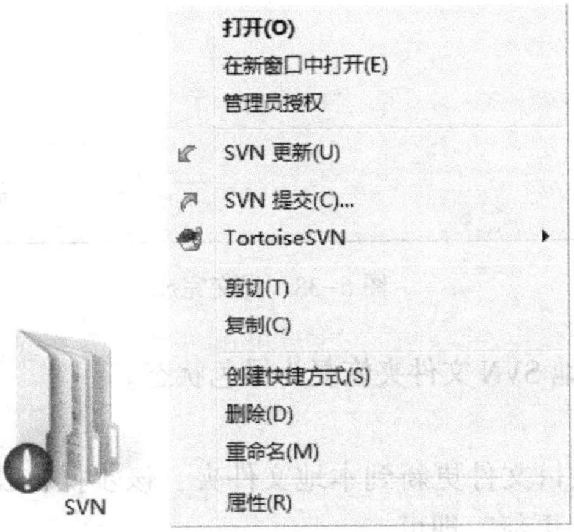

图 6-36　SVN 提交

2）提交后，显示修改信息如图 6-37 所示。在这里最好备注一下修改的信息，方便日后查看。

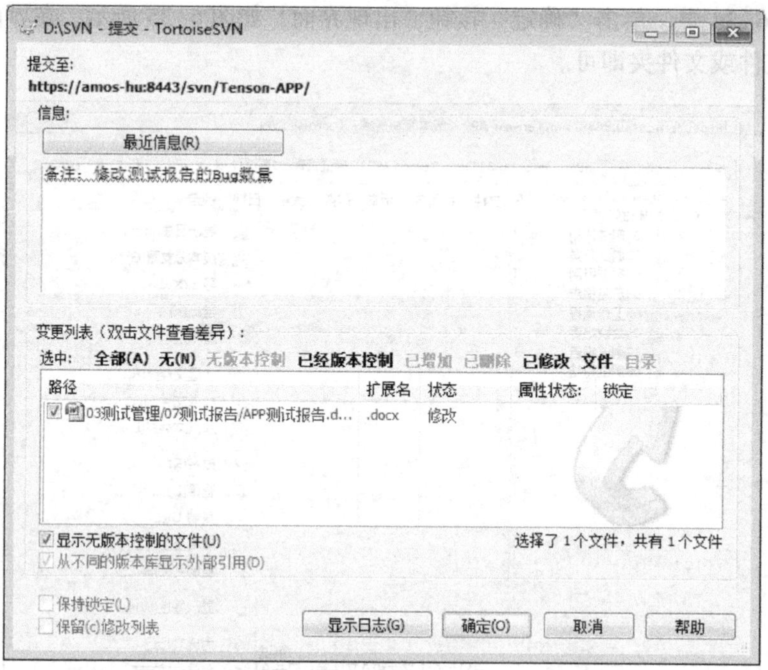

图 6-37　修改信息

3）单击“确认”按钮后，提交完成，如图 6-38 所示。

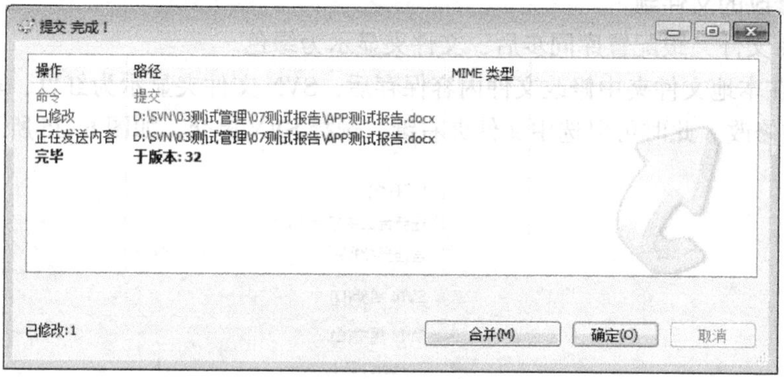

图 6-38　提交完成

4）提交完成后，本地 SVN 文件夹恢复为绿色状态。

4. 更新

将配置库中最新的项目文件更新到本地文件夹，该步操作比较简单，选中本地的 SVN 文件夹，右键选择“SVN 更新”即可。

5. 删除文件或文件夹

可以直接在本地 SVN 配置库中删除文件或文件夹，然后再选中本地 SVN 配置库，右键选择“SVN 提交”即可。

6. 查看日志信息

在本地 SVN 配置库中选择需要查看的日志文件，然后右键选择“TortoiseSVN”→“显示日志”即可查看该文件的日志信息，如图 6-39 所示。

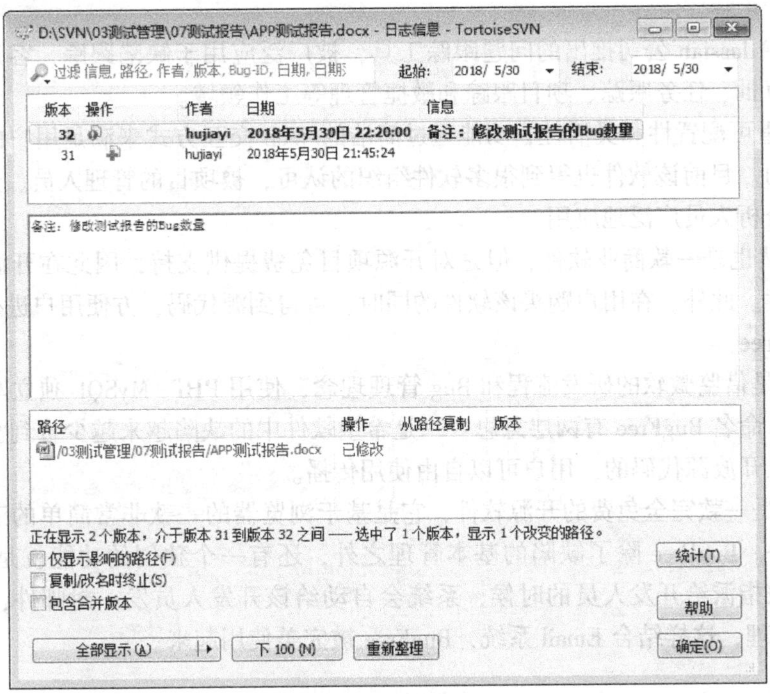

图 6-39 显示日志

以上功能只是针对测试工程师日常的操作，特别是更新和提交操作必须非常熟练。其他功能可以在使用的过程中慢慢体会。最后，在这里简单说一下在操作中需注意的事项，在提交修改文件前，建议先更新，再进行修改。

6.2 缺陷管理工具

软件缺陷管理的流程需要相关的缺陷管理工具来支撑，否则缺陷管理流程是很难实现。缺陷管理工具要根据公司的规模大小进行选择，一般规模比较大的公司该工具都是定制的。但是需要注意的是仅缺陷管理流程来说，它们的流程都比较相似。

下面介绍几款缺陷管理工具：

1. Quality Center

Quality Center 的前身就是大名鼎鼎的 TD（TestDirector），TD 是 Mercury 公司的产品，它最高发布到 8.0 版本，但后来被 HP 收购了，改名成了 Quality Center 简称 QC。

QC 是一款商用的，且功能非常强大的基于 Web 的一款软件测试管理工具，可以组织和管理应用程序测试流程的所有阶段，包括制定测试需求、计划测试、执行测试和跟踪缺陷。此外，它还可以创建报告和图来监控测试流程。

通俗点讲，QC 就是将一个项目测试周期细分成了各个模块，把各个阶段集成到统一的平台上来，通过模块与模块之间的联系来控制项目测试流程的执行。合理的使用 QC 可以提高测试的工作效率，节省时间，以达到保证项目质量的目的，起到事半功倍的效果。但是在提供强大功能的同时，价格也是非常昂贵的。

2. JIRA

JIRA 是 Atlassian 公司推出的问题跟踪工具，被广泛应用于缺陷跟踪、客户服务、需求收集、流程审批、任务跟踪、项目跟踪和敏捷管理等工作领域。

JIRA 注重可配置性和灵活性，功能通过简洁的 Web 交互方式来满足用户的需求。功能覆盖比较全面。目前该软件也得到很多软件组织的认可，被项目的管理人员、开发人员、测试人员以及分析人员广泛地应用。

JIRA 虽然也是一款商业软件，但是对开源项目免费提供支持，因此在开源软件领域有很高的知名度。此外，在用户购买该软件的同时，可得到源代码，方便用户进行二次开发。

3. BugFree

BugFree 是借鉴微软的研发流程和 Bug 管理理念，使用 PHP+MySQL 独立写出的一个缺陷管理工具。命名 BugFree 有两层意思：一是希望软件中的缺陷越来越少直到没有；二是表示它是免费且开放源代码的，用户可以自由使用传播。

BugFree 是一款完全免费的开源软件，它是基于浏览器的一款非常简单的工具，可以使用户快速上手。BugFree 除了缺陷的基本管理之外，还有一个独创的功能就是 Email 系统。当一个 Bug 被指派给开发人员的时候，系统会自动给该开发人员发一封邮件，告诉他有个 Bug 需要你处理，这样结合 Email 系统，BugFree 被完美使用起来。

4. 禅道

禅道（ZenTao）是第一款国产的优秀开源项目管理软件（英文禅为 Zen、道为 Tao，所以软件的英文名字为 ZenTao）。禅和道是中国文化中极具代表意义的两个字，是中国传统文化的结晶。之所以选用“禅道”作为软件的名字，是希望通过这两个字来传达对管理的理解和思考。希望通过禅道来进行的管理，可以摒弃繁文缛节和官本位的思想，还原事情的本质。

禅道项目管理软件集产品管理、项目管理、质量管理、文档管理、组织管理和事务管理于一体，是一款功能完备的项目管理软件，完美地覆盖了项目管理的核心流程。

禅道项目管理软件集产品管理、项目管理、质量管理、文档管理、组织管理和事务管理于一体，是一款功能完备的项目管理软件，完美地覆盖了项目管理的核心流程。

禅道项目管理软件的主要管理思想，是基于国际流行的敏捷项目管理方式——Scrum。Scrum 是一种注重实效的敏捷项目管理方式。众所周知，Scrum 只规定了核心的管理框架，但具体的细节还需要团队自行扩充。禅道在遵循其管理方式基础上，又融入了国内研发现状的很多需求，比如缺陷管理，测试用例管理，发布管理，文档管理等。

此外，禅道还首次创造性地将产品、项目、测试这三者的概念明确分开。产品人员、开发团队、测试人员这三者分立，互相配合，又互相制约，通过需求、任务、缺陷来进行交相互动，最终通过项目拿到合格的产品。

禅道的安装和使用都非常简单，可以参考官网使用教程，在这里就不做详细介绍。

6.3 性能测试工具

本节重点介绍性能测试工具——Loadruner 的使用。它是一款比较全面的，操作也相对简单的性能测试入门级的工具。

对于性能测试工程师来说，性能测试的重点并不是在性能分析而是在负载生成，这个道理和进行功能测试相同，不需要功能测试工程师能准确地定位缺陷产生的原因和位置，而是强调如何确定问题的出现方式。

当然作为一名优秀的测试工程师应该做到定位和分析，不过这也不是一朝一夕就能做到的，应先确保做好基础的工作。

6.3.1 性能测试概念

1. 性能测试定义

性能测试是指在一定软件、硬件及网络环境下，对系统的各项性能指标来进行测试，主要检测其性能特性是否满足特定的性能需求。

性能测试在软件质量中起着重要的作用，主要表现在以下几个方面：

(1) 评估系统的处理能力

从用户的角度来看，主要关注的就是系统响应能力和处理业务的时间。

(2) 评估系统存在的弱点

从开发的角度来看，主要关注的就是软件的体系结构和数据库设计是否合理，还关注的是代码是否存在性能问题以及内存的使用是否合理。

(3) 评估系统的稳定性

从系统管理的角度来看，主要关注系统资源的占用情况、长时间的运行系统是否稳定以及系统能支持多少用户。

2. 性能测试的分类

性能测试的方法很多，名词也很多，通常将性能测试分为以下几种类型：

(1) 并发测试

并发测试（Concurrency Testing）是指通过模拟多用户并发访问同一个应用、模块、数据以及其他并发操作，来测试是否存在内存泄漏、线程锁、数据库死锁、数据错误以及资源争用等问题。

(2) 负载测试

负载测试（Load Testing）是指在一定软、硬件及网络环境下，模拟大量的用户运行一种或多种业务，测试服务器的性能指标是否在用户可接受的范围内，以此来确定系统所承受的最大负载数和不同用户数下系统的性能指标以及服务器的资源利用率。

(3) 压力测试

压力测试（Stress Testing）是指在一定的软、硬件及网络环境下，模拟大量的虚拟用户向服务器产生负载，使服务器的资源处于极限状态下并长时间连续运行，以此测试服务器在高负载情况下是否能够稳定工作。压力测试强调的是在高负载情况下进行的测试，关注的是服务器的稳定性，此时处理能力已经不重要了。

(4) 容量测试

容量测试（Volume Testing）是指在一定的软、硬件及网络环境下，在数据库中构造不同的数据记录，运行一种或多种业务来获取不同数据下服务器的性能指标，目标就是为了找出数据库的最佳容量和最大容量。

(5) 配置测试

配置测试（Configuration Testing）是指在不同的软、硬件及网络环境下，运行一种或多种业务来获取不同配置的性能指标，其目标是为了找到最佳的参数配置，可以帮助企业节省硬件上的成本。

(6) 基准测试

基准测试（Benchmark Testing）是指在一定的软、硬件环境下，获取系统的关键指标，并把它作为基准供其他版本做对比或者参考，有时也可以为类似的产品做参考。

6.3.2 性能测试指标

常见的性能测试指标有并发数、响应时间、吞吐量、TPS、点击率、资源利用率等。

1. 并发数

并发通常分两种情况：一种是狭义的并发，就是多用户在同一时间进行同一个操作，这种操作一般指做同一类业务，即单业务的并发数。另一种是广义的并发，就是多用户对系统发出请求或进行操作，其请求或操作可以是相同的，也可以是不同的，对整个系统而言，仍然是有多用户同时对系统进行操作。在实际性能测试中，真正的并发是不存在的，因为CPU的处理每次只能处理一件事（双核例外），因为处理的时间很快，通常被认为是并发处理。测试人员一般关心业务并发数到底是多少比较合理呢？下面给出估算并发用户数的公式。

$$公式一：C=\frac{nL}{T}$$

$$公式二：N=\frac{n\times 80\%\times s\times p}{t\times 20\%}\times R$$

公式一中：C代表并发用户数；n是登录会话的数量；L是登录会话的平均长度；T是指考察的时间段长度。

公式二中：N表示并发用户数；n表示系统的用户数；s是每个用户发生的业务数；p是每笔业务需要访问服务器的时间；t是使用业务的时间；R为调节因子，默认值为1。

还有一种可以根据二八定律来评估并发数，通常已在线用户数的20%来作为并发数的参考值。如果应用系统使用的频率比较低，可以取在线用户数的5%来作为并发数的参数值。需要注意的是上述几种计算方法只是一个参考。

2. 响应时间

响应时间是指完成某个业务所需的时间。在性能测试中，通过事务函数（开始事务和结束事务）来完成对响应时间的统计。在Web应用的页面中的响应时间，如图6-40所示。

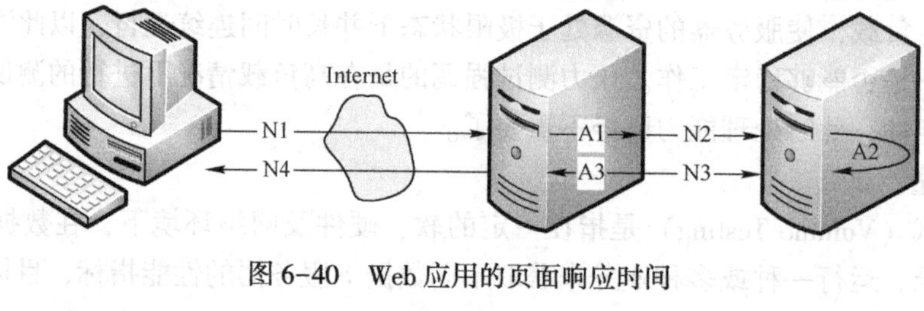

图6-40 Web应用的页面响应时间

图 6-40 描述了 Web 应用的页面响应时间，是指客户端发送请求到收到服务器响应所需的时间。包含网络传输时间（N1+N2+N3+N4）、应用服务器延迟时间（A1+A3）、数据库服务器延迟时间（A2）。

通常对于一个用户来说，如果访问某系统的响应时间小于 2 s，那么用户会觉得系统反应快，非常满意；如果访问某系统的响应时间在 2～5 s，那么用户会觉得系统还行，比较满意；如果访问某系统的响应时间在 5～8 s，那么用户就很难接受；如果访问某系统的响应时间超过 10 s，用户将无法接受。

所以对于一个系统来说，需要尽可能保证每一个操作的响应时间控制在 5 s 之内。当然对于某一些特殊的操作可能会超过这个响应时间，可以通过提示来提前告诉用户。

3. 吞吐量

吞吐量是指性能测试过程中网络上传输数据量的总和。在性能测试中，吞吐量有两种说法：一种是网络吞吐量，表示在单位时间内通过网卡数据量之和。另一种是系统吞吐量，指在单位时间内 CPU 从读取、处理、存储的信息量总和。

从业务角度来分析，吞吐量指单位时间内系统处理的客户端请求的数量，直接体现应用系统性能的承载能力。因此有针对性地测试吞吐量，可尽快定位到性能瓶颈所在位置。

吞吐量和响应时间存在一定的关系，通过响应时间小，吞吐量一定大，但是吞吐量大，响应时间不一定小。

4. TPS

事务（Transaction）一般是指要做的或已做的事情。在性能测试中，事务是指对一个或多个用户动作进行端到端的测量。简单地讲事务就像一个集合（由开始事务和结束事务组成），即标记某一动作或某一操作的过程。

TPS（Transaction Per Second，每秒事务数）即单位时间内完成事务的数量，它是衡量系统性能的一个非常重要的指标，与脚本中的事务相关联。根据软件需求的不同 TPS 衡量的标准也不同，一般情况该值越高，说明系统处理能力越强。

5. 点击率

点击率是指网站页面上某一内容被点击的次数与被显示次数之比，即 clicks/views，它是一个百分比。在性能测试中，指虚拟每秒用户向 web 服务器提交的 HTTP 请求数，它是 Web 应用的特有指标。

通常根据点击率，来判断系统是否稳定。系统点击率下降通常表明服务器的响应速度在变慢，需进一步分析，发现系统瓶颈所在。在性能中点击率跟吞吐量成正比。

6. 资源利用率

资源并不仅仅指运行系统的硬件，而是指支持整个系统运行程序的所有软、硬件平台，主要有数据库服务器、应用服务器、Web 服务器以及中间件和网络等。

在性能测试中，需要监控系统在负载下软、硬件的各种资源的占用情况，比如服务器 CPU 的占用率、内存、磁盘以及网络的使用率，数据库的连接数、缓存命中率以及锁的使用情况，还有应用服务器的线程数的使用等。

根据经验表明，一般 CPU 低于 20%的利用率为资源空闲，在 20%～60%之间表示资源使用稳定，在 60%～80%之间表示资源使用饱和，如果超过 80%就表示处理器达到瓶颈，必须尽快进行资源调整与优化。

6.3.3 性能测试流程

性能测试相对于功能测试来说复杂很多，但是其测试流程基本大同小异，大致分 5 个阶段：制定性能测试计划、设计性能测试、执行负载测试、分析优化性能、评估并生成报告。

1. 制定性能测试计划

性能测试计划的第一步就是通过需求分析得到性能测试需求，也就是性能测试的目标。然后熟悉系统结构，选择性能测试工具，如 Loadrunner、Jmeter 等。最后确定性能测试的实施时间。

2. 设计性能测试

设计性能测试主要包括性能测试脚本的开发优化、负载的生成规则、监控资源的方式以及环境的设计等。

3. 执行负载测试

首先，需要完成环境的搭建和性能测试数据的准备；然后，根据设计的性能测试场景进行执行负载测试。

4. 分析优化性能

根据执行的结果、监控系统资源以及相关的数据进行分析，这个分析需要同开发人员共同完成，找出系统存在的性能问题，确定性能瓶颈。接下来进行性能的优化，确定调优的效果是否达到预期的目标。

5. 评估并生成报告

达到性能目标后撰写性能测试报告，最后还需要对系统的性能进行风险评估。

6.3.4 Loadrunner 工具介绍

LoadRunner 是一种预测系统行为和性能的负载测试工具。通过以模拟上千万用户实施并发负载及实时性能监测的方式来确认和查找系统存在的性能问题，LoadRunner 能够对整个企业架构进行测试。通过使用 LoadRunner 企业能最大限度地缩短测试时间，优化性能和加速应用系统的发布周期。LoadRunner 可适用于各种体系架构的自动负载测试，能预测系统行为并评估系统性能。

1. Loadrunner 工具组成

Loadrunner 工具主要由以下 4 个部分组成

(1) 脚本生成器 Virtual User Generator

Virtual User Generator 简称 VuGen，它是基于协议来捕获用户业务或流程，可生成性能测试的脚本，也可以说是用户行为的模拟。

(2) 负载控制器 Controller

Controller 对性能测试的过程进行设置，可以设定场景运行的方式、时间，同时还提供了系统资源、数据库以及应用服务器的监控功能。

(3) 负载发生器 Load Generator

Load Generator 简称 LG，在模拟大量虚拟用户对服务器进行负载和压力测试时，需使用多台负载发生器进行，确保负载均衡（每台负载机均匀对服务器进行施加压力）。

(4) 结果分析器 Analysis

Analysis 主要是对负载的性能测试数据进行收集，便于性能测试人员对测试的结果进行整理分析，从而判断性能的问题。

2. Loadrunner 工作原理

Loadrunner 的工作原理就是模拟大量用户的行为进行负载，以检测程序是否存在性能问题以及服务器可以承受的压力。

(1) 脚本的生成

首先选择相应的协议，通过 VuGen 对用户行为进行模拟（录制），生成测试脚本并且进行脚本的优化。

- 通过 Loadrunner“事务”记录用户的不同的行为。
- 通过 Loadrunner“检查点”对事务进行判断。
- 通过 Loadrunner“参数化”实现多用户不同的数据。
- 通过 Loadrunner“关联”实现用户请求之间的依赖。
- 通过 Loadrunner“思考时间”实现用户请求之间的延时。
- 通过 Loadrunner“集合点”实现多用户的并发操作。

(2) 场景的设置

其次通过 Controller 对性能测试的场景进行设置，同时需要监控各项性能指标，为结果分析做数据依据。

- 通过 Controller“全局计划”设计启动用户数、加载方式以及运行时间。
- 通过 Controller“集合点策略”对多用户并发行为进行设置。
- 通过 Controller“系统资源图”对服务器资源进行监控。
- 通过 Load Generator 添加负载机来产生大量的虚拟用户。
- 运行负载测试。

(3) 结果的分析

最后执行场景后，通过 Analysis 对性能测试的数据进行整理，并分析性能的问题。

- 通过 Analysis“概述”可以看到性能指标的数据，便于分析性能的问题。
- 通过 Analysis“合并图”可以进一步分析性能问题，便于定位性能瓶颈。
- 通过 Analysis“报告”可以生成性能测试的报告。

3. Loadrunner 工具的特点

(1) 模拟大量虚拟用户

在 VuGen 脚本中，可以对用户数据进行参数化操作，这一操作可以模拟不同用户的不同数据来测试应用程序，从而反映系统的负载能力。还可以通过 Data Wizard 从数据库服务器获取大量的测试数据。

(2) 模拟真实的负载

在 VuGen 脚本建立后，用户需要设定负载方案。在 Controller 中通过 AutoLoad 技术，为用户提供了更多灵活的设计，可以模拟真实用户的负载方案。

(3) 可以精确的定位问题

测试完毕后，Loadrunner 通过 Analysis 收集汇总所有的测试数据，并提供高级的分析和报告工具，以便快读查找性能问题并追溯原因。

（4）涉及的领域广泛

Loadrunner 支持广泛的协议，可以测试各种软件的性能，目前 Loadrunner12 版本还支持手机 APP 软件的性能测试。

6.3.5 VuGen 录制脚本

下面通过 Loadrunner11.0 自带的飞机订票网站为例，讲解 Loadrunner 的使用过程。

首先需要启动 Web 服务，依次选择“开始”→“程序”→“HP Loadrunner”→“Samples”→“Web”→“Start Web Server”。然后在浏览器中输入 http：//127.0.0.1：1080/WebTours 打开自带的飞机订票网站。默认的用户名：jojo，密码：bean。

案例：模拟 30 个虚拟用户进行并发登录测试。

1. 选择协议

利用 Loadrunner 自带的 Protocol Advisor（协议分析）功能来确定，也可以利用 HttpWatch 抓包工具进行分析，这里选择 Web（HTTP/HTML）协议，如图 6-41 所示。

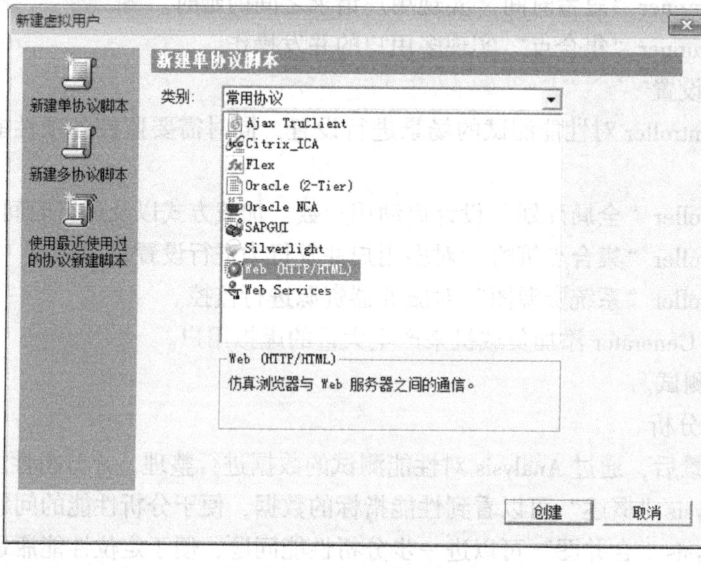

图 6-41　录制协议选择

2. 选择录制模式

1）基于 HTML 的脚本：以 HTML 操作为录制级别，非 HTML 操作不进行录制。

2）基于 URL 的脚本：基于 URL 请求的脚本录制方式，录制得到的是所有 HTTP 请求，脚本将得到大量的 web_url 函数。

这里选择 URL 的级别来进行录制登录脚本，如图 6-42 所示。

3. 开始录制脚本

在录制脚本时，可以直接插入事务名称“登录”（方便初学者快速熟悉脚本的内容），如图 6-43 单击图标插入“开始事务”，待操作完成后再插入“结束事务”。

4. 生成录制脚本

```
Action()
{
```

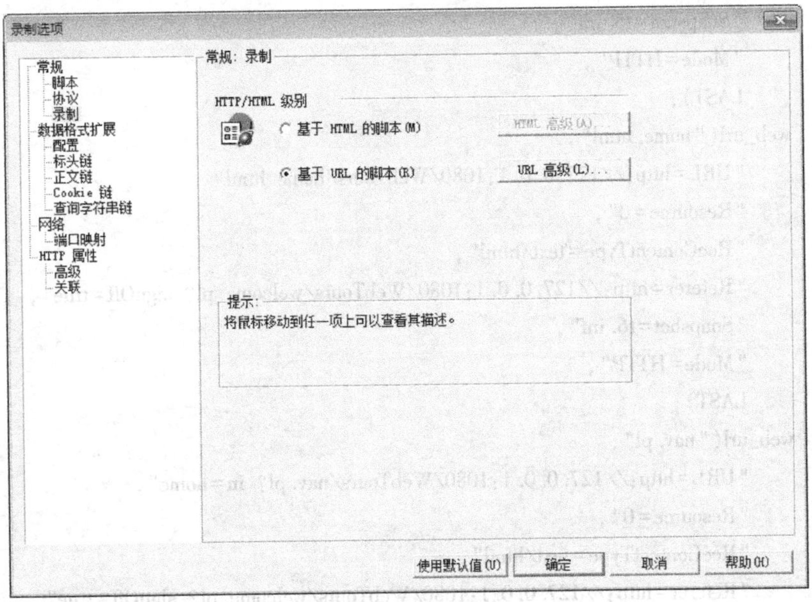

图 6-42　录制级别选择

图 6-43　录制时的工具条

```
web_url("WebTours",
    "URL=http://127.0.0.1:1080/WebTours/",
    "Resource=0",
    "RecContentType=text/html",
    "Referer=",
    "Snapshot=t1.inf",
    "Mode=HTTP",
    LAST);
web_url("header.html",
    "URL=http://127.0.0.1:1080/WebTours/header.html",
    "Resource=0",
    "RecContentType=text/html",
    "Referer=http://127.0.0.1:1080/WebTours/",
    "Snapshot=t2.inf",
    "Mode=HTTP",
    LAST);
web_url("welcome.pl",
    "URL=http://127.0.0.1:1080/WebTours/welcome.pl?signOff=true",
    "Resource=0",
    "RecContentType=text/html",
    "Referer=http://127.0.0.1:1080/WebTours/",
```

```
        "Snapshot=t5.inf",
        "Mode=HTTP",
        LAST);
    web_url("home.html",
        "URL=http://127.0.0.1:1080/WebTours/home.html",
        "Resource=0",
        "RecContentType=text/html",
        "Referer=http://127.0.0.1:1080/WebTours/welcome.pl?signOff=true",
        "Snapshot=t6.inf",
        "Mode=HTTP",
        LAST);
    web_url("nav.pl",
        "URL=http://127.0.0.1:1080/WebTours/nav.pl?in=home",
        "Resource=0",
        "RecContentType=text/html",
        "Referer=http://127.0.0.1:1080/WebTours/welcome.pl?signOff=true",
        "Snapshot=t7.inf",
        "Mode=HTTP",
        LAST);
    lr_end_transaction("登录");
    web_submit_data("login.pl",
        "Action=http://127.0.0.1:1080/WebTours/login.pl",
        "Method=POST",
        "RecContentType=text/html",
        "Referer=http://127.0.0.1:1080/WebTours/nav.pl?in=home",
        "Snapshot=t9.inf",
        "Mode=HTTP",
        ITEMDATA,
        "Name=userSession","Value=123774.075334143zDzzzDiVQQpHHt", ENDITEM,
        "Name=username", "Value=jojo", ENDITEM,
        "Name=password", "Value=bean", ENDITEM,
        "Name=JSFormSubmit", "Value=off", ENDITEM,
        "Name=login.x", "Value=53", ENDITEM,
        "Name=login.y", "Value=8", ENDITEM,
        LAST);
    web_url("nav.pl_2",
        "URL=http://127.0.0.1:1080/WebTours/nav.pl?page=menu&in=home",
        "Resource=0",
        "RecContentType=text/html",
        "Referer=http://127.0.0.1:1080/WebTours/login.pl",
        "Snapshot=t10.inf",
        "Mode=HTTP",
        LAST);
```

```
web_url("login. pl_2",
    "URL=http://127. 0. 0. 1:1080/WebTours/login. pl? intro=true",
    "Resource=0",
    "RecContentType=text/html",
    "Referer=http://127. 0. 0. 1:1080/WebTours/login. pl",
    "Snapshot=t11. inf",
    "Mode=HTTP",
    LAST);
lr_end_transaction("登录", LR_AUTO);
web_url("SignOff Button",
    "URL=http://127. 0. 0. 1:1080/WebTours/welcome. pl? signOff=1",
    "Resource=0",
    "RecContentType=text/html",
    "Referer=http://127. 0. 0. 1:1080/WebTours/nav. pl? page=menu&in=home",
    "Snapshot=t16. inf",
    "Mode=HTTP",
    LAST);
web_url("home. html_2",
    "URL=http://127. 0. 0. 1:1080/WebTours/home. html",
    "Resource=0",
    "RecContentType=text/html",
    "Referer=http://127. 0. 0. 1:1080/WebTours/welcome. pl? signOff=1",
    "Snapshot=t17. inf",
    "Mode=HTTP",
    LAST);
web_url("nav. pl_3",
    "URL=http://127. 0. 0. 1:1080/WebTours/nav. pl? in=home",
    "Resource=0",
    "RecContentType=text/html",
    "Referer=http://127. 0. 0. 1:1080/WebTours/welcome. pl? signOff=1",
    "Snapshot=t18. inf",
    "Mode=HTTP",
    LAST);
return 0;
}
```

5. 编辑脚本（要点：事务、检查点、参数化、关联、思考时间、集合点）

● 事务：其作用为记录用户某一操作，对操作的响应时间做监控。

事务（transaction）在 Loadrunner 中由开始事务（lr_start_transaction）和结束事务（lr_start_transaction）组成，它是一个集合，用来记录用户的行为或某一个操作。通常在录制脚本的时候直接插入。

● 检查点：作用就是对事务做出正确的判断，步骤如下：

步骤 1：首先切换到树视图中，选择 HTTP 视图；

步骤 2：在 HTTP 响应中，找到登录成功后服务器响应的数据；
步骤 3：选中“唯一标识”登录成功的信息，右键添加文本检查点；
步骤 4：在弹出对话框中，勾选“保存计数”，取参数名为“登录计数”，然后确定。
web_reg_ find（" Text=需要查找的文本内容"，"SaveCount=出现的次数"，LAST）；

• 参数化：作用就是模拟不同用户的不同数据，步骤如下

通过菜单栏“插入”→“新建参数”来创建参数，如图 6-44 所示。

步骤 1：在 web_submit_data 中找到需要进行参数化的参数；

步骤 2：选中参数右键替换为现有参数“username”即可。

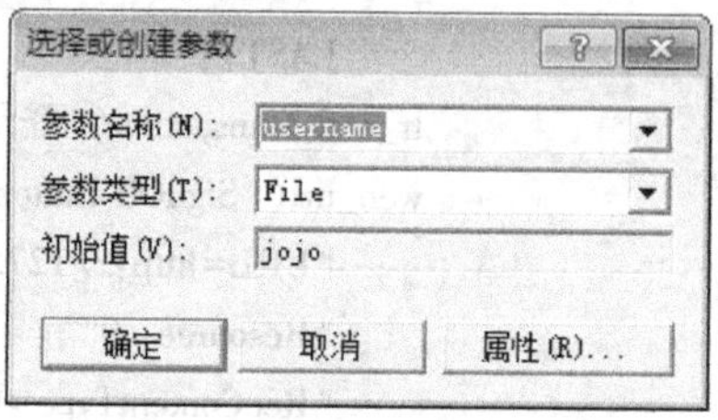

图 6-44　创建参数

• 关联：其作用为承接上下文请求的依赖关系，步骤如下

步骤 1：首先回放一次脚本；
步骤 2：在菜单栏“Vuser”中，点击扫描脚本中的关联；
步骤 3：选中不一样的参数，右键创建关联即可。
web_reg_save_param_ex（"ParamName=关联参数名"，"LB=左边界"，"RB=右边界"，LAST）；

• 思考时间：其作用为模拟请求之间的等待时间。

lr_think_time（3）；通常等待时间为 1 s~5 s。

• 集合点：其作用就是模拟多用户的并发操作。

lr_rendezvous（"login_run"）；通常设置在开始事务前面。

优化后的脚本如下：

```
Action()
{
    web_url("WebTours",
        "URL=http://127.0.0.1:1080/WebTours/",
        "Resource=0",
        "RecContentType=text/html",
        "Referer=",
        "Snapshot=t1.inf",
        "Mode=HTTP",
            LAST);
    web_url("header.html",
        "URL=http://127.0.0.1:1080/WebTours/header.html",
        "Resource=0",
        "RecContentType=text/html",
        "Referer=http://127.0.0.1:1080/WebTours/",
        "Snapshot=t2.inf",
        "Mode=HTTP",
        LAST);
```

```
    web_url("welcome. pl",
        "URL=http://127. 0. 0. 1:1080/WebTours/welcome. pl? signOff=true",
        "Resource=0",
        "RecContentType=text/html",
        "Referer=http://127. 0. 0. 1:1080/WebTours/",
        "Snapshot=t5. inf",
        "Mode=HTTP",
        LAST);
    web_url("home. html",
        "URL=http://127. 0. 0. 1:1080/WebTours/home. html",
        "Resource=0",
        "RecContentType=text/html",
        "Referer=http://127. 0. 0. 1:1080/WebTours/welcome. pl? signOff=true",
        "Snapshot=t6. inf",
        "Mode=HTTP",
        LAST);
/*利用关联函数将登录中需要关联的 Session 值保存到参数名为 Session_id 中*/
    web_reg_save_param_ex(
        "ParamName=Session_id",
        "LB=userSession value=",
        "RB=>\n<table border",
    LAST);
    web_url("nav. pl",
        "URL=http://127. 0. 0. 1:1080/WebTours/nav. pl? in=home",
        "Resource=0",
        "RecContentType=text/html",
        "Referer=http://127. 0. 0. 1:1080/WebTours/welcome. pl? signOff=true",
        "Snapshot=t7. inf",
        "Mode=HTTP",
        LAST);
/*添加登录的集合点*/
    lr_rendezvous("登录集合点");
/*登录的开始事务*/
    lr_start_transaction("登录");
/*将登录的用户名和密码进行参数化*/
    web_submit_data("login. pl",
        "Action=http://127. 0. 0. 1:1080/WebTours/login. pl",
        "Method=POST",
        "RecContentType=text/html",
        "Referer=http://127. 0. 0. 1:1080/WebTours/nav. pl? in=home",
        "Snapshot=t9. inf",
        "Mode=HTTP",
        ITEMDATA,
```

```
        "Name=userSession", "Value={Session_id}", ENDITEM,
        "Name=username", "Value={username}", ENDITEM,
        "Name=password", "Value={password}", ENDITEM,
        "Name=JSFormSubmit", "Value=off", ENDITEM,
        "Name=login.x", "Value=53", ENDITEM,
        "Name=login.y", "Value=8", ENDITEM,
        LAST);
    web_url("nav.pl_2",
        "URL=http://127.0.0.1:1080/WebTours/nav.pl?page=menu&in=home",
        "Resource=0",
        "RecContentType=text/html",
        "Referer=http://127.0.0.1:1080/WebTours/login.pl",
        "Snapshot=t10.inf",
        "Mode=HTTP",
        LAST);
/*添加登录的检查点,保存计数的参数名为“登录计数”*/
    web_reg_find("Text=Welcome, <b>{username}",
        "SaveCount=登录计数",
        LAST);
    web_url("login.pl_2",
        "URL=http://127.0.0.1:1080/WebTours/login.pl?intro=true",
        "Resource=0",
        "RecContentType=text/html",
        "Referer=http://127.0.0.1:1080/WebTours/login.pl",
        "Snapshot=t11.inf",
        "Mode=HTTP",
        LAST);
/*通过检查点对登录结束事务进行判断*/
    if (atoi(lr_eval_string("{登录计数}")) > 0) {
        lr_end_transaction("登录", LR_PASS);}
    else {
        lr_end_transaction("登录", LR_FAIL);
        lr_error_message("用户%s 登录失败!", lr_eval_string("{username}"));
        return 0;}
    web_url("SignOff Button",
        "URL=http://127.0.0.1:1080/WebTours/welcome.pl?signOff=1",
        "Resource=0",
        "RecContentType=text/html",
        "Referer=http://127.0.0.1:1080/WebTours/nav.pl?page=menu&in=home",
        "Snapshot=t16.inf",
        "Mode=HTTP",
        LAST);
    web_url("home.html_2",
```

```
        "URL=http://127.0.0.1:1080/WebTours/home.html",
        "Resource=0",
        "RecContentType=text/html",
        "Referer=http://127.0.0.1:1080/WebTours/welcome.pl?signOff=1",
        "Snapshot=t17.inf",
        "Mode=HTTP",
        LAST);
    web_url("nav.pl_3",
        "URL=http://127.0.0.1:1080/WebTours/nav.pl?in=home",
        "Resource=0",
        "RecContentType=text/html",
        "Referer=http://127.0.0.1:1080/WebTours/welcome.pl?signOff=1",
        "Snapshot=t18.inf",
        "Mode=HTTP",
        LAST);
  return 0;
}
```

6. 参数的设置

通过菜单栏“Vuser”→“参数列表”进行参数设置，如图 6-45 所示。

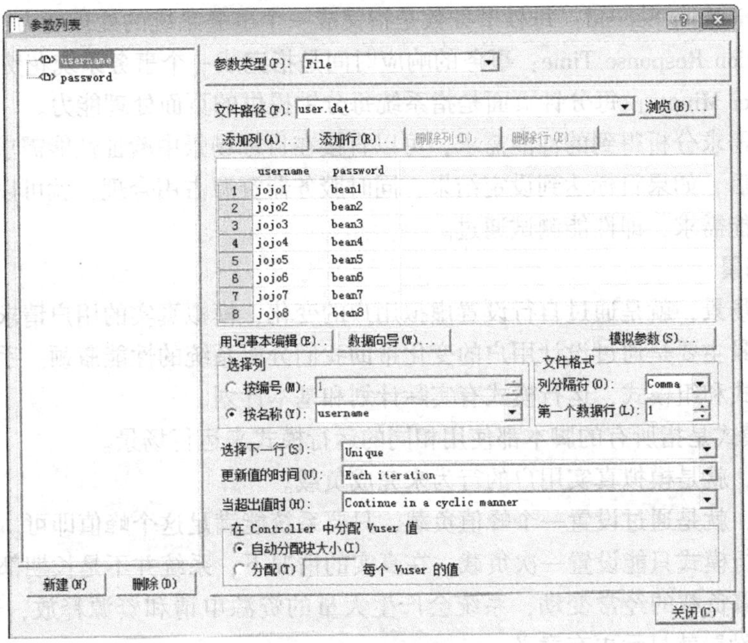

图 6-45　参数设置

- 选择下一行

Sequential：按照参数化的数据列表顺序取值。

Random：按照参数化的数据列表随机抽取。

Unique：为每个虚拟用户分配一条唯一的数据。

• 更新值的时间

Each iteration：每次迭代时取新的值。

Each occurrence：每次出现参数时取新的值。

once：参数化中的数据列表中，一条数据仅抽取一次。

• 当超出值时

Abort Vuser：当参数超出后退出。

Continue in a cyclic value：当参数超出后循环参数列表。

Continue with last value：当参数超出后循环最后一个列表项。

6.3.6 Controller 场景设计

在性能测试场景中需要完成并发测试、压力测试、负载测试的场景设计，对系统进行监控，主要是模拟多用户的真实行为，并将负载下系统的数据进行收集整理，为后面的分析提供支持。Controller 场景中主要有目标场景和手工场景 2 种。

1. 目标场景

所谓目标场景，就是通过设置一个运行目标，用来验证系统是否能够达到一定的需求。在 Controller 场景中提供了 5 种目标类型，具体如下：

• Virtual Users：虚拟用户数就是系统需要支持的用户数；
• Hits per Second：每秒点击率是指系统需要达到的点击请求的数目；
• Transaction per Second：每秒事务数是指完成一个事务系统的处理能力；
• Transaction Response Time：事务的响应时间是指完成一个事务系统花费的时间；
• Pages per Minute：每分钟页面是指系统每分钟提供的页面处理能力。

通常根据需求分析得到的性能需求，可以直接在目标场景中验证性能需求的指标。目标场景运行结束后，如果目标达到设定结果，同时服务器资源占用合理，就可以证明系统可以满足用户的性能需求，即性能测试通过。

2. 手工场景

所谓手工场景，就是通过自行设置虚拟用户的变化，模拟真实的用户请求来完成负载的生成。手工场景主要是通过设计用户的变化帮助我们分析系统的性能瓶颈。手工场景的计划模式有场景模式和组模式，运行模式有实际计划和基本计划。

1）场景模式是指所有的脚本都使用相同的运行模式来运行场景。

实际计划，就是模拟真实用户的行为来完成负载。

基本计划，就是通过设置一个峰值负载，只要系统能满足这个峰值即可。

由于该运行模式只能设置一次负载，在真实的情况下，系统并不是长期都处于高负载状态下运行，随着负载的经常变动，系统会产生大量的资源申请和资源释放，通过“实际计划”的场景来设置就显示更有意义。

接下来模拟 30 个虚拟用户进行登录并发测试来介绍场景的设置。首先用户的初始化选择默认方式，启动虚拟用户为 30 人，设置每隔 2 s 加载一个用户，场景的持续时间为 3 min，用户登录完后每隔 1 s 退出 2 个用户，如图 6-46 所示。

还可以通过单击“Add Action”添加多个用户变化的过程，来面对更复杂负载情况，双击“启动 Vuser”进行设置负载用户加载的策略，再单击“持续时间”按钮进行设置负载的

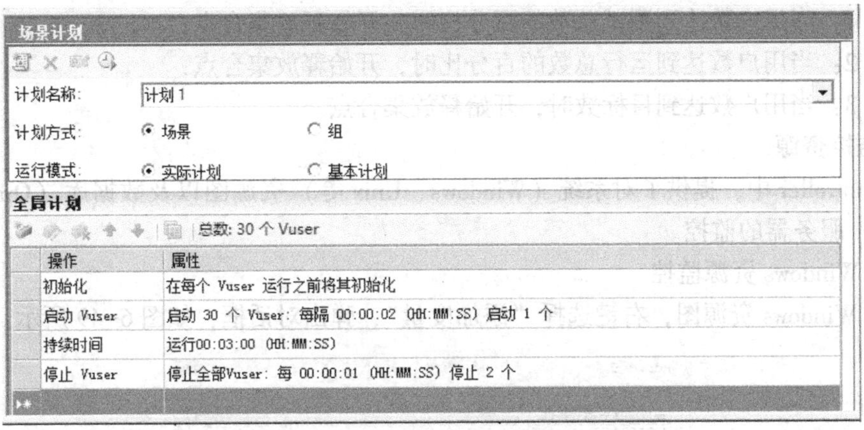

图 6-46　场景模式

运行时间，最后再单击“停止 Vuser”按钮设置负载用户退出的策略。

2）组模式是指所有脚本可以独立设置运行模式，此外还可以设置脚本之间的前后关系。在组模式下，每一个脚本都会有一个“启动组”，如图 6-47 所示。

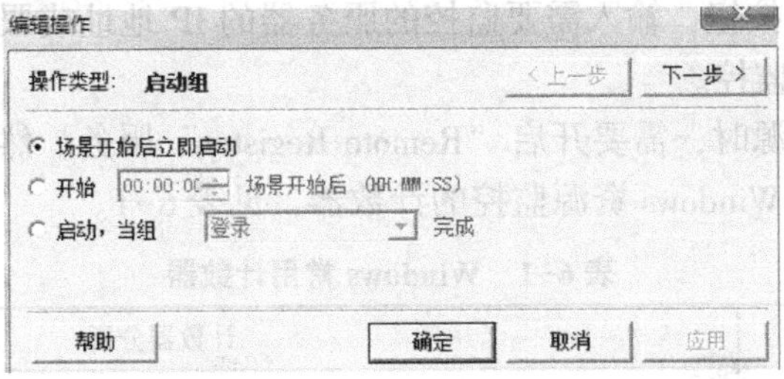

图 6-47　组模式-启动组

- 场景开始后立即启动；
- 当场景开始运行多少时间后启动；
- 当某一个组“登录”后启动。

3. 集合点策略

通常在执行并发测试时需要设置集合点的策略，具体步骤如下：

步骤 1：在 Controller 菜单栏“场景”中，单击“集合”按钮；

步骤 2：在弹出对话框中，单击“策略”按钮，选择第一种，如图 6-48 所示。

图 6-48　集合点策略

策略 1：当用户数达到测试总数的百分比时，开始释放集合点；

策略 2：当用户数达到运行总数的百分比时，开始释放集合点；

策略 3：当用户数达到目标数时，开始释放集合点。

4. 监控资源

在 Controller 中，提供了对系统（Windows、Unix 等）资源图以及数据库（Oracle、SQL server 等）服务器的监控。

（1）Windows 资源监控

选中 Windows 资源图，右键选择“添加度量”，弹出对话框，如图 6-49 所示。

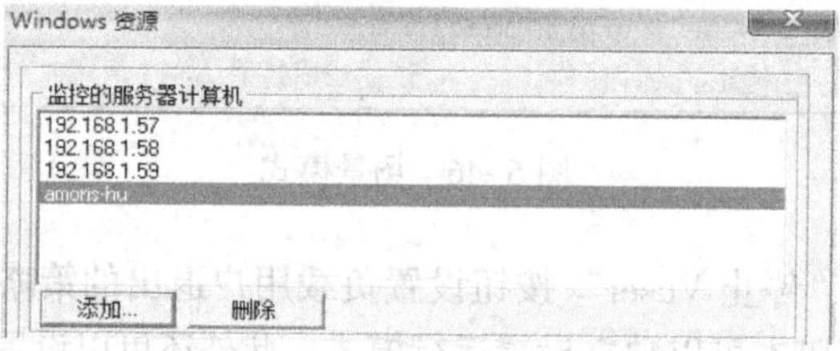

图 6-49　添加 Windows 监控

然后单击“添加”按钮，输入需要监控的服务器的 IP 地址或服务器名即可，注意这里可以添加多台服务器的监控。

在监控 Windows 资源时，需要开启“Remote Registry”服务。然后再添加 Windows 资源监控的计数器，常见的 Windows 资源监控的计数器，见表 6-1。

表 6-1　Windows 常用计数器

对象	计数器	计数器分析
CPU	% Processor Time	CPU 的使用率，超过 90%表示 CPU 出现瓶颈
	% Privileged Time	指 CPU 内核时间在特权模式下处理线程执行代码所花时间的百分比，如果该值和 Physical Disk 值一直很高，表明 I/O 有问题
	% User Time	消耗 CPU 的数据库操作，如果该值较大，可优化索引，使用简单的表连接、水平分割大表格来降低该值
	Processor Queue Length	指待处理队列中的线程数，如果持续大于 2 表示处理器堵塞
内存	Available M bytes	可用物理内存数，如果该值很小，说明内存可能不足或没有释放
	Committed Byte	表示虚拟内存，该值超过物理内存的 75%说明内存泄露
	Page Faults/sec	页面失效的数目，表明数据不能在内存中立即使用
	Page Read/sec	该值越低越好，大于 5 表明是磁盘读而不是缓冲读
磁盘	%Disk Time	指磁盘读取或写入请求所用时间的百分比，该值大于 80 可能内存泄漏
	Avg. Disk Queue Length	指读和写请求的平均数，该值一般不超过磁盘数的 2~3 倍
线程	Context Switches/sec	指处理器从一个线程转换到另一个线程的速率以及上下文切换次数
进程	Working Set	处理线程最近使用的内存页，反映每个进程使用的内存页的数量
	Private Byte	指进程所分配的无法与其他进程共享的当前字节数量。该值持续增加则说明内存泄露
网络	Bytes Total/sec	发送和接受字节的速度，和目前网络带宽相除应小于 50%
	Request/sec	每秒执行请求数和当前执行的请求数，该值较小则程序可能出现瓶颈

（2）SQL Server 监控，见表 6-2

表 6-2 SQL Server 常用计数器

计数器	计数器分析
Access Methods：Full Scans/sec	基本表扫描或全索引扫描，该值大于 2，需优化 SQL 查询
Latches：Latch Waits/sec	每秒锁等待的数量，该值高说明系统竞争比较严重
Locks：Number of Deadlocks/sec	导致死锁的请求数量，通常该值为 0
Locks：Lock Waits/sec	当前进程完成之前强制其他进程等待的每秒锁定请求的数量，该值大于 0，表示事物有问题
Buffer Manager：Buffer Cache Hit Ratio	缓存命中总次数与缓存查找总次数之比，该值应在 90%以上
Cache Manager：Cache Hit Ratio	高速缓存命中率，该值小于 85%，表示内存可能有问题
GeneralStatistics：Logins/sec	每秒登录到 SQL Server 的计数
GeneralStatistics：User Connestions	显示当前连接 SQL 的用户数，该值最高为 255

（3）Linux 监控

Linux 平台可以通过 rstatd 服务从场景中进行监控。在 ContOS 6.5 版本中，安装 rstatd 服务时需要先安装 xinetd 服务，然后在场景中直接添加 Linux 服务器的 IP 地址来进行监控。通常服务器不允许安装 xinetd 服务，还有就是当负载数比较大的时，会无法监控到指标。所以在这里介绍一款常用的监控工具——NMON。

在 ContOS 6.5 下，直接下载并解压 nmon_linux_14g.tar.gz 来进行监控，解压后需要将 NMON 文件夹的权限修改为 777，然后运行 nmon_linux_x86_64 文件，即可。

在运行 NMON 时需要配置一些参数，参数解释见表 6-3。

表 6-3 NMON 参数

参　数	参数解释
-s	每隔多少秒采集一次数据
-c	数据采集多少次
-f	生成的数据文件名包含文件创建的时间
-m	生成的数据文件存放的目录

NMON 的使用步骤如下：

步骤 1：在 ContOS 6.5 中运行命令：./nmon_linux_x86_64 -s 1 -c 300 -f -m /home/；

步骤 2：运行后在 home 目录下生成一个 .nmon 的文件：localhost_180215_1314.nmon；

步骤 3：然后将此数据文件传到 Windows 上，下载 nmon_analyser_v34a_x64.xls 工具；

步骤 5：用 Excel 打开分析工具，开启 Excel 宏功能；

步骤 6：单击 Analyze nmon data 按钮，选择 .nmon 的数据文件，此时会生成一个分析后的结果文件：localhost_180215_1314.nmon.xls，再用 Excel 打开就可以看到结果。

除了工具，还可以在 Linux 中运行命令来进行监控，如 vmstat 和 iostat 命令。

- vmstat 命令可以监控 Linux 系统的虚拟内存、进程、CPU 的活动。基本用法如下：

```
[root@ localhost /]# vmstat 15(其中 1 表示时间间隔,5 表示监控次数)
procs  ------memory---------  --swap--  ---io---  --system--  ------cpu-----
```

```
r  b  swpd  free   buff   cache   si  so   bi  bo   in   cs    us  sy  id  wa  st
0  0  3076  60820  17276  540472   0  0   145 70   74   139    1   1  97  0   0
0  0  3076  60780  17276  540480   0  0    0  0    53   91     0   0  100 0   0
1  0  3076  60780  17276  540480   0  0    0  0    68   141    2   0  98  0   0
0  0  3076  60780  17284  540476   0  0    0  40   189  455    6   2  91  0   0
0  0  3076  60524  17284  540480   0  0    0  0    177  390    6   2  92  0   0
```

下面列出具体参数的属性，见表 6-4。

表 6-4 vmstat 参数属性

proce	r	运行队列中等待进程
	b	等待 IO 的进程数，表示进程阻塞
momory	swpd	虚拟内存使用的大小
	free	空闲的物理内存
	buff	用作缓存的内存大小，主要用来对权限做缓存
	cache	用作缓存的内存大小，主要用来对文件做缓存
swap	si	每秒从交换区写到内存的大小，由磁盘调入内存
	so	每秒写入交换区的内存的大小，由内存调入磁盘
io	bi	每秒读取的块数
	bo	每秒写入的块数
system	in	每秒的中断数，包含时钟中断
	cs	每秒上下文切换数
cpu	us	用户进程使用时间的百分比
	sy	系统进程使用时间的百分比
	id	中央处理器空闲时间，包括 IO 等待时间
	wa	等待 IO 时间
	st	被虚拟化技术偷取的 CPU 所占的百分比

```
[root@ localhost /]# iostat -x(获取更多的统计项的信息)
Linux 2.6.32-696.30.1.el6.x86_64 (localhost.localdomain) 04/01/2018 _x86_64
avg-cpu:  %user  %nice  %system  %iowait  %steal  %idle
          0.59   0.34   1.40     0.11     0.00    97.57
Device:rrqm/s  wrqm/s  r/s   w/s   rsec/s  wsec/s  avgrq-sz  avgqu-sz  await  svctm  %util
sda    1.02    13.75   4.30  1.08  249.75  118.67  68.50     0.01      1.08   0.65   0.33
```

下面列出具体参数的属性，见表 6-5。

表 6-5 iostat 参数属性

avg-cpu	%user	用户使用 CPU 的百分比
	%nice	优先进程占用 CPU 的百分比
	%system	系统使用 CPU 的百分比
	%iowait	未等待磁盘 IO 操作进程占 CPU 的百分比
	%steal	虚拟处理器，CPU 等待时间的百分比
	%idle	CPU 除去 IO 等待外，空闲时间的百分比

（续）

Decive	rrqm/s	每秒进行 merge 的读操作数目
	wrqm/s	每秒进行 merge 的写操作数目
	r/s	每秒完成的读 I/O 设备次数
	w/s	每秒完成的写 I/O 设备次数
	rsec/s	每秒读扇区数
	wsec/s	每秒写扇区数
	avgrq-sz	平均每次设备 I/O 操作的数据大小
	avgqu-sz	平均 I/O 队列长度
	Await	平均每次设备 I/O 操作的等待时间
	Svctm	平均每次设备 I/O 操作的服务时间
	%util	每秒中有多少的时间用于 I/O 操作

案例：利用 iostat 命令，每隔 1S 查看 TPS 和吞吐量，运行 5 次，基本命令如下：

```
[root@ localhost /]# iostat -d -k 13
Device:    tps kB_read/s    kB_wrtn/s    kB_read     kB_wrtn
sda        1.89             30.86        20.18       1431825     936489
Device:    tps              kB_read/s    kB_wrtn/s   kB_read     kB_wrtn
sda        5.38             30.11        0.00        28          0
Device:    tps              kB_read/s    kB_wrtn/s   kB_read     kB_wrtn
sda        4.35             0.00         56.52       0           52
```

属性的详细解释见表 6-6。

表 6-6　参数属性

Decive	tps	平均每秒传送的次数，数据传输
	KB_read/s	平均读取的单位
	KB_wrtn/s	平均写入的单位
	KB_read	读取文件的时间
	KB_wrtn	写入文件的时间

5. IP 欺骗

在设计场景时，很多时候服务器对 IP 有策略，即不允许在同一 IP 地址上有多个操作。在 Controller 中还提供了 IP 欺骗，来模拟不同用户使用不同的 IP 地址运行负载。当模拟用户比较少，可以通过网卡设备绑定多个 IP 来实现。

如果需要生成大量的 IP 地址，通过 Loadrunner 自带的 ipwizard 工具来生成大量的 IP 地址，具体设置如下：

1）首先需要设置固定的 IP 地址。

2）打开 Loadrunner 工具，单击“ipwizard”弹出对话框，如图 6-50 所示。

3）选择创建新设置，点击“下一步”，弹出对话框，如图 6-51 所示。

4）单击“下一步”按钮，弹出对话框，如图 6-52 所示。

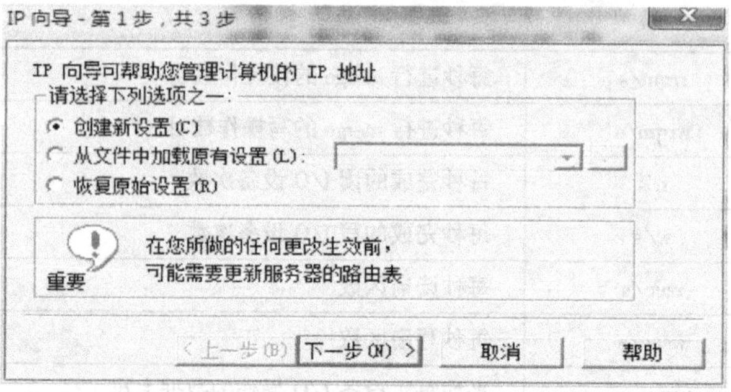

图 6-50 IP 向导

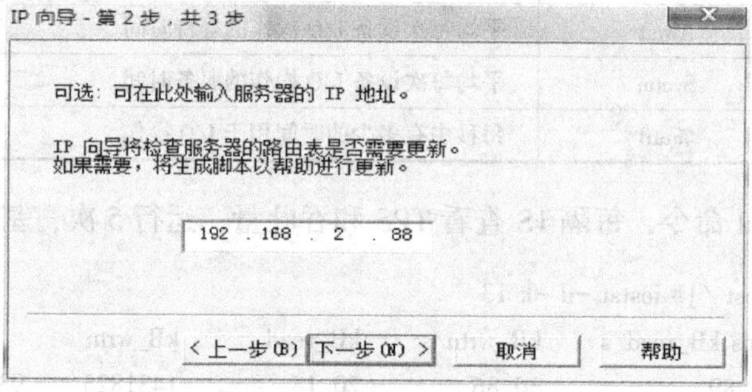

图 6-51 服务器 IP 地址

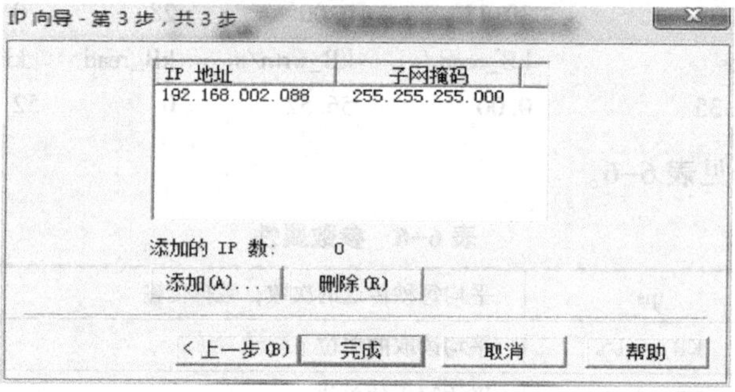

图 6-52 添加 IP 数

5）单击“添加”按钮确定 IP 数，在这里选择 B 类地址生成 50 个不同的 IP，如图 6-53 所示。

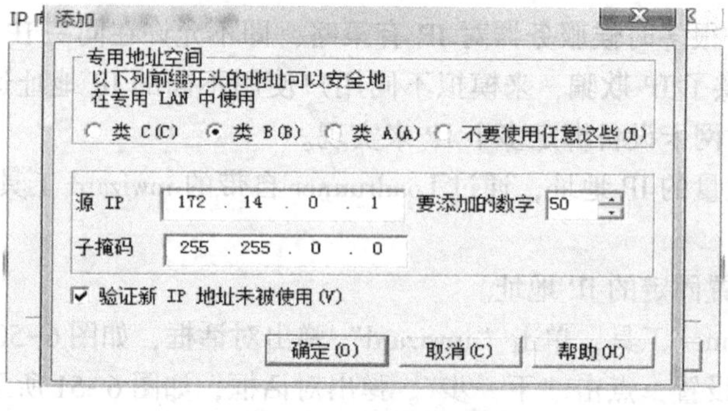

图 6-53 生成虚拟 IP

6）单击“确定”，此时 IP 地址被写入网卡，但是 IP 还没有生效，需要重启网卡。

7）设置虚拟 IP 的启动，首先在场景菜单栏下勾选启用 IP 欺骗器，如图 6-54 所示。

8）然后在工具菜单栏下选择“专家模式”如图 6-55 所示。

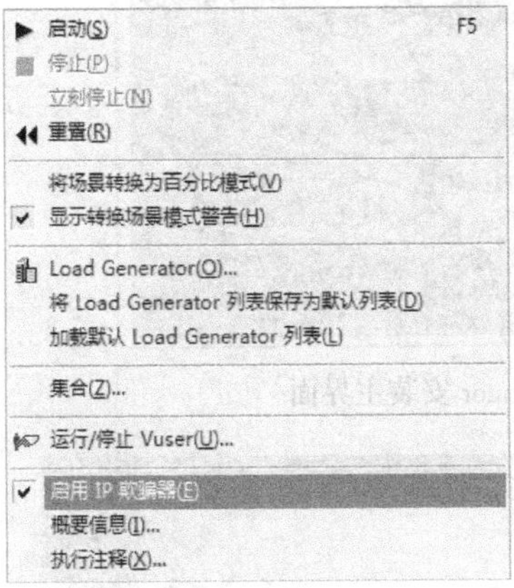

图 6-54　启用 IP 欺骗

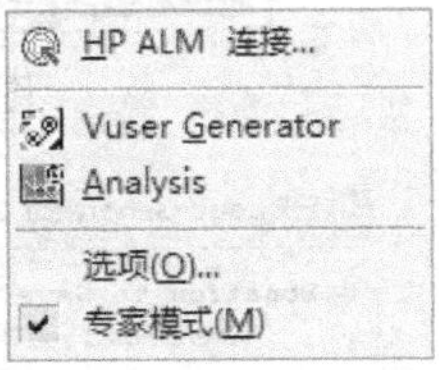

图 6-55　选择专家模式

9）最后在工具菜单栏下进入“选项”，在常规中进行设置，为每个线程分配不同 IP 地址，如图 6-56 所示。

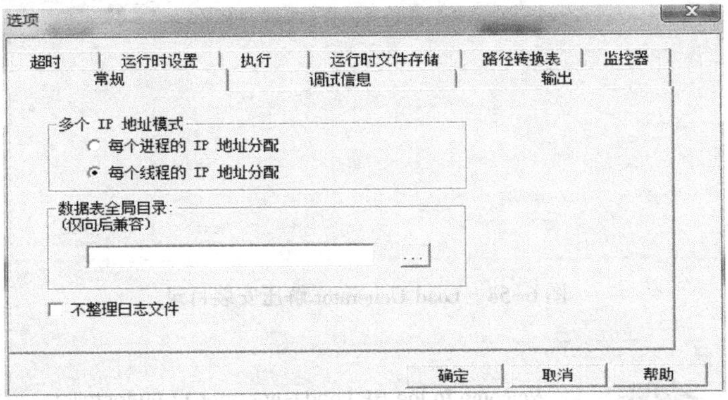

图 6-56　线程 IP 分配

6.3.7　Load Generator 负载生成

Load Generator 是 LoadRunner 中的负载生成器，该负载生成器可以单独安装并提供给 Conreoller 进行远程管理。通常一台普通的 PC 机大约可以模拟 200～500 个虚拟用户进行并发操作，如果模拟大量的虚拟用户进行并发测试，这个时候可以通过 Controller 调用多台 Load Generator 来完成大规模的并发测试。

1. Windows 下安装 Load Generator

在官网下载 ISO 镜像文件，通过虚拟光驱打开后，出现安装向导，如图 6-57 所示。

在图 6-57 所示的安装主界面中单击“Load Generator”按钮，此时会弹出解压安装目录的对话框，如图 6-58 所示。

单击“Next”按钮，解压后出现 Load Generator 的安装界面，如图 6-59 所示。

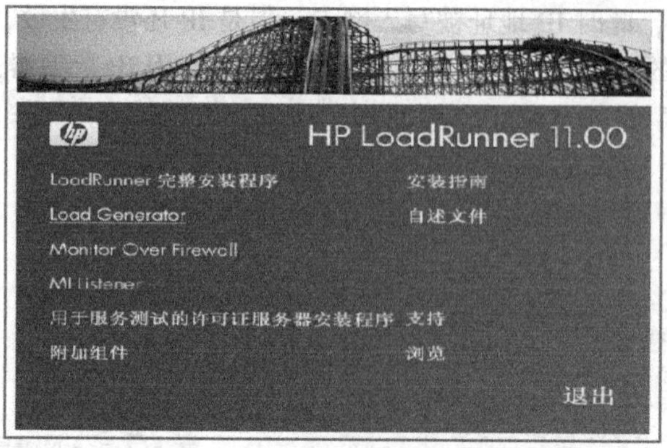

图 6-57　LoadRunner 安装主界面

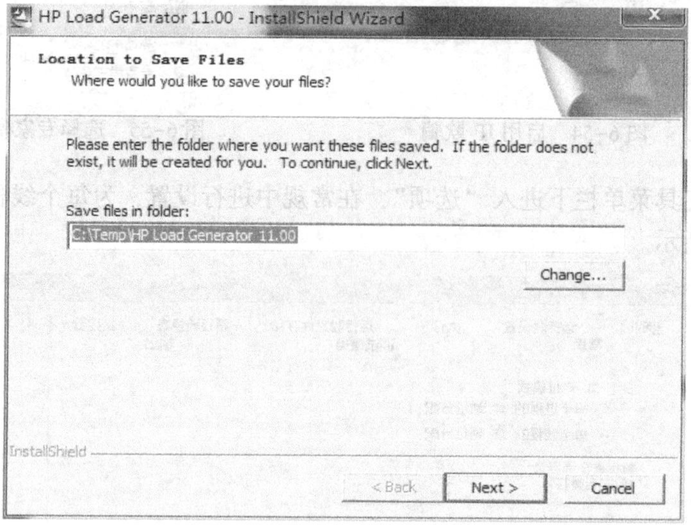

图 6-58　Load Generator 解压安装目录

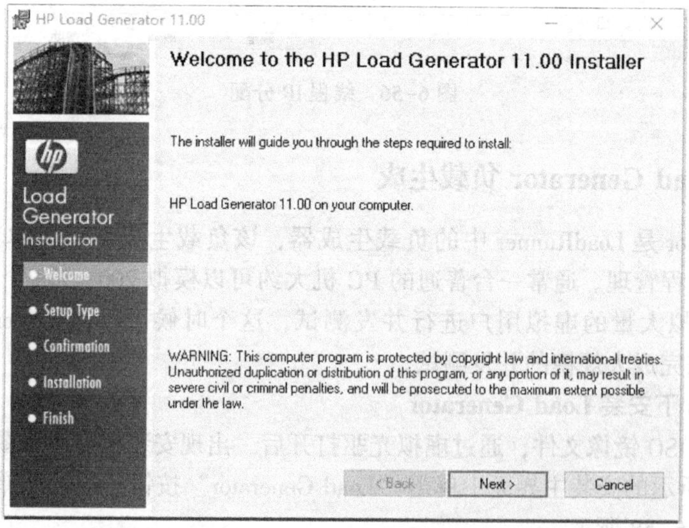

图 6-59　Load Generator 安装界面

接下来连续单击“Next”按钮即可。待安装完成后，会出现 Load Generator 的配置模式，运行模式 Performance Center 是作为一个服务运行，而 LoadRunner 是作为普通进程运行，如图 6-60 所示。

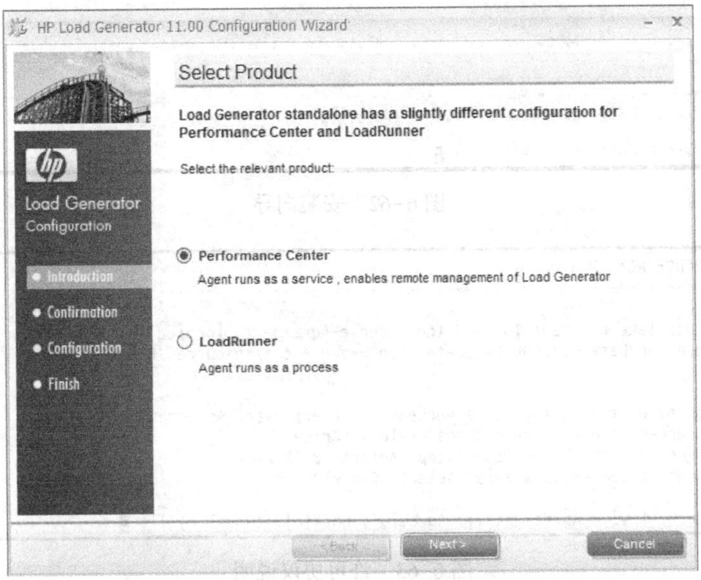

图 6-60　选择运行模式

单击“Next”按钮完成安装配置。在 Windows 中，当需要远程使用 Load Generator 时，只需要添加 IP 地址即可。

2. Linux 安装 Load Generator

Linux 下只能安装 LoadRunner 的负载生成器 Load Generator，脚本的录制和场景的设计必须放在 Windows 平台下。

linux 下的 Load Generator 安装包可以在 HP 官网下载，这里介绍一下在 CentOS 6.5 下的安装。

首先将下载好的安装包复制到 home/Loadrunner 目录下，进入 home/Loadrunner 目录，可以看到 installer.sh 的启动安装文件，如图 6-61 所示。

```
[root@localhost Loadrunner]# ll
total 24
drwxrwxrwx. 2 amos amos 4096 Jun 24 22:34 foundation
-rwxrw-rw-. 1 amos amos 2901 Aug 19  2010 installer.sh
drwxrwxrwx. 3 amos amos 4096 Aug 27  2012 packages
drwxrwxrwx. 6 amos amos 4096 Aug 27  2012 prerequisites
drwxrwxrwx. 6 amos amos 4096 Jun 24 22:34 sequencer
-rwxrw-rw-. 1 amos amos   63 Aug 18  2010 version.txt
```

图 6-61　安装目录

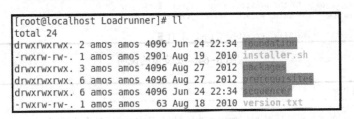

其次输入./installer.sh 命令启动 Load Generator 的安装向导，如图 6-62 所示。

接着输入 n，按〈Enter〉键继续，此时出现安装许可协议说明，如图 6-63 所示。

接着输入 a，按〈Enter〉键继续，这里给出安装的文件名和大小，如图 6-64 所示。

接着输入 i，按〈Enter〉键继续，完成最后的安装，如图 6-65 所示。

```
Welcome to the HP Load Generator 11.00 Setup Wizard
-------------------------------------------------------------
This wizard will guide you through the steps required to install HP Load Generator 11.
00 on the computer.

WARNING: This computer program is protected by copyright law and international treatie
s. Unauthorized duplication or distribution of this program, or any portion of it, may
 result in several civil
or criminal penalties, and will be prosecuted to the maximum extent possible under the
 law.

> To continue, select "Next"
> To abort the setup wizard, select "Cancel"

Select [ Next[n], Cancel[c] ] : █
```

图 6-62　安装向导

```
LICENSE AGREEMENT
-------------------------------------------------------------

Please take a moment to read the License Agreement, located in:
/home/php/Desktop/Load_Generator_linux/sequencer/resources/EULA/EULA .


>To review the full License Agreement, select "View Agreement"
>To accept the agreement terms, select "Agree"
>To go back to the previous step, select "Back"
>To abort the setup wizard, select "Cancel"

Select: [ View Agreement[v], Agree[a], Back[b], Cancel[c] ] : █
```

图 6-63　许可协议说明

```
CONFIRMATION
-------------------------------------------------------------

The HP Load Generator 11.00 features you selected for installation are:

+LoadGenerator
 -LG-11.00-Linux2.6.rpm

Size:
 255856 KB

HP Load Generator 11.00 will be installed in the following directory:
/opt/HP/HP_LoadGenerator.

If you want to install HP Load Generator 11.00 in an alternative directory, you
must create a symbolic link from "/opt/HP/HP_LoadGenerator" to the alternative d
irectory before continuing with this installation.


> To start the HP Load Generator 11.00 installation, select "Install"
> To go back to the previous step, select "Back"
> To abort the setup wizard, select "Cancel"

Select [ Install[i], Back[b], Cancel[c] ]: █
```

图 6-64　安装包的说明

```
FINISH
-------------------------------------------------------------

HP Load Generator 11.00 has been successfully installed in the /opt/HP/HP_LoadGenerato
r directory

LOG FILE: Install log directory:
/var/log/25.06.18_02-22-53_HP_LoadGenerator_11.00.000_iHP_log.txt

> To complete the setup wizard, select "Finish"
> To view the output log, select "View Log"

Select [ Finish[f], View Log[v] ]: █
```

图 6-65　安装完成

最后输入 f，按〈Enter〉键结束整个 Load Generator 的安装。

在 Linux 中，安装 Load Generator 完成后并没有启动，需要手动启动后才可以使用。Load Generator 默认安装在/opt/HP/HP_LoadGenerator 目录下，在目录中给出一个环境变量为 env. csh 配置文件的格式，在 Load Generator11. 0 中，该文件默认已经配置好了。此时还需要在/root/. bashrc 文件中添加如下配置即可，运行命令如下：

```
[root@ localhost /]# vi /root/. bashrc
export PRODUCT_DIR=/opt/HP/HP_LoadGenerator
export M_LROOT= $PRODUCT_DIR
export LD_LIBRARY_PATH= ${M_LROOT}/bin
export PATH= ${M_LROOT}/bin:$PATH
```

然后进入 Load Generator 安装的 bin 目录，执行 ./verify_generator 命令（注意：在 Linux 中不能使用 root 执行，需要切换其他用户来执行）。运行后可能会出现一个错误，这个错误原因是 libstdc++. so. 5 这个共享库不存在，可以通过 yum 命令安装此库文件即可，运行命令如下：

```
[root@ localhost bin]# yum -y install libstdc++. so. 5
```

再次切换用户运行 ./verify_generator 命令，进行检查安装是否成功。最后再执行 ./m_daemon_setup start 启动 Load Generator，运行命令如下：

```
[amos@ localhost bin]$./m_daemon_setup start
```

运行后提示 m_agent_daemon（4258）表明启动成功。

到此 Load Generator 在 CentOS 6. 5 下的安装、配置及启动过程介绍完毕。

6. 3. 8 Controller 场景运行

在场景的运行时根据性能测试场景（见表 6-7）来执行负载测试。

表 6-7 性能测试场景

场景描述	模拟 30 个用户进行并发测试	
场景设置	加载策略	每隔 3S 加载 1 个用户
	运行时间	持续运行 5 分钟
	退出策略	每隔 3S 退出 1 个用户
集合点策略	使用集合点，策略选择占用户数的百分比开始释放	
思考时间策略	不启用思考时间	
期望结果	响应时间小于等于 3S，CPU 使用不超过 60%，可用内存不低于 40%	

6. 3. 9 Analysis 结果分析

Analysis 的功能就是将场景运行中所得到的数据整合在一起，通过对结果数据的分析来确定系统可能存在性能问题以及服务器可能存在的性能问题。当场景运行结束后，通常在 Controller 中，通过菜单栏下的“结果”Analysis Result 打开 Analysis 对结果进行整理和分析。

具体数据如下：

1. 分析概要

分析概要收集了基本的数据，如图 6-66 所示。图中“90 Percent”表示在采样数据中有 90%的数据比该值（4.315 s）小，它也是事务响应时间的参考值

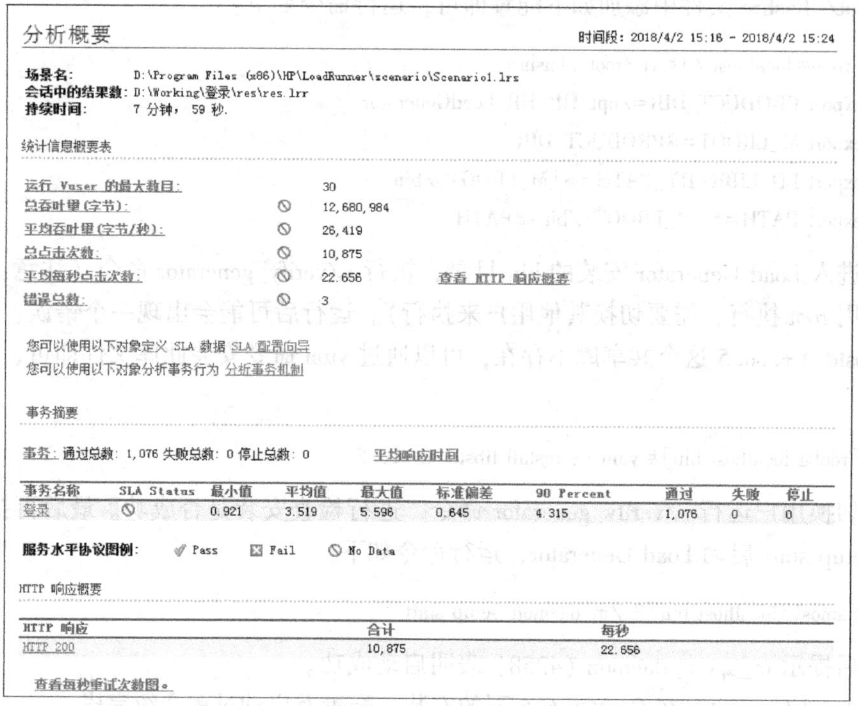

图 6-66　分析概要

2. 添加监控图

默认情况下，Analysis 提供了最基本的 5 个图，可以通过在界面中右键菜单完成添加新图的操作，如图 6-67 所示。

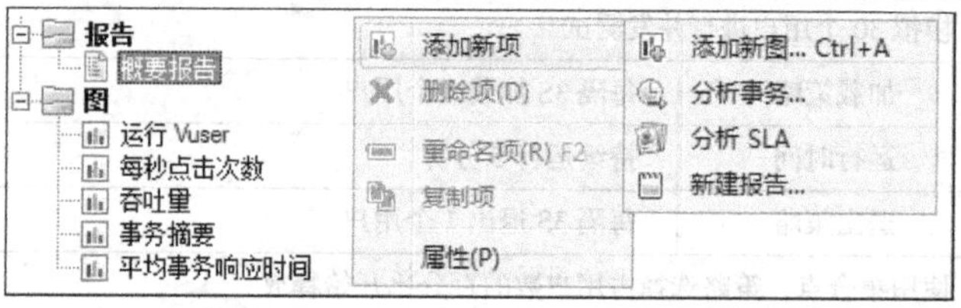

图 6-67　添加监控图

3. 合并图

Analysis 分析主要通过数据和相关图进行分析，如何处理图和图之间的关系。这里主要介绍一下，如何将图片进行合并。比如将 CPU 资源图中的 CPU 的占用率和运行用户数进行合并。

首先打开系统资源图，右键设置筛选 CPU 的计数器，如图 6-68 所示。

然后在系统资源图 6-68 中，右键再选择“合并图”，弹出对话框选择“运行用户数”，如上图 6-69 所示。

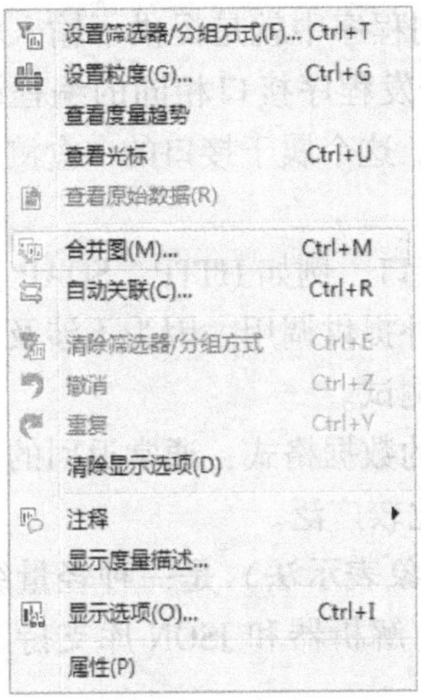

图 6-68　设置筛选

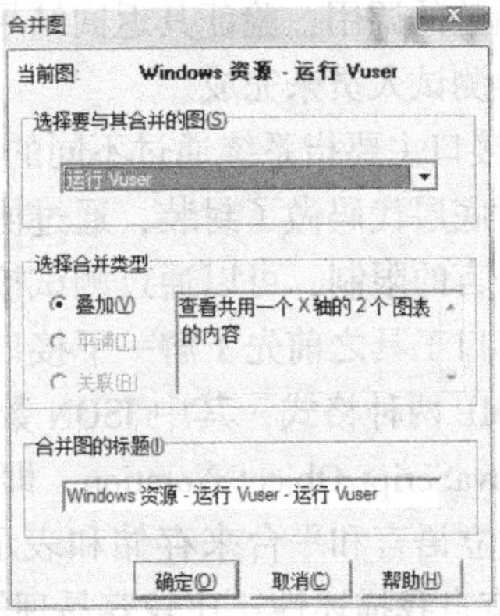

图 6-69　合并图

最后单击“确定”生成合并图。此时可以清楚地看出，当用户加载完成后，开始并发时导致系统资源 CPU 持续在 90%左右，如图 6-70 所示。

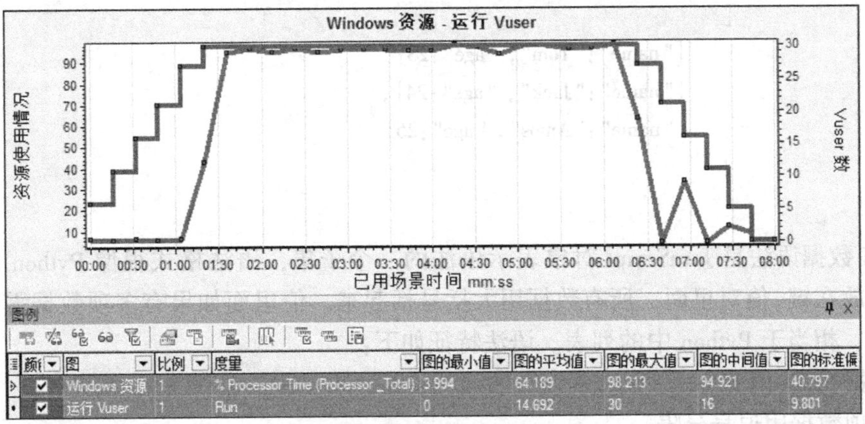

图 6-70　合并后的分析图

4. 生成性能测试报告

Analysis 还提供了导出性能测试报告的功能，当 Analysis 将相关的计数器图整理完成后，可以直接生成性能测试报告，为开发调优提供数据依据。

Analysis 还可以自定义模板，可以导出 Word 格式、PDF 格式、HTML 格式等。来生成自己的性能测试报告。

6.4　接口测试工具

6.4.1　接口测试

接口测试主要是对系统各组件之间的接口进行测试，其主要用于检测系统内部模块之间以及与外部系统之间的交互情况。接口大致分为两大类：程序接口和协议接口。

1）程序接口主要指程序模块之间的接口，具体到程序中就是提供了输入输出的类、方法或函数。对于程序接口的测试，一般需要使用与开发程序接口相同的编程语言，通过对类、方法和函数的调用，验证其返回结果来进行测试。这个属于接口的白盒测试，需要有良好编程能力的测试人员来完成。

2）协议接口主要指系统通过不同的协议提供的接口，例如 HTTP、SOAP 协议等。这种类型的接口对底层代码做了封装，通过协议的方式对外提供调用。因为不涉及底层程序，一般不受编程语言的限制，可以通过测试接口工具进行测试。

在介绍接口工具之前先了解一下接口测试中返回的数据格式，通常返回的数据格式主要有 JSON 和 XML 两种格式，其中 JSON 数据格式应用比较广泛。

JSON（JavaScript Object Notation，即 JavaScript 对象表示法）是一种轻量级的数据交换格式。采用独立语言和平台来存储和表示数据，JSON 解析器和 JSON 库支持不同的编程语言。JSON 具有自我描述性，比较容易理解。

下面代码是一个 JSON 数据格式的例子。

```
{
"employees":
        [
            {"name":"Tom","age":23},
            {"name":"Jack","age":24},
            {"name":"Amos","age":25}
        ]
}
```

JSON 数据语法是 JavaScript 对象表示语法的一个子集，语法格式很像 Python 语言的字典，数据放在键-值对里面，所有数据用大括号括起来。值里面如果有多项数据需要用方括号括起来，相当于 Python 中的列表。语法特征如下：

- 数据在键-值对中。
- 多项数据用逗号分隔。
- 大括号把数据项括起来。
- 中括号括起多组数据。

XML（Extensible Markup Language，可扩展标记语言），可以用来标记数据、定义数据类型，是一种允许用户对自己的语言进行标记定义的标记语言。XML 仅仅是一个纯文本，只用来结构化、存储以及传输数据信息。XML 数据语法格式跟 HTML 类似，与其不同的是，在 XML 中的标签是可以自己定义的。语法特征如下：

- 所有 XML 元素必须能够关闭标签，只要有起始标签都必须有一个结束标签。
- XML 标签对大小写特别敏感。
- XML 标签必须按正确的顺序进行嵌套，在标签内打开的元素，必须在标签内结束。
- 所有的特性必须都有值，而且属性值比较加上双引号。
- 在 XML 中，空格会被保留。

做好接口测试的三个维度是：请求（接口地址、方法）、参数、返回值。如何获取这些维度？通常需要开发人员提供接口文档。编写接口文档是接口开发中非常重要的一个环节。

开发的接口一般是给其他开发人员调用的，所以需要提供参考的接口文档。接口文档一般需要内容准确无误，并且要及时更新。通常接口文档一般包括：接口名称、接口的描述、接口的地址（URL）、调用方法、接口的参数、返回结果，见表6-8。

表6-8 接口文档

接口名称	登录
接口描述	用户登录接口
URL 地址	http://192.168.88.129/login.action
调用方法	POST
接口的参数	用户名 username，密码 password
返回结果	{"username":"admin","add":"","msg":"登录成功","password":"admin","result":"ok"}

接口测试的重点有以下几点：

1）状态的检查：请求返回是否正确，比如请求返回成功是200或OK。

2）检查返回数据的正确性，一般用JSON格式数据，检查关键字是否正确。

3）边界和异常扩展检查，主要关注参数是否必填、是否有空缺、参数的类型、参数的默认值、参数错误的检查等。

4）接口之间的关联测试：比如测试购物流程，依次要调用登录接口，商品加入购物车接口，提交订单接口，支付接口。需要按照接口的逻辑流程进行测试，通常前一个接口会动态产生一个特定的数据关联到下一个接口。

常用的接口测试工具有：Postman、Jmeter、HTTPrequest、SoapUI等。

6.4.2 Postman

Postman是一款众所周知的API调试工具，它的使用简单方便，而且功能非常强大。最早Postman存在于Chrome浏览器的插件中。由于2018年年初Chrome停止对Chrome应用程序的支持。现Postman提供了独立的安装包，不再依赖于Chrome浏览器了。

1. Postman 安装

可以去官网直接下载Postman安装包进行安装即可，启动后的界面，如图6-71所示。

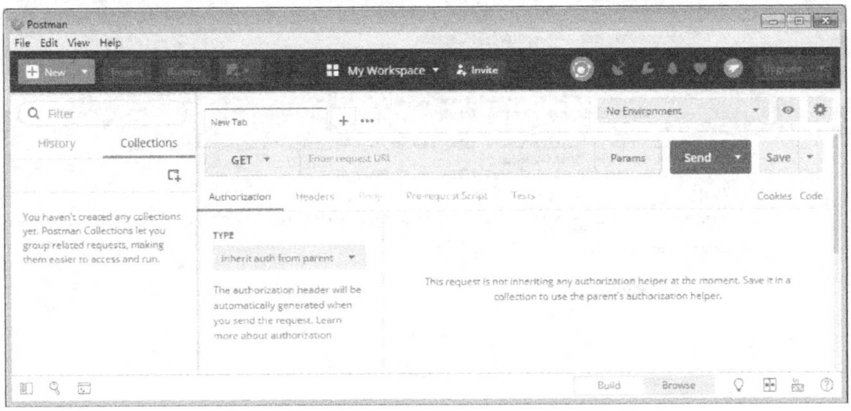

图6-71 Postman启动界面

2. Postman 接口测试

启动 Postman 后，根据表 6-8 接口文档描述，首先在 Postman 中选择 POST 请求，再输入接口地址，然后在 Body 中输入参数，单击“Send”按钮就可以进行接口测试，如图 6-72 所示。Postman 接口测试操作比较简单，就不详细介绍了。

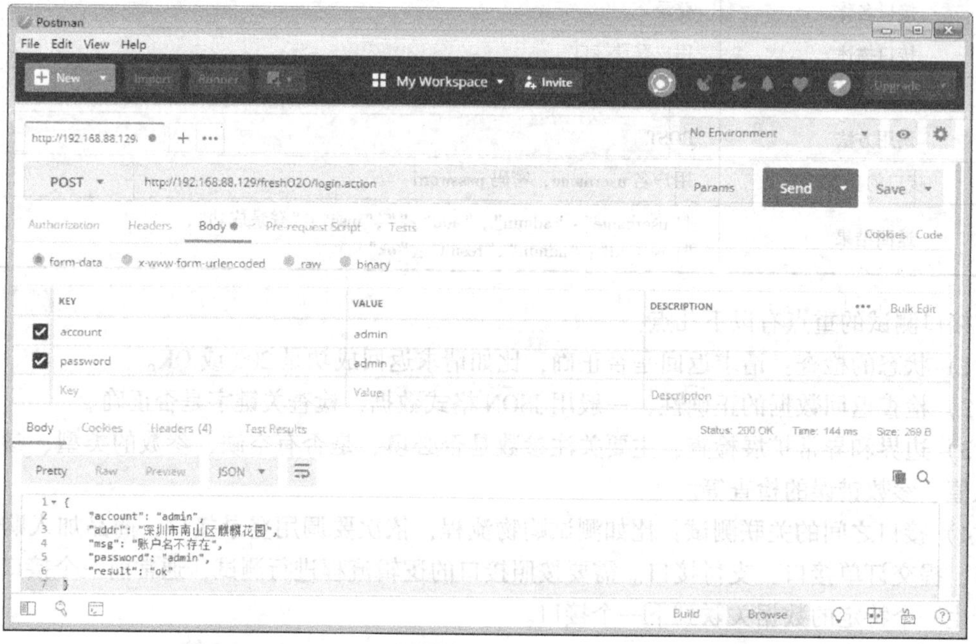

图 6-72 Postman 接口测试

3. Postman 生成代码

利用 Postman 生成多种语言的代码，来实现自动化测试。在图 6-64 中，单击“Code”按钮后自动生成，如图 6-73 所示（Python 代码）。

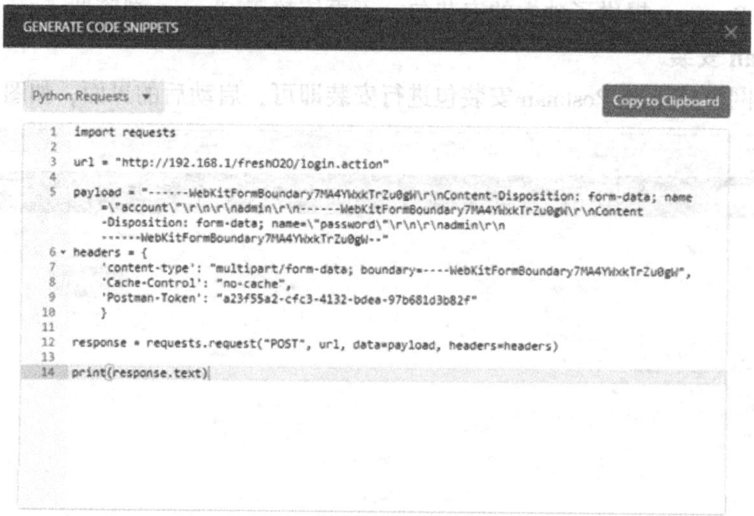

图 6-73 生成 Python 代码

6.4.3 Jmeter

Jmeter 是运行在 Java 虚拟机上的一款开源的测试工具，它最初用于 Web 应用测试，但后来扩展到其他测试领域。目前使用 Jmeter 主要对软件进行接口测试和压力测试。

1. Jmeter 的安装配置

由于它是基于 Java 的，首先需要安装配置 JDK。

（1）JDK 安装

在官网下载 jdk-8u5-windows-x64. exe，直接单击运行，进行安装。待安装完成后，再配置环境变量。安装时需要注意，安装的路径最好不要含中文、特殊字符以及安装的路径不要太深（一般小于 3 级路径），建议最好安装在 C 盘根目录。其安装步骤简单这里不做介绍了，主要介绍一下配置环境变量。具体操作步骤如下：

第一步：单击“我的电脑”→然后右键点击“属性”→再次单击“高级系统设置”→在系统属性中“高级”选项下→单击“环境变量”，出现如图 6-74 所示的对话框。

第二步：在系统变量中配置 JAVA_HOME 的环境变量。在“系统变量”中→单击“新建”按钮→弹出新建系统变量的对话框，在变量名处输入“JAVA_HOME”，在变量值处输入 JDK 的安装目录，此处输入 D:\Java\jdk1. 8. 0_05，如图 6-75 所示，单击“确定”按钮，完成 JAVA_HOME 环境变量的配置。

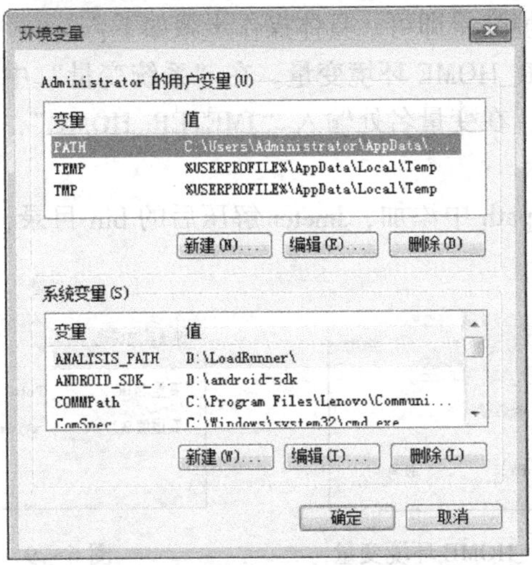

图 6-74　配置环境变量

第三步：在 Path 环境变量中添加 JDK 可执行文件的路径。在“系统变量”中→找到 Path 变量→单击“编辑”按钮→弹出编辑系统变量的对话框，在变量值后面添加 JDK 安装目录下的 bin 目录，如图 6-76 所示。注：在添加新变量前面加上“;”分号，与其他变量值隔开。

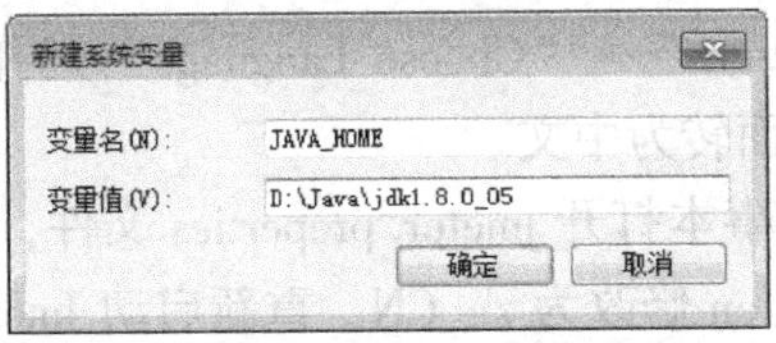

图 6-75　配置 JAVA_HOME 环境变量

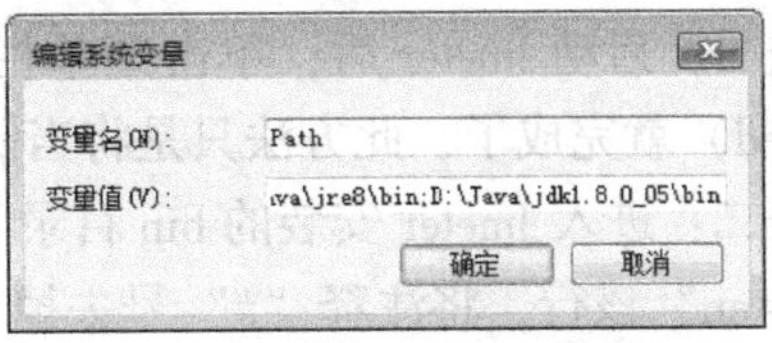

图 6-76　添加 JDK 的 bin 目录

第四步：添加 CLASSPATH 环境变量（JDK1.6 版本之前）。在“系统变量”中→单击“新建”按钮→弹出新建系统变量的对话框，在变量名处输入“CLASSPATH”，在变量值处输入 .;%JAVA_HOME%\lib 和%JAVA_HOME%\lib\tools.jar，单击“确定”按钮，完成 CLASSPATH 环境变量的配置。参考第一步，注意，在变量值中的“.;”千万不能少。

第五步：配置好上述环境变量后，验证 JDK 的配置是否成功。单击“开始”→在“运行”命令中→输入“cmd”按〈Enter〉键确认，进入命令提示窗口。然后输入：“Java”、“Javac”或者“Java -ersion”进行验证，出现以下相关信息表示配置成功，如图 6-77 所示。

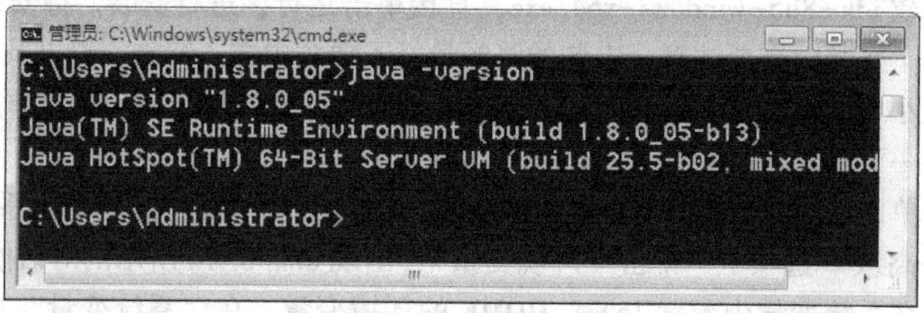

图 6-77　JDK 版本信息

（2）Jmeter 安装

Jmeter 的安装比较简单，在官网 http://jmeter.apache.org/download_jmeter.cgi 下载最新版压缩包，解压后配置环境变量即可。具体操作步骤如下：

第一步：配置 JMETER_HOME 环境变量。在“系统变量”中→单击“新建”按钮→弹出新建系统变量的对话框，在变量名处输入“JMETER_HOME”，在变量值处输入 Jmeter 的安装路径，如图 6-78 所示。

第二步：在系统变量 path 中添加，Jmeter 解压后的 bin 目录，如图 6-79 所示，注意用“;”号将每个变量隔开。

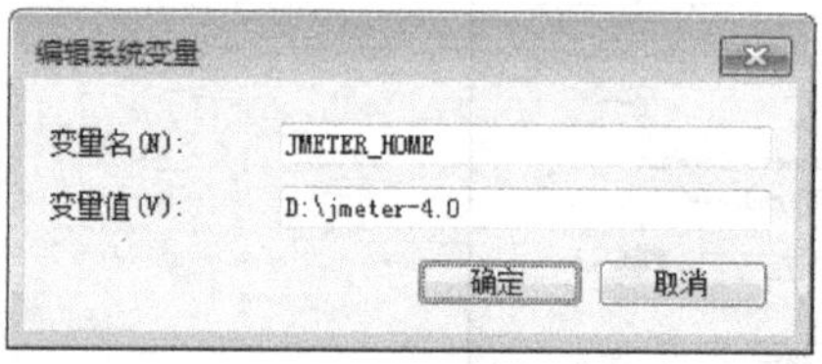

图 6-78　添加 JMETER_HOME 环境变量

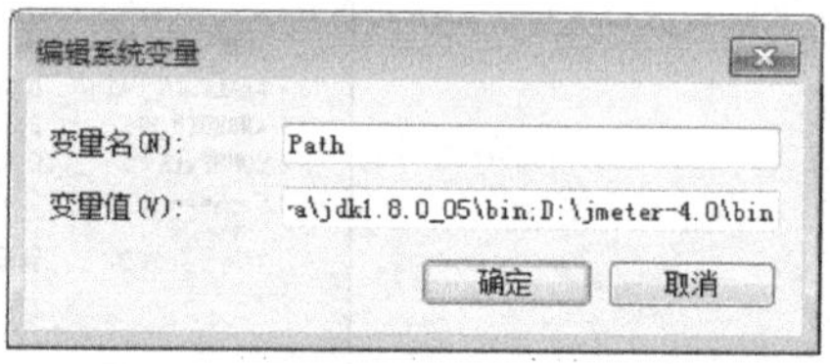

图 6-79　添加 Path 变量

第三步：单击“开始”→“运行”输入 cmd 进入命令行提示窗口。然后输入“jmeter”按〈Enter〉键即可启动 Jmeter。

第四步：由于 Jmeter 默认安装是英文版，为了方便读者使用，在这里介绍一下 Jmeter 汉化的方法：

方法一：启动 Jmeter 后，单击菜单栏中“Options”→“Choose Language”选择 Chinese (Simplified) 就完成了，此方法只是将当前打开界面转为中文。

方法二：进入 Jmeter 安装的 bin 目录下，用记事本打开 jmeter.properties 文件，找到“#language=en”该行，将注释“#”号去掉，并将值 en 修改为 zh_CN，重新启动 Jmeter 即可，用此方法修改，每次启动都是中文版软件。

2. Jmeter 组件介绍

（1）测试计划（Test Plan）

测试计划是使用 Jmeter 进行测试的开始，是其他测试元件的容器。

（2）线程组（Thread Group）

线程组就是行的线程，通俗地讲就是所有的测试都是在线程组下进行。如果进行性能测试，线程组可以理解为虚拟用户数。

（3）配置元件（Config Element）

配置元件主要提供对静态数据配置的支持，如初始化默认值和变量等。利用配置元件可以对 cookie 以及 HTTP 请求的默认数据进行管理。

（4）前置处理器（Pre processors）

前置处理器主要是在采样器发出请求前对一些变量的值（这些变量的值不在服务器响应中获取）进行特殊处理。

（5）采样器（Sampler）

采样器就是告诉 Jmeter 发送一个请求到指定服务器，并等待服务器的请求。采样器会按照其在测试树中的顺序去执行，还可以用逻辑控制器来改变采样器运行的重复次数。

（6）逻辑控制器（Logic Controller）

逻辑控制器可以控制 Jmeter 的测试逻辑，特别是何时发送请求。逻辑控制器可以改变其子测试元件的请求执行顺序。

（7）后置处理器（Post processors）

后置处理器就是对发出请求之后得到服务器响应的数据进行特殊处理，也就是请求之间的依赖关系，可以理解为请求之间的关联。

（8）断言（Assertions）

断言主要用来检查在测试中从服务器获得的响应内容是否符合预期，也可以理解为对测试的结果进行判断是否正确。

（9）定时器（Timer）

定时器有一个作用域的概念，主要来控制采样器或者逻辑控制器的子项的延迟。也可以理解为请求之间的等待时间。

（10）监听器（Listener）

监听器主要收集 Jmeter 在测试期间的结果，并将结果数据给出一些展示的方式。常用的展示结果的元件有察看结果树、聚合报告、图形结果、断言结果等。

3. Jmeter 接口测试实例

（1）创建测试计划

进入 Jmeter 的 bin 目录，单击 jmeter. bat 文件启动 Jmeter。将测试计划中改名为接口测试，如图 6-80 所示。

（2）添加线程组

右键“登录接口测试”→添加→Threads（Users）→线程组（改名为用户登录），如图 6-81所示。通常测试接口线程数设置为 1，循环次数根据测试数据的个数来设置。

（3）添加 HTTP 请求

右键“用户登录”→添加→Sampler→HTTP 请求（改名为接口地址），如图 6-82 所示。

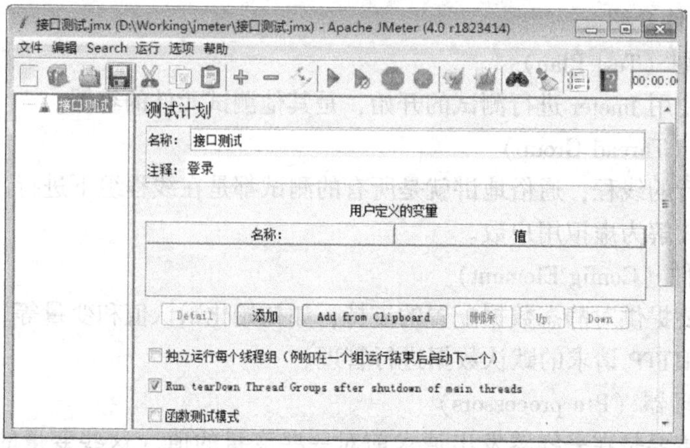

图 6-80　Jmeter 启动界面

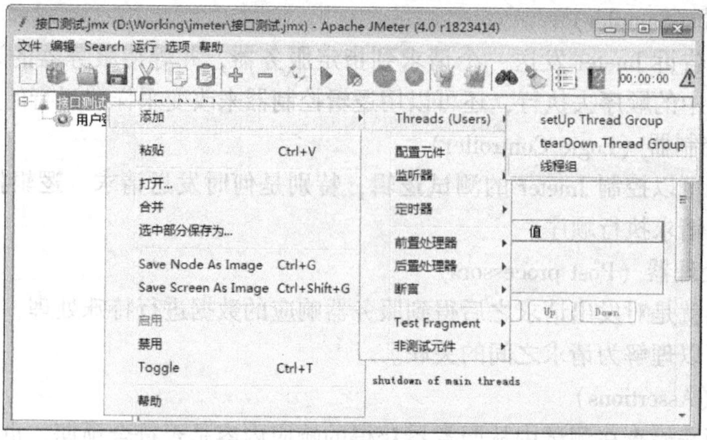

图 6-81　添加线程组

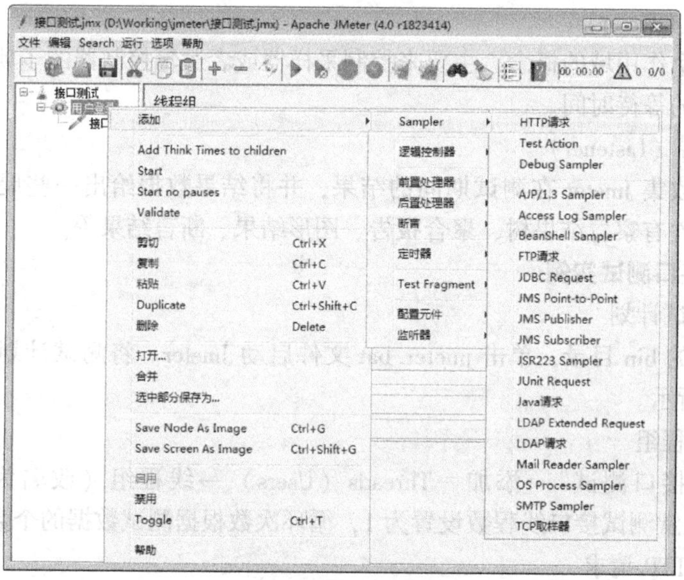

图 6-82　添加 HTTP 请求

(4) 添加用户参数

右键“接口地址”→添加→前置处理器→用户参数，再将用户参数进行参数化，如图 6-83 所示。

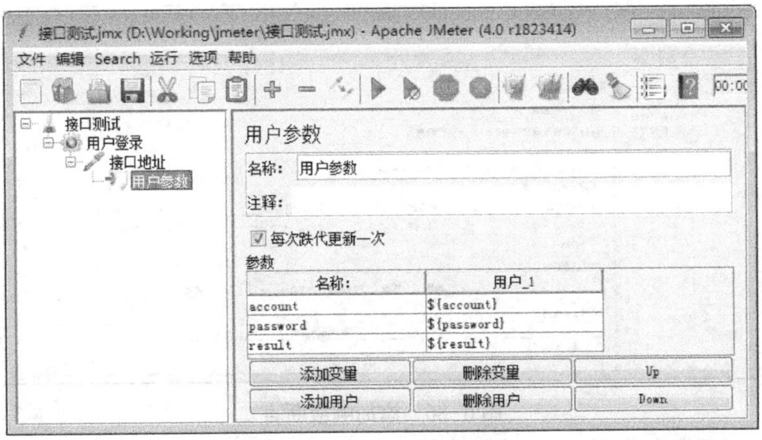

图 6-83　添加用户参数

(5) 添加 CSV 数据文件

右键“接口地址”→添加→配置元件→CSV 数据文件设置（改名为数据文件），再设置数据文件的选项，如图 6-84 所示。

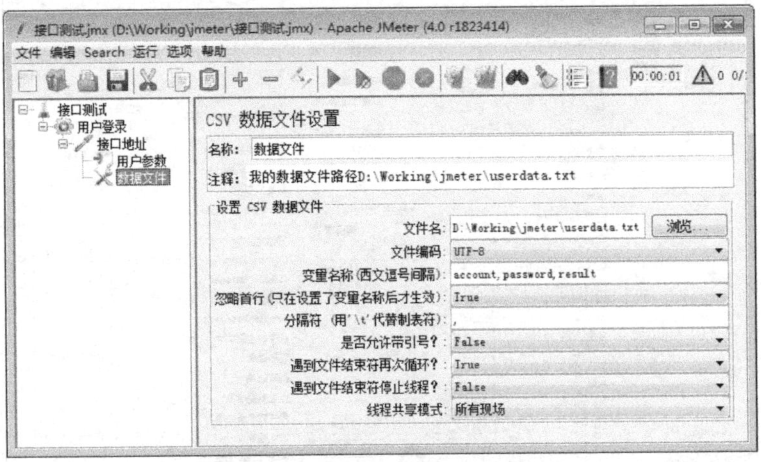

图 6-84　添加 CSV 数据文件

其中 userdata. txt 参数文件，如图 6-85 所示。

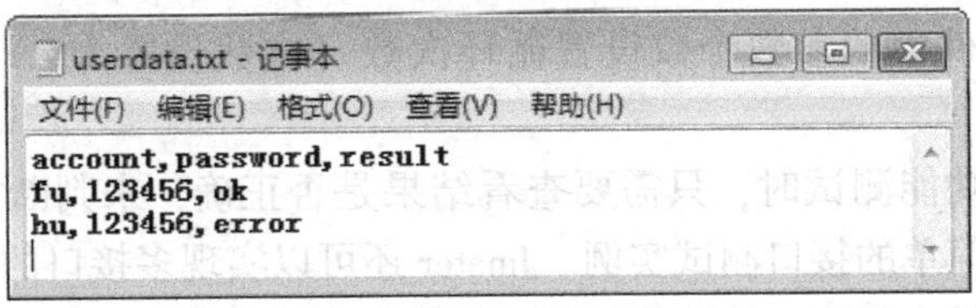

图 6-85　参数文件

（6）添加响应断言

右键“接口地址”→添加→断言→响应断言，断言结果从 userdata 中读取，如图数据文件中读取，如图 6-86 所示。

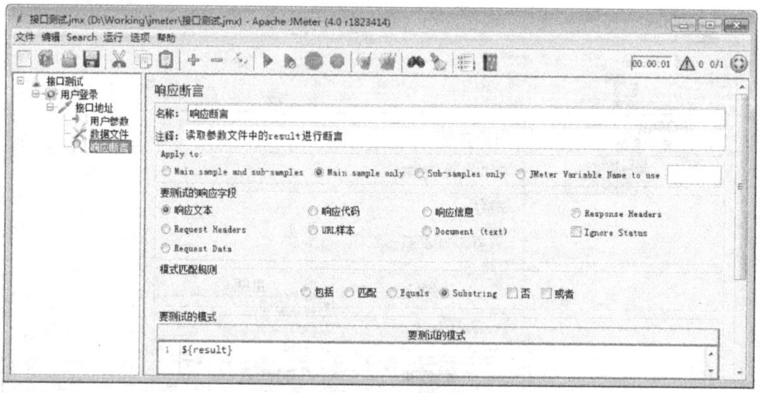

图 6-86　添加响应断言

（7）添加监听器

右键“接口地址”→添加→监听器→查看结果树，如图 6-87 所示。

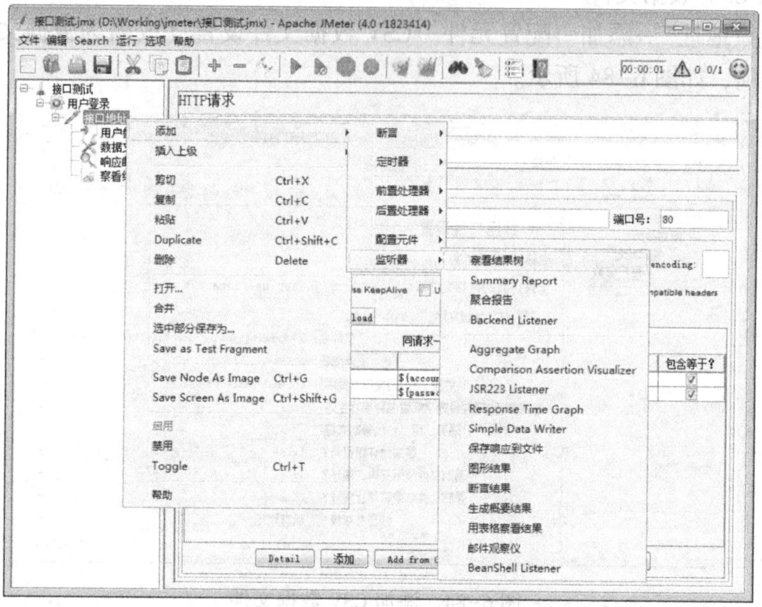

图 6-87　添加监听器

（8）设置循环次数

根据测试数据文件中的参数个数设置循环次数（次数设置为 2），运行得到结果，如图 6-88 所示。

通常对接口进行功能测试时，只需要查看结果是否正确，来判断接口是否存在异常问题，上述例子是一个简单的接口测试实例。Jmeter 还可以实现多接口的自动化测试以及对接口进行压力测试。如果进行接口的性能测试，操作基本同上。如果对接口进行性能测试，需要理解线程组就是虚拟用户数，还需添加聚合报告、图形结果等。

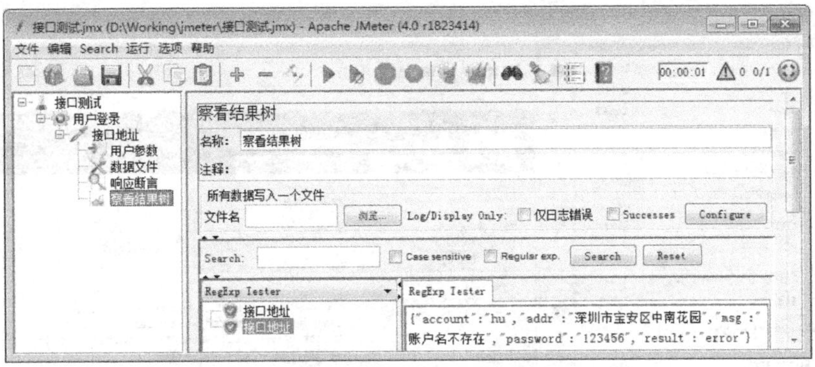

图 6-88　运行结果

下面再介绍一下如何利用 badboy 录制脚本，再导入 Jmeter 进行性能测试。

4. Jmeter 性能测试实例

(1) 使用 Bodboy 录制脚本

安装 Bodboy 工具（官网下载直接安装即可）后可以录制脚本，类似于 Loadrunner 的录制，输入 URL 地址，单击录制按钮。录制完成后的界面，如图 6-89 所示。

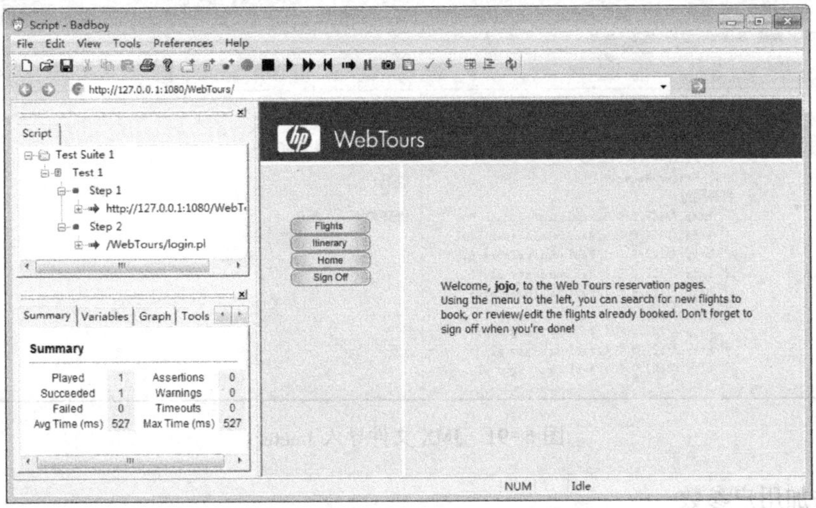

图 6-89　Bodboy 录制界面

注意： 这里的 step 的功能相当于 Loadrunner 中的事务，在录制时为每一步操作添加一个新的 step，方便对脚本进行编辑。

(2) 导出 JMX 文件

单击菜单栏 File→选择"Export to JMeter"导出后缀为".jmx"的文件，取名为登录脚本，如图 6-90 所示。

(3) 在 Jmeter 导入 JMX 文件

启用 Jmeter，单击菜单栏文件→打开，选择导出的".jmx"的文件，导入后的界面，并修改 Step（事务），如图 6-91 所示。

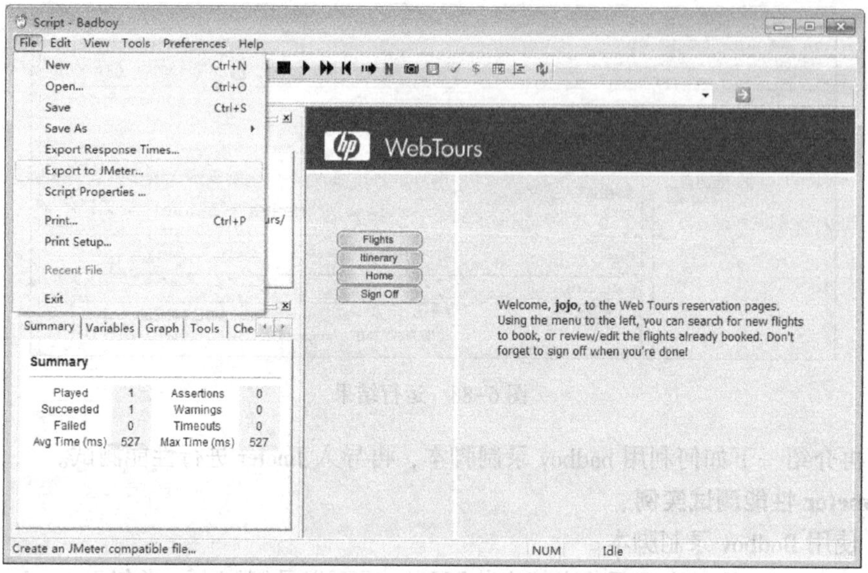

图 6-90　导出 JMX 文件

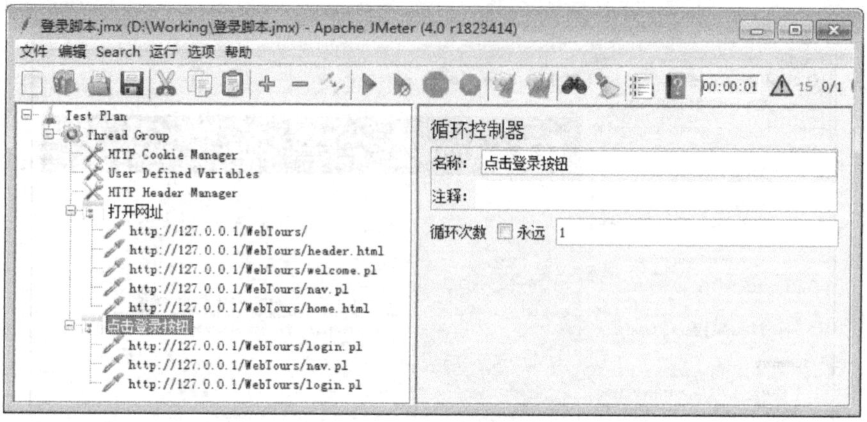

图 6-91　JMX 文件导入 Jmeter

（4）添加用户参数

找到 POST 请求（http://127.0.0.1/WebTours/login.pl），对请求中的数据（用户名，密码）进行参数化，再添加“用户参数”，右键“POST 请求”→添加→前置处理器→用户参数，如图 6-92 所示。

注意：POST 请求中有 userSession 需要进行关联。

（5）添加 CSV 数据文件

右键“POST 请求”→添加→配置元件→CSV 数据文件设置（改名为数据文件），再设置数据文件的选项，如图 6-93 所示。

（6）添加响应断言

找到登录后成功的“请求”右键添加断言，如图 6-94 所示选中请求右键→添加→断言→响应断言，然后在“要测试的模式”添加断言的文本内容：Welcome，<b>{username}</b>。

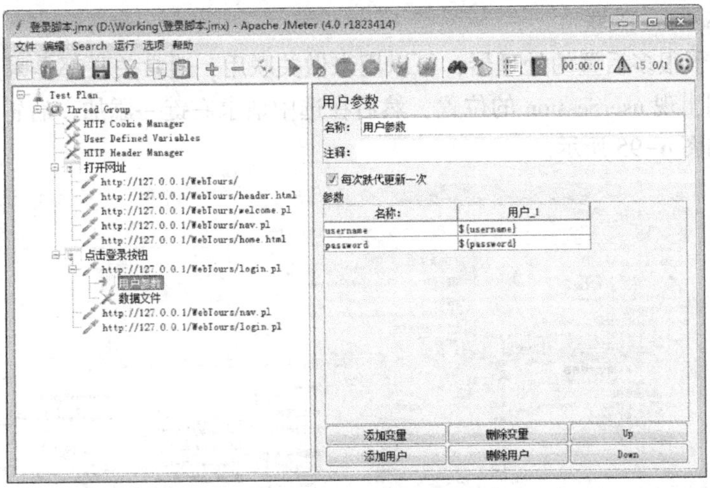

图 6-92　添加参数

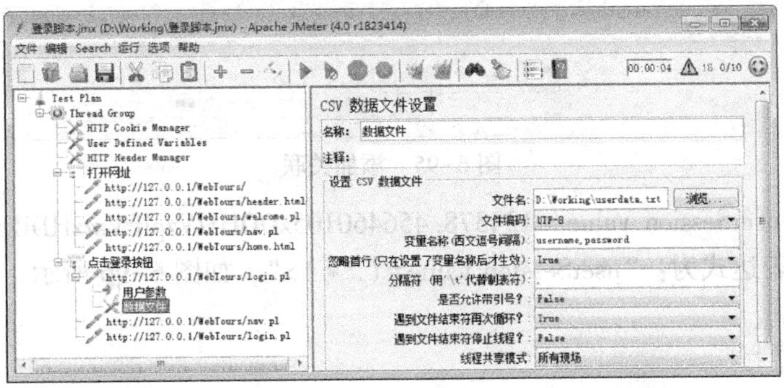

图 6-93　设置数据文件

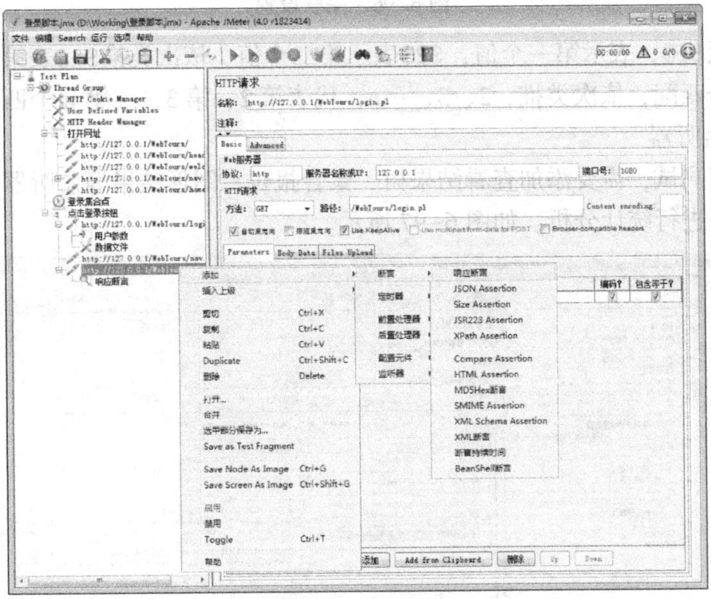

图 6-94　添加断言

（7）添加 Session 关联

Jmeter 提供了很多后置的处理器，可以用来做关联用，通常关联都是采用正则表达式提取器。首先找到出现 userSession 的位置，然后在选中请求右键→添加→后置处理器→正则表达式提取器，如图 6-95 所示。

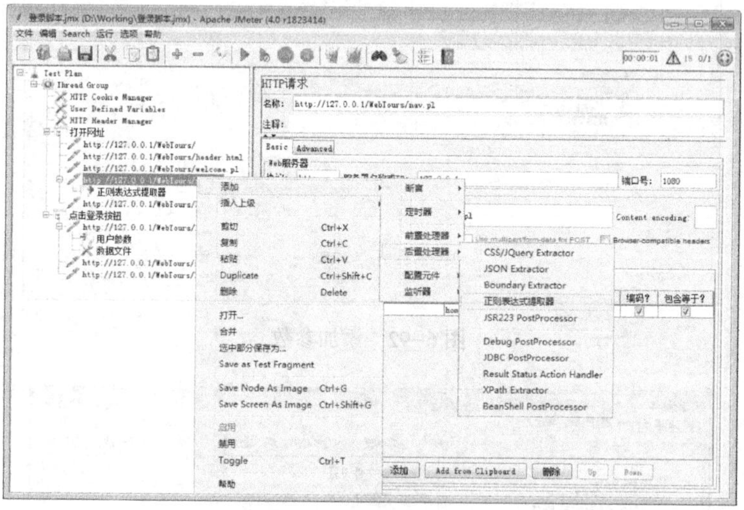

图 6-95　添加关联

关联参数 “userSession value = 124378. 456460105zDQHHVzpiftVzzzHDiDizpDAVVcf>” 中的数据。其正则表达式为：“userSession value=(. *)>”，如图 6-96 所示。

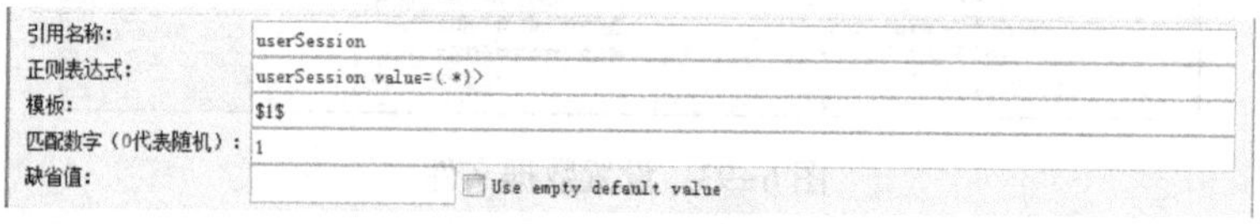

图 6-96　关联设置

图中：模板1，表示第一个值，2表示第二个值，依次类推n表第 n 个值。匹配数字 1 代表第一个匹配，依次类推，2、3、…n，代表第 2、第 3、…第 n 个匹配。

（8）添加监听器

通常做性能测试，需要添加查看结果树、聚合报告、图形结果等监听器。通过这些监听器来对测试结果进行统计分析，如图 6-97 所示。

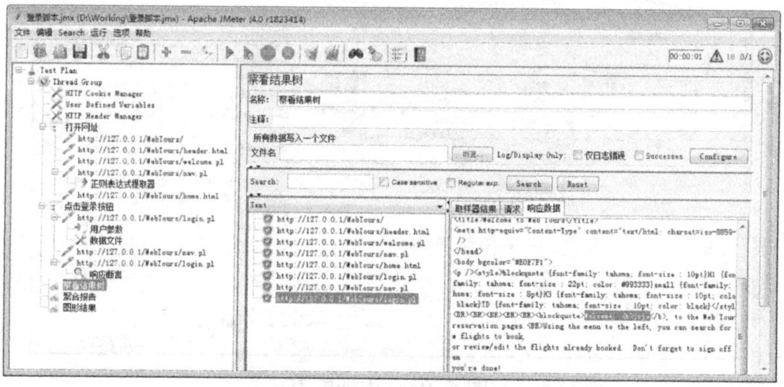

图 6-97　添加监听器

(9) 添加集合点

Jmeter 的集合点在定时器中设置，选中登录的 POST 请求，然后右键→添加→定时器→Synchronizing Timer（改名为登录集合点），在把“登录集合点”拖到事务“点击登录按钮”前，即可。如图 6-98 所示。

注：Jmeter 不能监控系统资源，需要通过插件或其他工具进行监控。

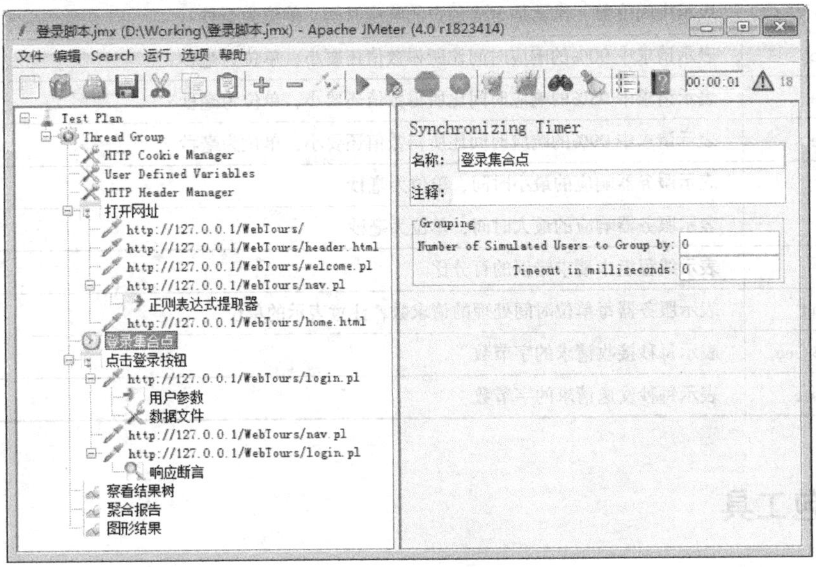

图 6-98　添加集合点

(10) 设置用户数

最后根据参数的个数，设置线程数（虚拟用户数），运行结果，如图 6-99 所示。图中单击“Save Table Data”按钮，还可以将测试数据导出到文件中，以供后续分析。

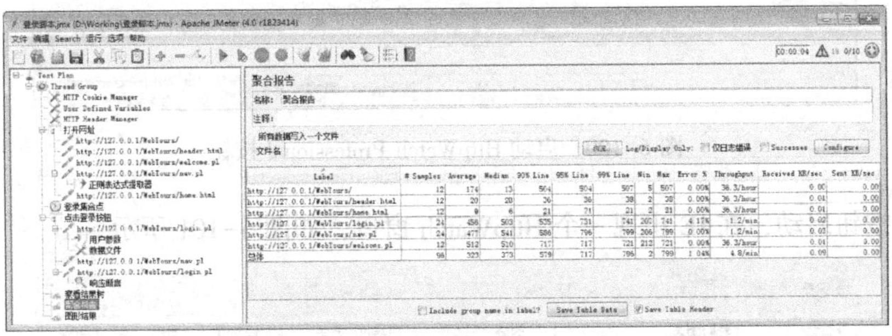

图 6-99　运行结果

Jmeter 性能测试的简单操作介绍到此。最后介绍一下查看结果树、图形结果、聚合报告监听器里面的关注点以及聚合报告中的参数的含义，见表 6-9。

“查看结果树”监听器：会展示采样器中每个请求和响应的细节。

“图形结果”监听器：会将系统吞吐量、响应时间绘制在一张图片中。

“聚合报告”监听器：可以查看总体的吞吐量、响应时间等。

表 6-9　聚合报告参数含义

参　数	含 义 说 明
Label	表示线程组中每个请求的类型
#Samples	表示线程组中每个请求总共发送到服务器的数目
Average	表示事务的平均响应时间，单位为毫秒
Median	表示中间值数，也就是 50%用户的响应时间，单位为毫秒
90%line	表示请求中 90%的响应时间比所得数值还要小，单位为毫秒
95%line	表示请求中 95%的响应时间比所得数值还要小，单位为毫秒
99%line	表示请求中 99%的响应时间比所得数值还要小，单位为毫秒
Min	表示服务器响应的最小时间，单位为毫秒
Max	表示服务器响应的最大时间，单位为毫秒
Error%	表示线程组中请求错误的百分比
Throughput	表示服务器每单位时间处理的请求数，注意表示的单位
Received KB/sec	表示每秒接收请求的字节数
Send KB/sec	表示每秒发送请求的字节数

6.5　抓包工具

HttpWatch 是集成在 IE 工具栏中的一款网页数据分析工具，可以安装在 FireFox（火狐）浏览器。可以到官网（http://www.httpwatch.com）下载。安装后打开 IE 浏览器，在工具中可以看到“HttpWatch Professional”的快捷按钮，如图 6-100 所示。

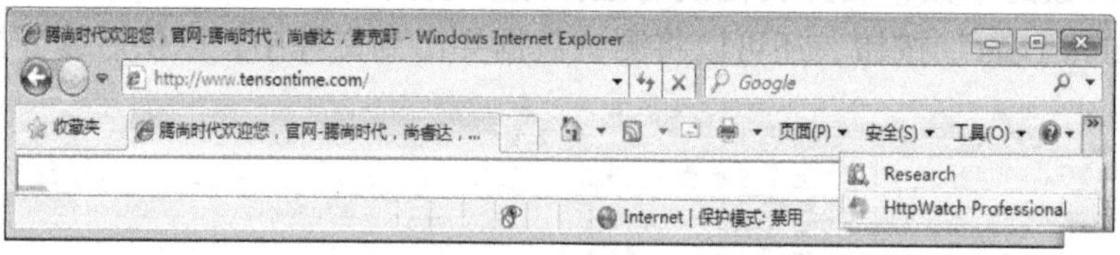

图 6-100　启动 HttpWatch Professional 按钮

单击该按钮启动，在 IE 出现一个 HttpWatch 窗口，如图 6-101 所示。

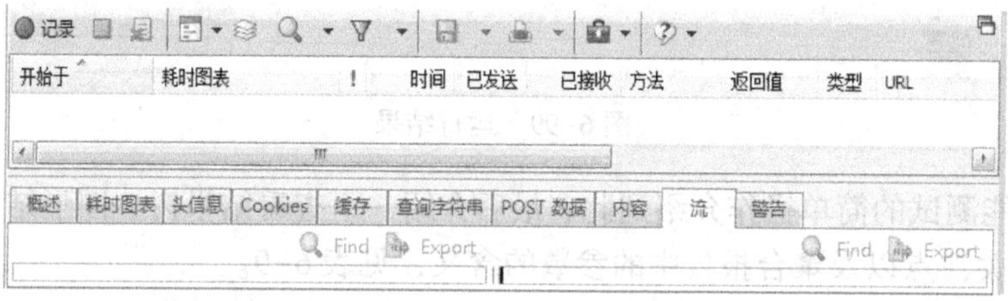

图 6-101　HttpWatch 界面

这里简单介绍一下 HttpWatch 的主要功能。

1. HttpWatch 抓取数据

单击“记录”按钮，输入网址：www. baidu. com，然后登录，单击“停止记录”按钮，出现界面，如图 6-102 所示。

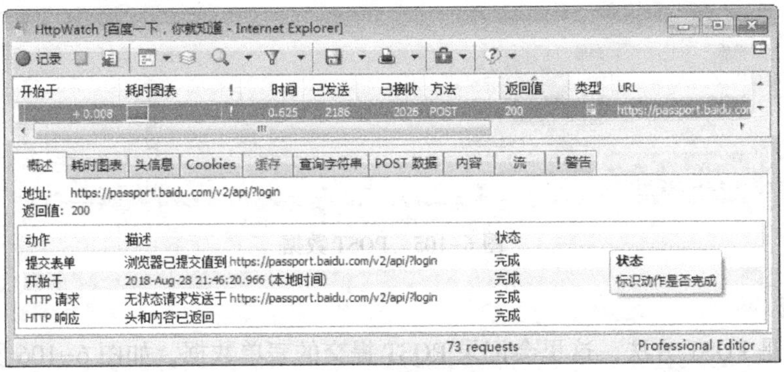

图 6-102　抓取数据

2. 耗时图表

通过耗时图表可以了解整个 HTTP 请求从发出到服务器返回所消耗的时间，如 DNS 查找耗时、连接服务器耗时、请求发送耗时、等待服务器响应耗时、接收服务器返回耗时以及网络耗时等，通过耗时图表可以进行前端的性能分析，如图 6-103 所示。

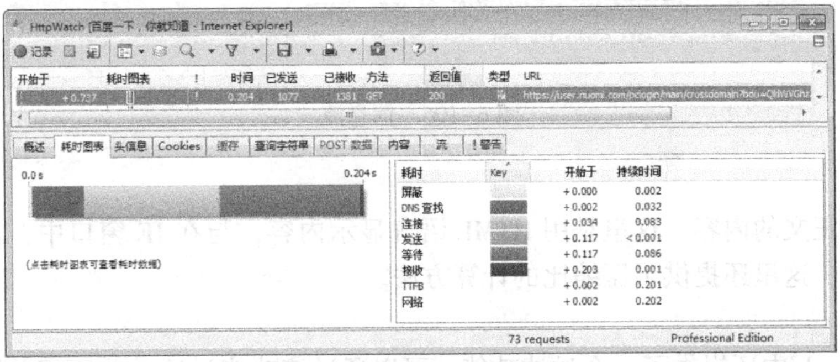

图 6-103　耗时图

3. 头信息

表示选定某个请求并显示该请求发送的头信息以及接收的头信息，如图 6-104 所示。

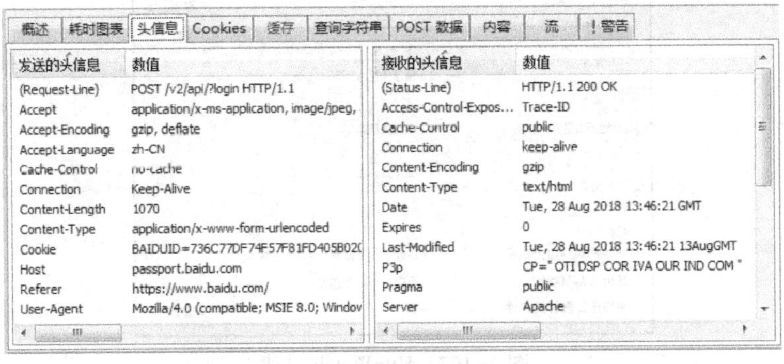

图 6-104　头信息

4. POST 数据

如果请求是 POST 方法，这里会记录 POST 提交的表单数据，如图 6-105 所示。

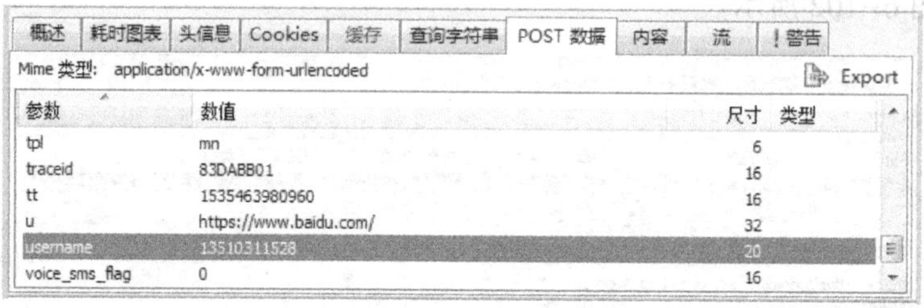

图 6-105　POST 数据

5. 信息流

如果请求是 POST 方法，这里会记录 POST 提交的表单数据，如图 6-106 所示。

图 6-106　信息流

6. 内容

表示请求正文的内容，这里是用 HTML 语言显示内容，与在 IE 窗口中，右键查看源文件的内容相同，这里还提供了压缩比的计算方法。

7. 过滤

在 HttpWatch 中还提供了一个过滤功能，可以通过该功能过滤一些不想关注的资源，如图片、CSS 以及 JS 等，如图 6-107 所示。

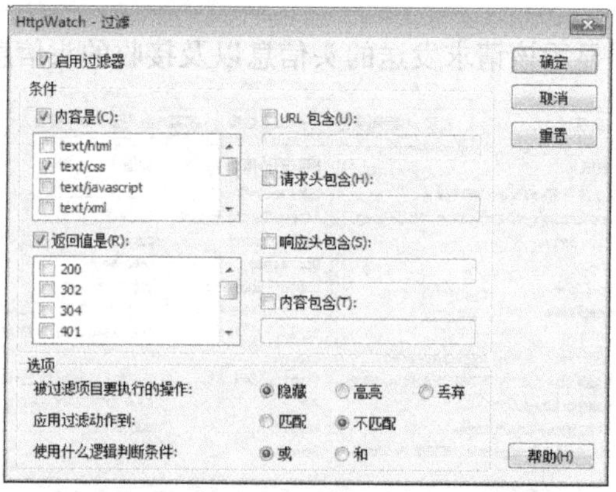

图 6-107　HttpWatch 过滤

第7章　常用协议简介

本章主要介绍常用的协议 OSI、TCP/IP、HTTP 和 HTTPS。

学习目标：

- 掌握 OSI 参考模型
- 掌握 TCP/IP 协议
- 掌握 HTTP、HTTPS 协议

7.1　OSI 参考模型

OSI（Open System Interconnection）参考模型是 1979 年由国际标准化组织（ISO）制定的一个用于计算机或通信系统间互联的标准体系，一般称为 OSI 参考模型或七层模型，如图 7-1 所示。它是一个七层的、抽象的模型，不仅包括一系列抽象的术语或概念，也包括具体的协议。

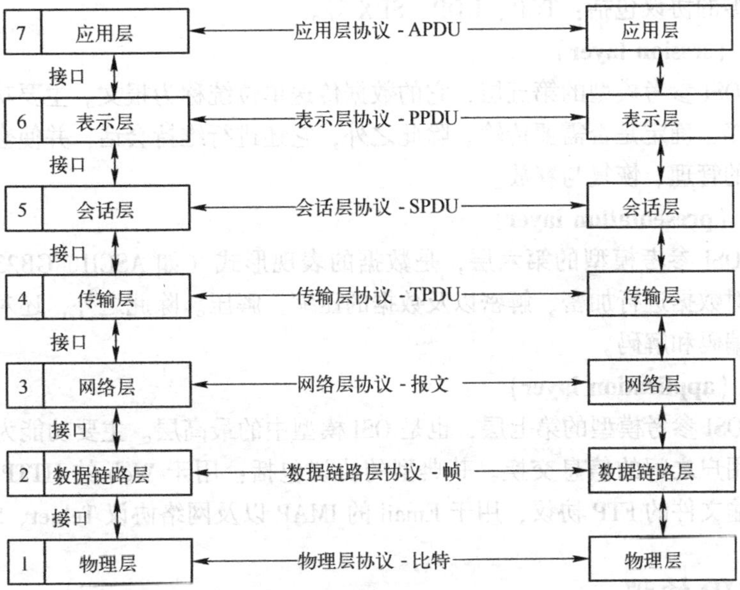

图 7-1　OSI 参考模型

在这里简单介绍一下 OSI 的七层模型：

1. 物理层（physical layer）

物理层是 OSI 参考模型的第一层，虽然处于最底层，却是 OSI 分层结构体系中最重要、最基础的一层。它是建立在传输媒介基础上，主要负责两台设备之间真正的数据传输工作，通过比特（bit）进行传输物理接口信息、电气特性等。其主要功能是为数据端设备提供传送数据通路和传输数据。

常见的物理层设备有：网卡、网线、光纤、集线器、中继器、串口等，其典型的协议有 RS232C、RS449/422/423、V.24 和 X.21、X.21bis（比如网线共 8 根线，其中只有 1、2、3、6 四根线用来传输数据）。

2. 数据链路层（data link layer）

数据链路层是 OSI 参考模型的第二层。数据链路层主要是在不可靠的物理介质上提供可靠的传输。该层主要的作用是对物理地址 mac 寻址，将网络层传输的数据封装为可被物理层接受的帧 frame，流量控制以及负责数据进行检错、重发和修正工作等。

数据链路层的典型设备有：二层交换机、网桥，其典型的协议有：SDLC、HDLC、PPP、STP、帧中继等。

3. 网络层（network layer）

网络层是 OSI 参考模型的第三层。其主要任务就是将网络地址 IP 翻译成物理地址，并决定通过哪些路径来实现数据传输。

网络层的主要设备就是路由器或普通交换机，其典型的协议包括：IP、IPX、IGP 等。

4. 传输层（transport layer）

传输层是 OSI 参考模型的第四层，也是 OSI 模型中最核心的。主要功能是从会话层接收数据，并把数据传送给网络层。在传输前要确定传输协议，以及对数据进行错误检测，传输中进行流量监控，最终为会话提供可靠的、无误的数据传输。

传输层典型的协议包括：TCP、UDP、SPX 等。

5. 会话层（session layer）

传输层是 OSI 参考模型的第五层，它的数据传送单位统称为报文。主要功能是建立应用之间的通信链接，确定是否需要传输。除此之外，它还进行维持会话，并使会话获得同步以及对会话连接的管理、恢复与释放。

6. 表示层（presentation layer）

表示层是 OSI 参考模型的第六层，是数据的表现形式（如 ASCII、GB2312、JPG 等）。其主要功能是对数据进行加密、解密以及数据的压缩、解压。除此之外，还对不同的图片和文件格式进行编码和解码。

7. 应用层（application layer）

应用层是 OSI 参考模型的第七层，也是 OSI 模型中的最高层。主要功能为应用程序提供服务，来实现用户之间的信息交换。其典型的协议包括：用于 Web 的 HTTP 协议、HTTPS 协议，用于传输文件的 FTP 协议，用于 Email 的 IMAP 以及网络协议 Telnet、SNMP 等。

7.2 TCP/IP 协议

传输控制协议/互联网协议（Transmission Control Protocol/Internet Protocol，简称 TCP/IP）是一个真正的开放系统，它被称作为 Internet 的基础，主要由传输层的 TCP 协议和网络层的 IP 协议组成。TCP/IP 起源于 20 世纪 60 年代末美国政府资助的研究项目，到 20 世纪 90 年代已发展成为计算机之间最常用的组网形式。

TCP/IP 是一组不同层次上的多个协议的组合，它采用了四层协议进行分层，每一层分别负责不同的通信功能，如图 7-2 所示。

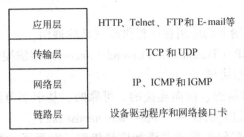

应用层	HTTP、Telnet、FTP和 E-mail等
传输层	TCP 和 UDP
网络层	IP、ICMP和IGMP
链路层	设备驱动程序和网络接口卡

图 7-2　TCP/IP 协议四层

1. 链路层

链路层，有时也称作数据链路层或网络接口层，通常包括操作系统中的设备驱动程序和计算机中对应的网络接口卡。常见的协议有以太网、IEEE802.2/802.3、SLIP（Serial Line Internet Protocol）串行线路网际协议、HDLC（High-level Data Link Control）点到多点的通用协议、PPP（Point-to-Point Protocol）点到点协议等。

在 TCP/IP 协议族中，链路层主要完成以下 3 个目的：

1）为 IP 模块发送和接收 IP 数据报；

2）为 ARP 模块发送 ARP 请求和接收 ARP 应答；

3）为 RARP 发送 RARP 请求和接收 RARP 应答。

2. 网络层

网络层，有时也称作互联网层，它主要处理分组在网络中的活动。在 TCP/IP 协议族中，该层协议包括 IP（Internet Protocol）网际协议、ICMP（Internet Control Message Protocol）控制报文协议、IGMP（Internet Group Management Protocol）组管理协议、ARP（Address Resolution Protocol）地址转换协议、RARP（Reverse ARP）反向地址转换协议。

IP 地址，在互联网上每一个接口必须有一个唯一的 IP 地址，IP 地址长 32bit，这些 32 位的地址通常写成四个十进制的数，其中每个整数对应一个字节。这种表示方法称作“点分十进制表示法（Dotted decimal notation）”。IP 地址具有一定的结构，五类不同的互联网地址格式，如图 7-3 所示。

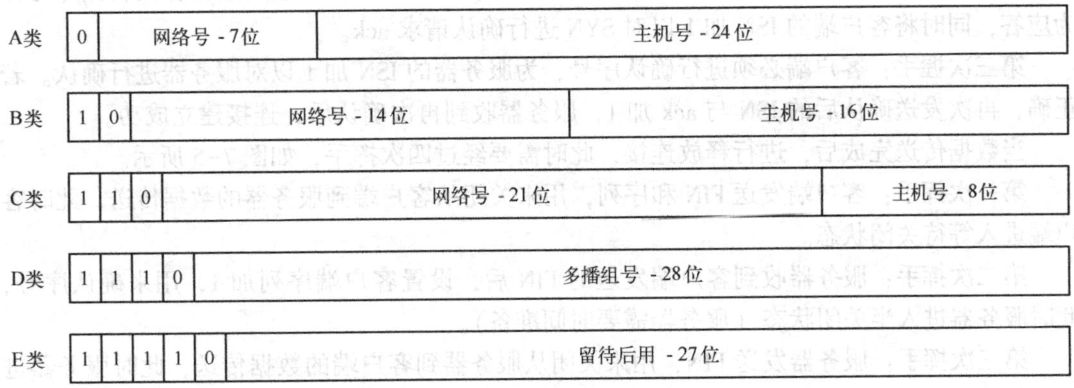

图 7-3　五类 IP 地址

IP 地址层主要负责接收由链路层发来的数据包，再将数据包发送到传输层；反之也可以把从传输层接收来的数据包传送到链路层。IP 层的数据包是最不可靠的。

3. 传输层

传输层主要为两台终端上的应用程序提供端到端的通信。在 TCP/IP 协议族中，有两个互不相同的传输协议：TCP（Transmission Control Protocol）传输控制协议和 UDP（User Datagram protocol）用户数据报协议。

1）TCP：是一种端对端的、面向连接的、可靠的、基于字节流的传输层协议。每一次 TCP 在连接建立时需要经过三次握手（three-way handshake）。

TCP 主要用来确认数据包的发送并添加序号机制，对发送的数据包进行校验，从而保证数据包在传输过程中的可靠性；同时还可以测试所接受数据包的完整性，保证数据包不出现丢失或者是次序错乱。

接下来看一下建立连接时三次握手的过程，如图 7-4 所示。

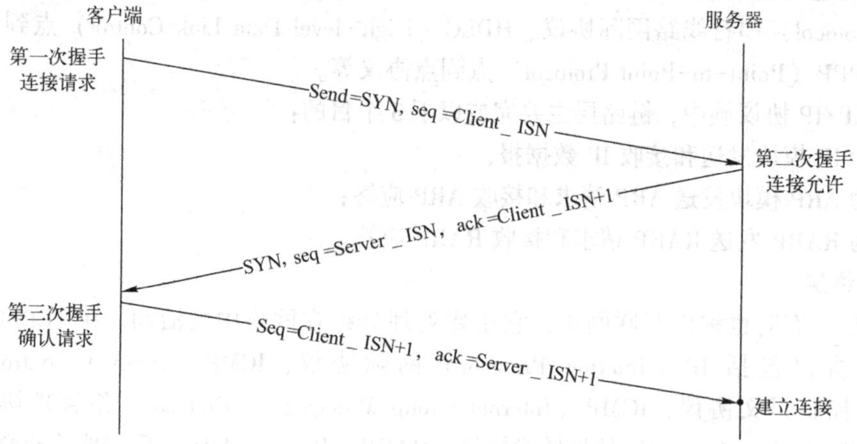

图 7-4　建立连接-三次握手

第一次握手：客户端发送一个 SYN 指明客户端打算连接的服务器的端口，以及初始序号（ISN 随时间而变化）。服务器由 SYN 得知客户端要求建立连接。

第二次握手：服务器在收到建立连接的请求后，给客户端发回包含服务器的初始序号作为应答，同时将客户端的 ISN 加 1 以对 SYN 进行确认请求 ack。

第三次握手：客户端必须进行确认序号，为服务器的 ISN 加 1 以对服务器进行确认。若正确，再次发送确认后的 ISN 与 ack 加 1，服务器收到再次确认后，连接建立成功。

当数据传送完成后，进行释放连接，此时需要经过四次挥手，如图 7-5 所示。

第一次挥手：客户端发送 FIN 和序列，用来关闭从客户端到服务器的数据传送，此时客户端进入等待关闭状态。

第二次挥手：服务器收到客户端发送的 FIN 后，设置客户端序列加 1，用来确认序号，此时服务器进入半关闭状态（服务器需要时间准备）。

第三次挥手：服务器发送 FIN，用来关闭从服务器到客户端的数据传送，此时服务器进入最后的关闭状态（未完全释放，只是关闭了应用程序）。

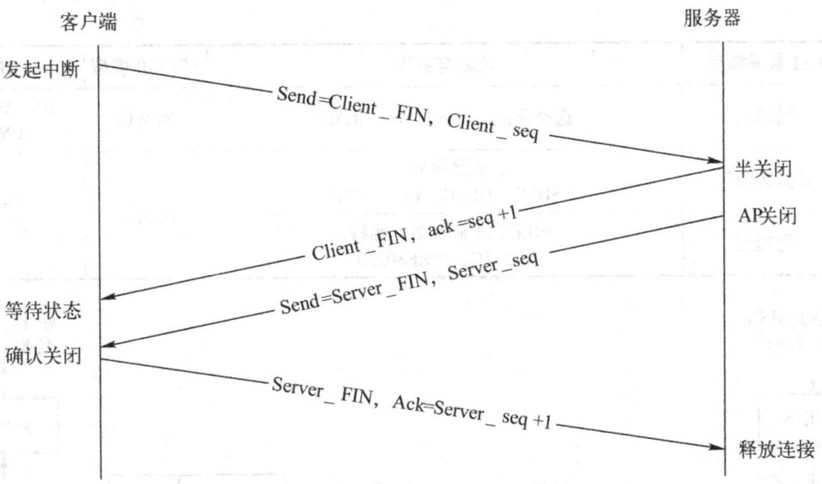

图 7-5　释放连接-四次挥手

第四次挥手：客户端收到服务器发送的 FIN 后，设置服务器序号加 1，用来确认序号，此时客户端进入等待中断时间，服务器收到确认信息后，完成 TCP 的连接释放。

2）UDP：传输方式与 IP 类似，同样都是以数据包的方式传输。与之不同的是，IP 协议是通过 IP 地址进行传输，没有端口，而 UDP 协议实现了端口。UDP 是一种一对一（一对多的）、无连接的、不可靠的、基于数据包的传输层协议。

由于它是无连接的，所以传输速度很快，如果一方数据包丢失，另一方只能无限等待。通常应用程序使用广播和多播时只能用 UDP 协议。

4. 应用层

应用层负责处理特定的应用程序细节，包括的高层协议有：HTTP（Hyper Text Transfer Protocol）超文本传输协议、Telnet（TELecommunications NETwork）虚拟终端协议、FTP（File Transfer Protocol）文件传输协议、SMTP（Simple Mail Transfer Protocol）电子邮件传输协议、DNS（Domain Name Service）域名服务等。

应用层包含了 OSI 参考模拟中应用层、表示层和会话层三层，在 TCP/IP 协议族中，该层将所有与应用层相关的功能整合在一起，通过相关的应用协议，为用户的应用程序提供通信服务。

下面通过应用程序的实例，来进一步了解 TCP/IP 协议的传输过程，如图 7-6 所示。

OSI 参考模型与 TCP/IP 模型的关系，见表 7-1。

表 7-1　OSI 参考模型与 TCP/IP 模型的关系

	OSI 参考模型	功能与协议	TCP/IP 模型	功能与协议
第七层	应用层	文件传输，服务，虚拟终端，FTP、HTTP、SMTP、DNS	应用层	HTTP、HTTPS、Telnet、FTP、SMTP、DNS
第六层	表示层	数据加密、解密，无协议		
第五层	会话层	同步数据建立连接，无协议		
第四层	传输层	主要对数据进行错误检测，TCP、UDP、SPX	传输层	TCP、UDP

（续）

	OSI 参考模型	功能与协议	TCP/IP 模型	功能与协议
第三层	网络层	选择路由，IP、ICMP、IGMP	网络层	IP、ARP、RARP、TCMP、IGMP
第二层	数据链路层	错误检测，SDLC、HDLC、PPP、STP	链路层	IEEE802.2、SLIP、HDLC、PPP
第一层	物理层	形成二进制数据，比特，RS232C、IEEE802.3		

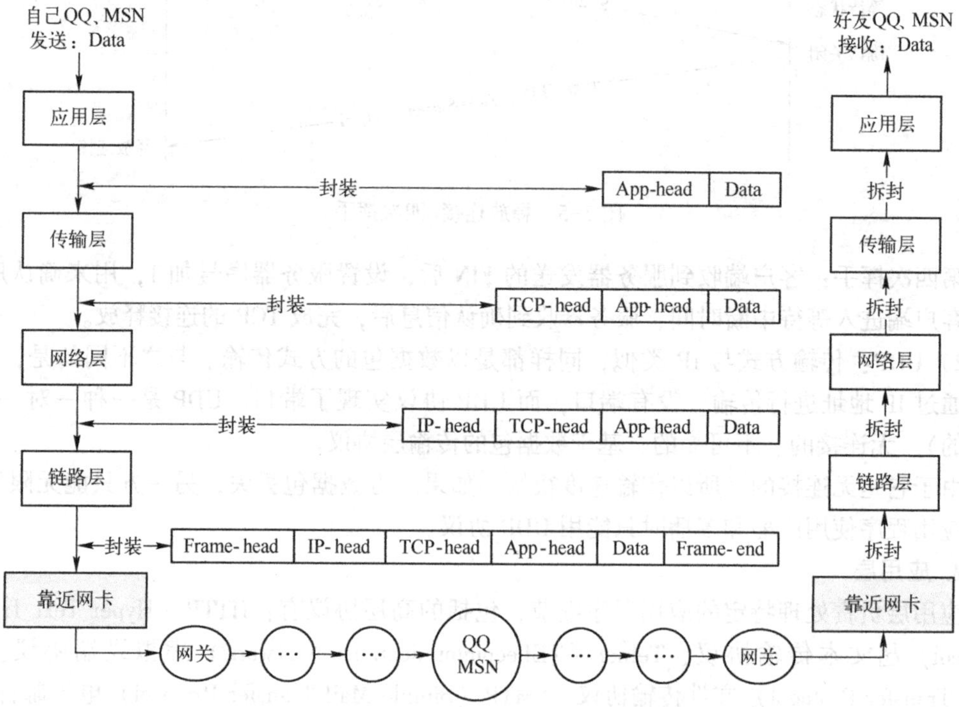

图 7-6　TCP/IP 传输过程

7.3　HTTP 协议

超文本传输协议（Hyper Text Transfer Protocol，简称 HTTP）是互联网上应用最广泛的一种网络协议，是一种属于应用层的面向对象的协议，由于其简捷、快速的方式，适用于分布式超媒体信息系统。

HTTP 的原型是在 1990 年提出，经过几年的使用和发展，在功能和性能得到了不断的完善和改进，目前在 WWW 中使用最多的是由 RFC2616 定义的 HTTP1.1 版本，HTTPng 的建议已经提出，它将成为下一代协议。

7.3.1　HTTP 协议特点

Web 系统的基础就是 HTTP 协议，它是一个基于请求与响应模式的、无状态的、应用层的协议。由于 HTTP 只定义传输的内容是什么，不定义如何传输，所以理解 HTTP，只需要理解协议的数据结构及所代表的意义即可。

HTTP 协议的主要特点有以下几点：

1. 支持客户/服务器模式

HTTP 最初的设计目标就是通过网络来支持 Client 和 Server 之间的事务处理。简单来讲就是由 HTTP 客户端发起一个请求，建立一个到服务器指定端口（默认是 80 端口）的 TCP 连接。HTTP 服务器则在那个端口监听客户端发送过来的请求。一旦收到请求，服务器将向客户端做出应答。

2. 简单快速

客户向服务器请求服务时，只需传送请求方法和路径即可。请求方法常用的有 GET、POST、HEAD、PUT、DELETE 等，而每种请求方法都规定了不同的类型进行联系，其中 GET 请求的应用最为广泛。由于 HTTP 协议简单，使得 HTTP 服务器的程序规模小，因而通信速度很快。

3. 灵活

HTTP 允许传输任意类型的数据对象（ASCII 文本、二进制流等），传输数据的具体类型在 Content-type 域中加以标记。

4. 无连接

无连接的含义是限制每次连接只处理一个请求。服务器处理完客户的请求，并收到客户的应答后立即断开连接。采用这种方式可以节省传输时间。

5. 无记忆状态

无状态是指协议对于事务处理没有记忆能力。一方面，缺少状态意味着如果后续处理需要前面的信息，则它必须重传，这样可能导致每次连接传送的数据量增大。另一方面，由于服务不需要利用先前信息，从而实现较快应答。

7.3.2 HTTP 连接方式

HTTP 是基于 TCP 的连接方式，建立连接的方式有非持久连接和持久连接，绝大多数的 Web 开发，都是构建在 HTTP 协议之上的 Web 应用。在 HTTP1.0 中使用非持久连接，HTTP1.1 默认使用了持久连接。

1. 非持久连接

非持久连接就是每次连接只处理一个请求消息和一个响应消息。具体步骤如下：

1）首先 HTTP 客户端与服务器中的 HTTP 服务器建立一个 TCP 连接。HTTP 服务器通过默认端口号 80 监听来自 HTTP 客户的连接建立请求。

2）HTTP 客户经由与 TCP 连接相关联的本地套接字发出一个 HTTP 请求消息。

3）HTTP 服务器经由与 TCP 连接相关联的本地套接字接收这个请求消息，再从服务器主机的内存或硬盘中取出对象，经由同一个套接字向客户端发出包含该对象的响应消息。

4）HTTP 服务器告知 TCP 关闭这个 TCP 连接（TCP 要等客户收到这个响应消息后，才会真正终止这个连接）。

5）HTTP 客户经由同一个套接字接收这个响应消息，TCP 连接随后终止。

6）给每一个引用的对象，重复上述 1~5 步骤。

客户端和服务器之间每完成一个 HTTP 事务，需要建立一个 TCP 连接来传输报文。也就是说，每次服务器发出一个对象后，相应的 TCP 连接就被关闭，每个连接都不能持续传输其他对象。由于 TCP 的连接具有慢启动的特性，换言之就是使用过的连接会比新建立的连接速度快一些。如果同时处理不同客户发送的请求时，对 web 服务器来说，无疑是严重增加了负担，同样也会造成网络使用效率的降低，这也是非持久连接最大的缺点。

2. 持久连接

持久连接是指每个连接可以处理多个请求和响应事务。具体操作如下：

早期的 HTTP 都是持久连接，在 HTTP1.1 版本中持久连接设置为默认行为。也就是说，除非有其他的标识，否则服务器发出响应后 TCP 会连接持续打开，后续的请求和响应都可以通过这个连接进行发送。

HTTP1.1 采用持久连接结合新连接的方式，这种方式尽可能地减少了新建连接的浪费，同时当现有连接没有办法满足需求的时候，可以建立新连接满足需求，比较灵活。

7.3.3 HTTP 报文结构

HTTP 报文有请求报文和响应报文两种，它们都有五个成员组成。

1. 请求报文

请求报文是指从客户端到服务器端发送请求，报文结构如下：

- 第一个成员：请求行（Request-Line）；
- 第二个成员：通用头（General-Header）；
- 第三个成员：请求头（Request-Header）；
- 第四个成员：实体头（Entity-Header）；
- 第五个成员：实体主体（Entity-Body）。

请求行以方法字段开始，后面分别是 URL 字段和 HTTP 协议版本字段，并必须以 CRLF 结尾（也就是回车换行），SP 是分隔符（空行）。

2. 响应报文

响应报文是指服务器端到客户端的做出应答，报文结构如下：

- 第一个成员：状态行（Status-Line）；
- 第二个成员：通用头（General-Header）；
- 第三个成员：请求头（Request-Header）；
- 第四个成员：实体头（Entity-Header）；
- 第五个成员：实体主体（Entity-Body）。

状态码由 3 位数字组成，表示请求是否被理解或被满足。原因分析是对原文的状态码作简短的描述，状态码用来支持自动操作，而原因分析用来供用户使用。客户机无须用来检查或显示语法。常见的 HTTP 状态码见表 7-2。

表 7-2 常见的 HTTP 状态码

状态码	英文名称	描　述
200	OK	请求已成功，表示正常状态，一般用户 GET 和 POST 请求
301	Moved Permanently	请求的资源已被永久的移动到新 URI，返回信息会包括新的 URI，浏览器会自动定向到新的 URI

（续）

状态码	英文名称	描述
302	Move temporarily	请求的资源临时从不同的 URI 响应请求。与状态码 301 类似。但资源只是临时被移动。客户端应继续使用原有 URI
403	Forbidden	服务器理解请求客户端的请求，但是拒绝执行此请求
404	Not Found	请求失败，服务器无法根据客户端的请求找到资源
500	Internal Server Error	服务器内部错误，导致了它无法完成对请求的处理
501	Not Implemented	服务器不支持当前请求所需要的某个功能。当服务器无法识别请求的方法，并且无法支持其对任何资源的请求
502	Bad Gateway	充当网关或者代理工作的服务器尝试执行请求时，从远端服务器接收到无效的响应

7.3.4 HTTP 请求

HTTP 请求主要由以下 3 个部分构成：方法-URL-协议/版本、请求头、请求正文。

HTTP1.1 支持 7 种请求方法：GET、POST、HEAD、PUT、DELETE、OPTIONS 和 TRACE。

- GET：请求获取 Request-URI 所标识的资源；
- POST：在 Request-URI 所标识的资源后附加新的数据；
- HEAD：请求获取由 Request-URI 所标识的资源的响应消息报头；
- PUT：请求服务器存储一个资源，并用 Request-URI 作为其标识；
- DELETE：请求服务器删除 Request-URI 所标识的资源；
- OPTIONS：请求查询服务器的性能，或者查询与资源相关的选项和需求；
- TRACE：请求服务器回送收到的请求信息，主要用于测试或诊断。

在互联网应用中，最常用的请求方法是 GET 和 POST。下面主要介绍 GET 和 POST 方法。

1. GET 请求方法，语法如下：

GET 请求就是是从服务器上获取数据，仅获取服务器资源，不对其进行修改。

```
GET / HTTP/1.1
Accept : text/html,application/xaml+xml,image/gif, */*
Accept-Encoding : gzip, deflate
Accept-Language : zh-CN
Connection : Keep-Alive
Host : www.lingting.club
User-Agent : Mozilla/4.0 (compatible; MSIE 8.0; Windows NT 6.1; WOW64; Trident/4.0; SLCC2; .NET CLR 2.0.50727; .NET CLR 3.5.30729; .NET CLR 3.0.30729; InfoPath.2; .NET4.0C; .NET4.0E)
```

第一行：GET / HTTP/1.1

其中 GET 就是请求方法；/表示请求的 URI（根目录）；HTTP1.1 是协议和具体版本。URI 完整地指定了要访问的网络资源，URL 实际上是 URI 的一种特殊类型。

第二行：Accept ：text/html，application/xaml+xml，image/gif，*/*

Accept 请求头包含许多有关客户端环境和请求正文的有用信息。应具体说明所能接受的内容类型，也就是能在客户浏览器中直接打开的格式。

第三行：Accept-Encoding ：gzip，deflate

Accept-Encoding 是指客户端支持服务器返回的 gaip 压缩数据，这样处理可有效地减少网络传输所浪费的时间。比如服务器在传输过程中，会将 HTML、JS、CSS 等类型的资源经过压缩后再传给客户端，客户端收到响应数据后解压缩后进行展示。

第四行：Accept-Language ：zh-CN

Accept- Language 是指客户端能接受和处理的语言，此处 zh-CN 显示语言为中文。这也是为什么用户访问 google. com 会自动指派到 google. cn 页面上的原因。如果使用中文的操作系统，一般这个属性值都是 zh-CN。

第五行：Connection ：Keep-Alive

该行是 HTTP1. 1 预设的功能，当完成本次请求后，它使客户端到服务器端的 TCP 连接仍属于可连接状态，当出现对服务器的后继请求时，Keep-Alive 功能避免了建立或者重新建立连接。

第六行：Host ：www. lingting. club

Host 是指请求的主机地址。

第七行：User-Agent ： Mozilla/4. 0 （compatible； MSIE 8. 0； Windows NT 6. 1； WOW64； Trident/4. 0； SLCC2； . NET CLR 2. 0. 50727； . NET CLR 3. 5. 30729； . NET CLR 3. 0. 30729； InfoPath. 2； . NET4. 0C； . NET4. 0E）

User-Agent 表示客户端的信息，对于服务器来说如果没有这个信息它就不知道客户处于什么环境来访问 WWW 服务，所以相关的日志信息记录的就是客户浏览器发送的内容。

第八行：空行

该行非常重要，是只有 CRLF 符号的行，它表示请求头已经结束。

2. POST 请求方法，语法如下：

```
POST /login HTTP/1. 1
Accept ：text/html,application/xaml+xml,image/gif,*/*
Accept-Encoding ：gzip，deflate
Accept-Language ：zh-CN
Connection ：Keep-Alive
Host ：www. lingting. club
User-Agent ：Mozilla/4. 0（compatible;MSIE 8. 0;Windows NT 6. 1;WOW64; Trident/4. 0;SLCC2;
. NET CLR 2. 0. 50727; . NET CLR 3. 5. 30729; . NET CLR 3. 0. 30729; InfoPath. 2; . NET4. 0C;
. NET4. 0E)
Content-Type：application/x-www-form-urlencoded
Content-Length：120
Cache-Control：no-cache

username=admin&password=123456
```

第一行：POST /login HTTP/1.1

与 GET 请求不同的是，POST 请求可向服务器提交较大的数据，这就涉及了数据的更新，也就是可以更改服务器的数据。POST 请求传递数据无限制，在传递过程中数据存放在 Header 头内，用户看不到这个过程，因此相对 GRT 请求，它的传输过程是安全的。

第二行到第七行的意思可参考 GET 请求，这里就不讲解了。

第八行：Content-Type：application/x-www-form-urlencoded

Content-Type 是指请求的与实体对应的 MIME 信息，属于内容头部，主要是用来向服务器指明报文主体部分内容属于何种类型，以及接收的数据类型。

第九行：Content-Length：120

Content-Length 是指请求发送内容的长度。

第十行：Cache-Control：no-cache

Cache-Control 是指定请求和响应遵循的缓存机制，在请求消息或响应消息中设置 Cache-Control 并不会修改另一个消息处理过程中的缓存处理过程。常见的取值有 Public、Private、no-cache、max-age、no-store 等，默认为 Private。

第十一行：空行

该行非常重要，它表示请求头已经结束。必须也用 CRLF 分隔。

第十二行：username=admin&password=123456

此处表示 POST 请求的正文部分。

7.3.5 HTTP 应答

HTTP 的应答与请求类似，主要由以下 3 个部分构成：协议-状态码-描述、应答头、应答正文。对应上述请求的服务器 HTTP 应答如下：

```
HTTP/1.1 200 OK
Server:Apache-tomcat/7.0.63
Content-length:528
Content-Type:text/html;charset=utf-8
Connection:keep-alive
Expires:0
Cache-control: no-cache
Content- Encoding:gzip
Date:Mon,20 May 2018 13:14:00 GMT
Vary:Accept-Encoding

<html>
<head> <table> HTTP 应答示例 </table>
</head>
<body>
正文部分,略……
</body>
</html>
```

第一行：HTTP/1. 1 200 OK

HTTP/1. 1 表示当前通信使用的协议及其版本，200 OK 是 HTTP 响应的状态码，表示服务器已经成功处理了客户端发出的请求。

第二行：Server：Apache-tomcat/7. 0. 63

显示服务器上 Web 服务的名称。

第三行：Content-length：528

Content-Length 是指应答数据的正文部分的长度为 528 字节。

第四行：Content-Type：text/html；charset=utf-8

显示此连接的内容类型为 text/html，字符集是中文。

第五行：Connection：keep-alive

参考 HTTP 请求中的 Connection 内容。

第六行：Expires：0

Expires 用来控制缓存的失效日期，缓存何时过期。

第七行：Cache-control：no-cache

参考 HTTP 请求中的 Cache-control。

第八行：Content-Encoding：gzip

Content-Encoding 是指应答数据采用的压缩格式为 gzip

第九行：Date：Mon，20 May 2018 13：14：00 GMT

显示当前服务器上的 GMT 格林尼治时间。

第十行：Vary：Accept-Encoding

Vary 是指缓存代理服务器（压缩和非压缩），现在的浏览器都支持压缩了，如果网站启用了 gzip，可以无须指定标头 Vary。

第十一行：空行

该行非常重要，应答头和正文必须也用 CRLF 分隔。

第十二行：正文部分

服务器应答的正文部分（此处略），也就是服务器返回的 HTML 页面，这里返回的内容为动态压缩内容。

7. 3. 6　HTTP 通信机制

HTTP 通信机制是指完整的一次 HTTP 通信过程（Web 为例），主要经过以下 7 个步骤：

1. 建立 TCP 连接

Web 浏览器首先要通过网络与 Web 服务器建立连接，该连接是通过 TCP 来完成的，该协议与 IP 协议共同构建 Internet。HTTP 是比 TCP 更高层次的应用层协议，根据协议规则，通常只有低层协议建立之后，才能进行更高层协议的连接。因此，首先要建立 TCP 连接，一般 TCP 连接的端口号默认是 80。

2. 发送请求

一旦建立了 TCP 连接，Web 浏览器就会向 Web 服务器发送请求命令。

3. 请求头信息

Web 浏览器发送其请求命令之后，还要以头信息的形式向 Web 服务器发送其他信息，之后浏览器发送空白行来通知服务器，它已经结束了该头信息的发送。

4. 服务器应答

客户端向服务器发出请求后，服务器向客户端回送应答，如 HTTP/1.1 200 OK。

5. 应答头信息

服务器也会跟客户端一样，随同应答向用户发送关于它自身的数据以及被请求的文档。

6. 发送应答数据

Web 服务器向 Web 浏览器发送头信息后，也会发送空白行来表示头信息发送结束，接下来，它以 Content-Type 应答头信息所描述的格式发送用户所请求的实际数据。

7. 关闭 TCP 连接

一般情况下，一旦 Web 服务器向浏览器发送了请求数据，它就要关闭 TCP 连接。

由于在 HTTP1.1 中预设了“Connection：keep-alive”功能，TCP 连接在发送后将仍然保持打开状态。于是，浏览器可以继续通过相同的连接发送请求。

7.3.7 HTTP 缓存机制

HTTP 缓存是 Web 性能优化的重要手段，使用 HTTP 缓存到底有什么好处呢？

在 HTTP1.1 中缓存的目的是为了减少发送请求，同时可以不需要发送完整响应。前者减少了网络回路的数量，HTTP 利用一个“过期（Expires）”机制来为此目的。后者减少了网络应用的带宽，HTTP 用“验证（Validation）”机制来为此目的。

1. 缓存流程

首先我们来看一下 HTTP 的缓存流程，如图 7-7 所示。

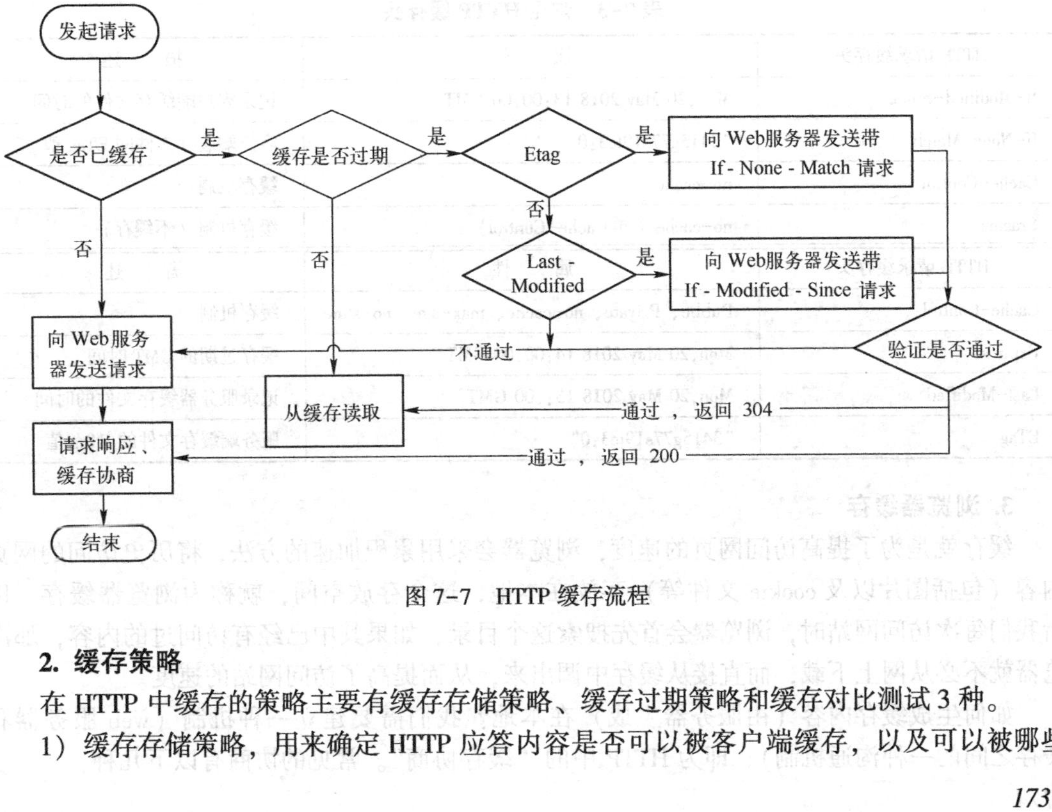

图 7-7 HTTP 缓存流程

2. 缓存策略

在 HTTP 中缓存的策略主要有缓存存储策略、缓存过期策略和缓存对比测试 3 种。

1）缓存存储策略，用来确定 HTTP 应答内容是否可以被客户端缓存，以及可以被哪些客户端缓存。这个策略的作用只有一个，用于决定 HTTP 应答内容是否可缓存到客户端。

对于 Cache-Control 头里的 Public、Private、no-cache、max-age、no-store 等。它们都是用来指明应答内容是否可以被客户端存储，其中前 4 个都会缓存文件数据。no-store 则不会在客户端缓存任何响应数据。HTTP1.1 中缓存机制默认是 Private，其中 no-cache 和 max-age 比较特殊，它们既包含缓存存储策略也包含缓存过期策略。

2）缓存过期策略，客户端用来确认存储在本地的缓存数据是否已过期，进而决定是否要发请求到服务端获取数据。这个策略的作用也只有一个，那就是决定客户端是否可直接从本地缓存数据中加载数据并展示（否则就发请求到服务端获取）。

Expires 标记告诉浏览器该页面何时过期，并且此过期前不需要再访问 web 服务器，同 max-age 的效果。Cache-Control 中指定的缓存过期策略优先级高于 Expires，当它们同时存在的时候，Expires 会被覆盖掉。

需注意的是缓存数据标记为已过期只是告诉客户端不能再直接从本地读取缓存了，需要再发一次请求到服务器去确认，并不等同于本地缓存数据从此就没用了，有些情况下即使过期了还是会被再次用到。

3）缓存对比策略，它将缓存在客户端的数据标识发往服务端，服务端通过标识来判断客户端缓存数据是否仍有效，进而决定是否要重发数据。客户端检测到数据过期或浏览器刷新后，往往会重新发起 HTTP 请求到服务器，服务器此时并不急于返回数据，而是看请求头有没有带标识（If-Modified-Since、If-None-Match）过来，如果判断标识仍然有效，则返回 304 告诉客户端取本地缓存数据使用即可。

常见 HTTP 缓存头，见表 7-3。

表 7-3　常见 HTTP 缓存头

HTTP 请求缓存头	属　性	描　述
If-Modified-Since	Mon,20 May 2018 13:00:00 GMT	记录客户端缓存文件的时间
If-None-Match	"3415g77s19tc3:0"	客户端缓存文件的 ETag 值
Cache-Control	no-cache	缓存机制
Pragma	no-cache（同 Cache-Control）	缓存机制（不缓存）
HTTP 请求缓存头	属　性	描　述
Cache-Control	Public、Private、no-cache、max-age、no-store	缓存机制
Expires	Mon,20 May 2018 14:00:00 GMT	缓存过期的 GMT 时间
Last-Modified	Mon,20 May 2018 15::00 GMT	记录服务器缓存文件的时间
ETag	"3415g77s19tc3:0"	服务端缓存文件的 ETag 值

3. 浏览器缓存

缓存就是为了提高访问网页的速度，浏览器会采用累积加速的方法，将历史访问的网页内容（包括图片以及 cookie 文件等）存放在本地，这个存放空间，就称为浏览器缓存，以后我们每次访问网站时，浏览器会首先搜索这个目录，如果其中已经有访问过的内容，那浏览器就不必从网上下载，而直接从缓存中调出来，从而提高了访问网站的速度。

如何生成缓存内容（由服务器生成）在本地？我们需要建立一种机制（web 服务器和缓存之间的一种沟通机制），即为 HTTP 中的“缓存协商”。常见的协商有以下几种：

(1) Last-Modified 和 If-Modified-Since 协商

Last-Modified 和 If-Modified-Since 分别位于响应头信息的请求头信息中，都是记录请求的页面最后的修改时间。在客户端第一次访问 Web 服务器会返回 200 状态，并在浏览器的响应头 Last-Modified 中，记录此页面最后访问的时间，当再次访问时，浏览器会把第一次返回 last-Modified 的时间记录到 If-Modified_since，并作为请求头信息发送到服务器，此时 web 服务器会通过 If-Modified-since 上的时间，来判断用户的页面是否是最新的。如果不是最新，则返回新的页面并修改响应头 Last-Modified 时间给用户；如果判断是最新，则返回 304 状态并告诉浏览器本地的 cache 页面是最新的，浏览器可以直接加载本地页面，这样可以减少网络上传输的数据，并且也减少服务器的负担。

(2) ETag 协商

如果把一个文件放在多台 web 服务器上，用户的请求在这些服务器上之间轮询，实现负载均衡，那么这个文件在各台 web 服务器的最后修改时间很可能是不一样，这样用户每次请求到的 web 服务器都可能不同，Last-Modified 和 If-Modified-since 则无法对应，导致每次都需要重新获取内容，这时候采用直接标记内容的 ETag（HASH）算法，就可以避免出现上述的问题。

(3) Expires 缓存过期前不会再发送请求

Expires 标记告诉浏览器该页面何时过期，并且此过期前不需要再访问 web 服务器，直接使用本地的缓存文件即可，这样请求响应头都不需要了，确实节省了带宽和服务器的开销，但是即便页面在 web 服务器上更新后，在 Expires 过期前也不会出现在用户面前。

Expires 表示存在时间，允许客户端在这个时间之前不去检查（发请求），等同 max-age 的效果。但是如果同时存在，则被 Cache-Control 的 max-age 覆盖。

(4) Last-Modified、ETag、Expires 混合

通常 Last-Modified、ETag、Expires 是混合使用的，特别是 Last-Modified 和 Expires 经常一起使用，因为 Expire 可以让浏览器完全不发起 HTTP 请求，而当浏览器强制刷新的时候又有 Last-Modified，这样就很好地达到了浏览器段缓存的效果。

Etag 和 Expires 一起使用时，先判断 Expires，如果已经过期，再发起 HTTP 请求，如果 Etag 也过期，则返回 200 响应。如果 ETag 没有过期则返回 304 响应。

Last-Modified、ETag、Expires 三个同时使用时。先判断 Expires，然后发送 HTTP 请求，服务器先判断 Last-Modified，再判断 ETag 必须都没有过期，才能返回 304 响应。

7.4 HTTPS 协议

由于 HTTP 本身不具备加密的功能，即 HTTP 报文使用明文方式发送；又由于 HTTP 本身对通信方的身份也没有进行验证，这样会导致即便加密了，信息仍然可能会在传输中被窃听。为了弥补 HTTP 的这些缺点，在 1994 年，创建了安全超文本传输协议（Hyper Text Transfer Protocol over Secure Socket Layer，简称 HTTPS），它是由 Netscape 开发并内置于其浏览器中，用于对数据进行加密和解密操作，简单讲就是 HTTP 的安全版。

它是通过 HTTP 和 SSL（Secure Socket Layer，安全套接层）或 TLS（Transport Layer Security，安全传输层）的组合使用，对 HTTP 通信内容进行加密。它的主要作用可以分为两

方面，一方面是建立一个信息安全通道，利用加密和验证身份来保证数据传输的安全；另一方面就是确认网站的真实性，可以通过CA机构颁发的安全签章来查询网站认证之后的真实信息。HTTPS默认端口为443。

7.4.1 HTTPS的特点

在目前的技术背景下，HTTPS是现行架构下最安全的解决方案。它主要体现在可以对客户端和服务器进行认证，确保数据发送到正确的客户机和服务器；同时通过SSL协议进行加密传输，确保数据在传输过程中不被窃听、篡改，确保数据的完整性。

HTTPS在安全方面表现较为突出，它在技术与成本方面表现不是很好。技术方面体现在相同网络环境下，HTTPS协议会使页面的加载时间延长近50%；此外还会影响缓存。成本方面体现在，由于SSL证书需要购买，还需要绑定固定IP，所以增加了一定的费用；同时HTTPS连接服务器资源占用比较高，这样又增加企业对服务器配置的费用。

7.4.2 工作原理

1）客户端发送报文开始SSL通信，报文包含SSL的指定版本、加密算法列表和一个用作产生密钥的随机数发送给服务器。

2）服务器进行SSL通信时，首先从客户端发送的算法列表中选择一种加密算法，并和一份包含服务器公用密钥的证书，发送给客户端。

3）服务器给客户端在发送一个服务器用作产生密钥的随机数。

4）服务器和客户端建立SSL握手协商。

5）客户端对服务器的证书进行验证，再产生一种被称作pre_master_secret的随机密码串，并抽取服务器的公用密钥进行加密，再将加密后的报文发送给服务器。

6）客户端与服务器根据pre_master_secret以及客户端与服务器的随机数值，独立计算出加密和MAC密钥。

7）客户端将所有报文消息的MAC（Message Authentication Code）发送给服务器。

8）服务器将所有报文消息的MAC发送给客户端。

9）服务器和客户端的报文交换完毕后，SSL连接才算建立完成。

10）开始进行应用协议的通信，客户端发送HTTP请求，服务器返回HTTP响应。

11）最后，由客户端断开连接。

7.4.3 SSL协议

SSL（Secure Sockets Layer）安全套接层是Netscape公司提出的基于WEB应用的安全协议。主要用来保障在Internet上数据传输之安全，利用数据加密（Encryption）技术，确保数据在网络传输过程中不会被截取及窃听。一般通用规格为40 bit安全标准，美国则已推出128 bit更高的安全标准，但限制出境。只要3.0版本以上之IE或Netscape浏览器即可支持SSL。

SSL协议位于TCP/IP协议与各种应用层协议（如HTTP、Telenet、FTP等）之间，主要是提供数据安全性分层的机制。

SSL协议可分为两层：一层是SSL记录协议（SSL Record Protocol），它是建立在可靠的传输协议（如 TCP）之上，为高层协议提供数据封装、压缩、加密等基本功能的支持。另一层是 SSL 握手协议（SSL Handshake Protocol），它建立在 SSL 记录协议之上，用于在实际的数据传输开始前，通信双方进行身份认证、协商加密算法、交换加密密钥等。

（1）SSL 记录协议

SSL 记录协议是通过将数据流分割成一系列的片段，并加以传输，其中的每个片段都单独进行保护和传输。

在传输数据片段之前，需要计算数据的 MAC 以保证数据的完整性，再将数据片段和 MAC 一起被加密并与头信息组成记录（实际传输的内容）。

SSL 记录协议为每一个 SSL 连接提供以下两种服务。

- 机密性：SSL 记录协议会协助双方产生一把共享密钥，利用这把密钥来对 SSL 所传送的数据做传统式加密。
- 完整性：SSL 记录协议会协助双方产生另一把共享 MAC 密钥，利用这把密钥来计算出消息的鉴别码。

（2）SSL 握手协议

SSL 握手协议是指在 SSL 协议中，首先客户端和服务器通过握手过程来获得密钥，随后在记录协议中，使用该密钥来加密客户端和服务器间的通信信息。

握手过程首先采用非对称加密的方法来交换信息，使得服务器获得客户端提供的对称加密的密钥（pre_master_secret），然后服务器和客户端通过密钥产生会话密钥。

SSL 握手协议为每一个 SSL 连接提供以下两种服务。

- 安全性：SSL 握手协议通过证书对客户端和服务器进行认证。
- 正确性：SSL 握手协议再通过交换密钥来确保数据发送到正确的客户端和服务器。

7.4.4 TLS 协议

TLS（Transport Layer Security）安全传输层是 IETF（The Internet Engineering Task Force，国际互联网工程任务组）在 1999 年把 SSL 标准化后，将 SSL 名称改为 TLS。该协议继承了 SSL 协议的功能，主要用于两个通信应用程序之间提供保密性和数据完整性。该协议也是由两层组成，分别是 TLS 记录协议（TLS Record）和 TLS 握手协议（TLS Handshake）。较低的层为 TLS 记录协议，位于某个可靠的传输协议（如 TCP）上面，与具体的应用无关。所以，通常把 TLS 协议归为传输层安全协议。

TLS 的最大优势是独立于应用协议。高层协议可以明确地分布在 TLS 协议上面。然而，TLS 标准并没有规定应用程序如何在 TLS 上增加安全性；它把如何启动 TLS 握手协议以及如何解释交换的认证证书的决定权留给协议的设计者和实施者来判断。

TLS 包含三个基本阶段：

1）对等协商支援的密钥算法。

2）基于私钥加密交换公钥、基于 PKI 证书的身份认证。

3）基于公钥加密的数据传输保密。

第 8 章　Web 项目测试

本章主要介绍 Web 项目的测试方法。

学习目标：

- 熟悉 Web 的特点
- 熟悉 Web 工作原理
- 熟悉 Web 页面加载过程
- 掌握 Web 测试技术

8.1　Web 基础

Web 即全球广域网，也称为万维网（World Wide Web），它是建立在 Internet 上的一种网络服务，也是在 Internet 中应用最广泛的一种网络服务。主要通过浏览器（Browser）进行访问，利用超文本传输协议 HTTP（Hyper Text Transfer Protocol）传输超文本（Hypertext）和超媒体（Hypermedia）信息。

8.1.1　Web 的发展

在互联网历史中最伟大的时刻就是 Web 的诞生，Web 早期发展，主要是以静态、单向阅读为主，其意图就是为终端用户提供信息（文字和图片），如新浪、搜狐、网易等。也就是说用户可以直接从网站获取信息。这个阶段可称为 Web1.0 阶段。

随着互联网技术的发展，在 2005 年，Google 使用 AJAX 技术打造了 Google 地图之后，AJAX 获得了巨大的关注。AJAX 技术的诞生标识着 Web2.0 时代的到来。此时 Web 前端网页不仅仅是单纯的显示文字和图片，还包含了音频、视频、Flash 等。

Web2.0 是相对 Web1.0 的新的一类互联网应用的统称。在 Web1.0 中，网站内容都是由商业公司为主体把内容放在网上，供用户浏览。而 Web2.0 则是以用户为主，网站的信息大都来源于用户发布，用户与网站形式变得多样化、个性化，用户不仅是内容的浏览者，也是内容的制造者。

伴随着 Web2.0 的诞生，互联网进入了一个更加开放、交互性更强、由用户决定内容并参与共同建设的可读写网络阶段。比如，用户可以通过博客把内容发布到网上供其他用户查看、评论甚至转发，达到信息传递的目的。

随着 Web 技术不断发展，互联网也迎来了 Web3.0 的时代，它是 Web2.0 的进一步发展和延伸（如大数据、云计算、人工智能等）。

8.1.2 Web的特点

1. 图形化

Web可以在一页上同时显示色彩丰富的图形和文本，并非常易于导航。Web可以提供将图形、音频、视频信息集合于一体的特性，只需要从一个链接跳到另一个链接，就可以在各站点之间进行浏览了。

2. 与平台无关

Web对系统平台（Windows、UNIX、Macintosh等）没有任何限制，无论用户的系统平台是什么，都可以通过Internet访问。

3. 分布式的

Web页面中大量显示的图形、音频和视频信息可以放在不同的站点上，只需要在浏览器中指明站点就可以了。它使物理上并不一定在一个地点的信息在Web页面上一体化，用户来看这些信息是一体的。

4. 动态的

由于Web站点的信息包含站点本身的信息，信息的提供者可以经常对站上的信息进行更新，以保证信息的时效性，所以Web站点上的信息是动态更新的。

5. 交互的

Web的交互性表现在它的超链接上，用户可以向服务器提交请求，也可以通过FORM的形式可以从服务器方获得动态的信息，服务器可以根据用户的请求返回相应信息。

8.1.3 Web工作原理

Web系统主要由浏览器（Browser）和服务器（Server）构成。其工作原理就是用户使用统一资源定位符URL（Uniform Resource Locator）通过浏览器向服务器发送请求，服务器收到请求后进行处理，然后以HTML（HyperText Markup Language，超文本标记语言）页面形式反馈给浏览器，如图8-1所示。

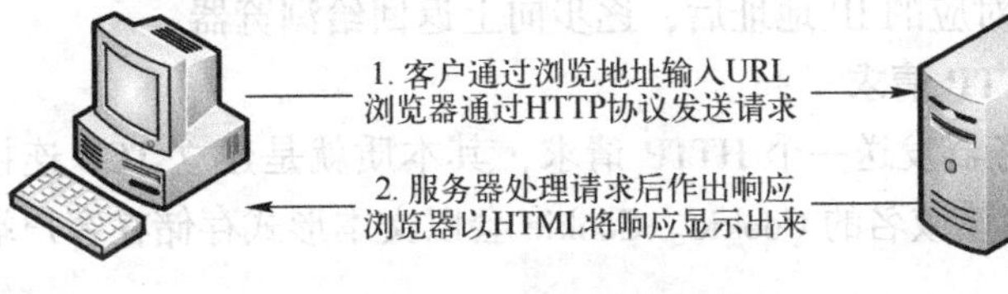

1. 客户通过浏览地址输入URL
浏览器通过HTTP协议发送请求
2. 服务器处理请求后作出响应
浏览器以HTML将响应显示出来

图8-1 Web工作原理

URL统一资源定位由5个部分组成，具体内容如下：

```
http://192.168.1.59:8080/lingting/login? name=yoyo&passwd=12345
 ①        ②           ③        ④             ⑤
```

1. 协议类型

Web中通常使用HTTP提交请求，常用的协议类型（HTTP/HTTPS/FTP/SMTP/POP3）。

2. 主机名

主机名主要是IP地址或域名，192.168.1.59表示请求服务器的IP地址（DNS解析将

IP 地址与域名一对一等价互换）。

3. 端口号

8080 表示服务器对外开放的端口号，常用的端口的范围从 0~65535，端口管理由 TCP 协议完成，而不是 HTTP 协议。操作系统所占用的端口从 0~1024 共 1025 个。

4. 路径

/lingting/login 表示页面文件在服务器上的具体路径和文件名。

5. 附加

name=yoyo&passwd=12345 表示 URL 地址参数。

8.1.4 Web 页面加载过程

Web 页面加载的过程简单地讲就是用户从浏览器输入域名开始，到 Web 页面加载完成。整个工作过程如下：

1. 在浏览器输入域名

首先用户在浏览器输入需要访问的域名，比如在浏览器输入 www. baidu. com。

2. 查找域名的 IP 地址

当用户输入域名并按〈Enter〉键后，需要把域名转换为对应的 IP 地址，这个过程被称为 DNS 解析。DNS 解析的过程如下：

1）浏览器首先搜索浏览器自身缓存的 DNS 记录；

2）如果浏览器缓存中没有找到需要的记录，此时浏览器会从系统缓存中查找；

3）如果系统缓存中也没有找到记录，则通过发送请求到路由器缓存查找；

4）如果路由器缓存中也没有找到记录，则通过 ISP 缓存 DNS 的服务器继续查找；

5）如果域名解析服务器也没有域名记录，则开始 DNS 递归查找；

6）最后获取域名对应的 IP 地址后，逐步向上返回给浏览器。

3. 浏览器发送 HTTP 请求

浏览器向 Web 服务器发送一个 HTTP 请求，其本质就是建立 TCP 连接。此时，在请求中通常包含浏览器存储该域名的 Cookie。Cookie 会以文本形式存储在客户端，每次请求时发送给服务器。

4. 网站服务的永久重定向响应

当用户在输入域名时没有带 www，比如在浏览器输入 baidu. com。

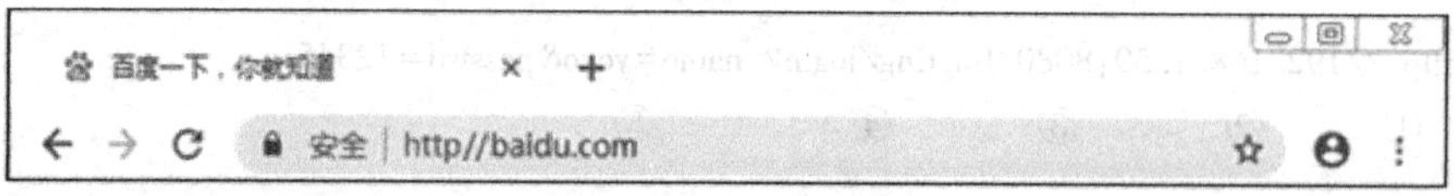

此时服务器给浏览器响应一个 301 永久重定向响应，意思是把访问带 www 的和不带 www 的地址归到同一网站下，即访问的就是 http://www. baidu. com。

5. 浏览器跟踪重定向响应

当浏览器得知需要访问的正确地址是“http://www. baidu. com”时，会重新发送一个带

www. baidu. com 的请求。

6. 服务器处理请求

服务器接收到获取请求后，进行处理并返回一个响应。在请求处理时，首先读取请求以及请求的参数和客户端的 Cookie，也可能更新一些数据，并将数据存储在服务器上；然后将生成一个 HTML 响应。

7. 服务器发回 HTML 响应

服务器发回的内容以编码头的形式告知浏览器已经将整个响应体进行了压缩（通常以 gzip 算法），并将响应报头中的 Content-type 设置为“text/html”，浏览器会根据报头信息决定如何解释该响应，同时也会考虑其他因素。

8. 浏览器 HTML 响应

最终浏览器根据报头信息将响应内容以 HTML 形式呈现给用户。

9. 浏览器获取嵌入在 HTML 中的对象

浏览器开始解析 HTML 代码，首先发现 head 标签，如果标签引用外部 CSS 文件，浏览器发送 CSS 文件请求，服务器返回这个 CSS 文件；接下来继续解析 HTML 中 body 的部分代码，开始进行页面的渲染，在渲染中会引用一些图片，同样向服务器发出请求图片；最后 HMTL 页面为了增加动态功能和交互行为，引用 JavaScript 来执行脚本代码。需要注意的是有些文件可能不需要与服务器通信，而是从缓存中直接读取。

10. 浏览器发送异步 AJAX 请求

AJAX 异步请求就是浏览器把请求交给代理对象——XMLHttpRequest（绝大多数浏览器都内置这个对象），由代理对象向服务器发送请求，接收、解析服务器响应的数据，并把数据更新到浏览器指定的控件上，从而实现页面数据的局部刷新。简单理解，异步请求就是使浏览器不需要等待服务器处理请求，也不用重新加载整个页面来展示服务器响应的数据。

8.2 Web 测试技术

目前大部分业务系统都采用 Web 结构，由于 Web 应用与用户直接相关，因此 Web 项目必须要经过全面的测试。测试方向主要针对功能、性能、安全性、兼容性以及接口等。

Web 项目的研发流程，如图 8-2 所示。

8.2.1 Web 功能测试

不管是什么系统，用户关注的是系统能通过功能需求来满足用户的业务需求。所以在一个 Web 系统中，保证基本功能的正确性是整个测试活动中最重要的环节。通常情况下，Web 系统的功能可以从以下几个方面考虑。

1. 链接测试

页面链接是 Web 系统的一个很重要的特征，一般可以下几点关注：

1）检查每一个链接是否都按照需求链接到了指定的页面。

2）检查所链接的页面是否真实，内容是否正确。

3）检查系统中是否有单独存在的页面，即没有链接指向。

4）检查链接的层次，一般不超过 3 层。

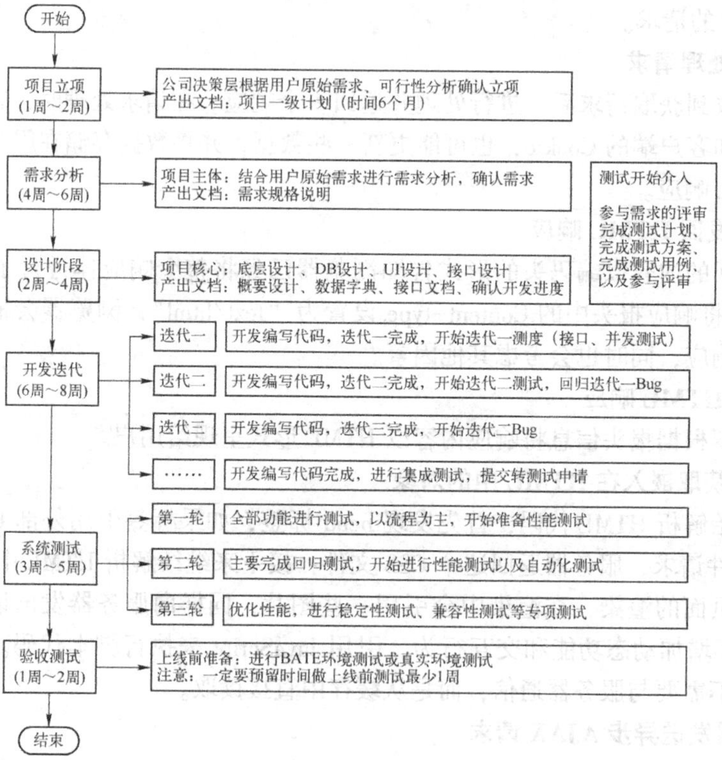

图 8-2　Web 项目研发流程

2. 表单测试

表单就是用户在 Web 系统上向服务器提交信息，也可以理解为单个功能点的测试。比如注册、登录、信息变更等，一般可以从以下几点关注：

1）检查输入框的长度。输入超出需求所描述的长度限制，看系统是否检查长度，会不会出错，有没有相应的出错提示。通常这类错误可能造成数据溢出。

2）检查输入框的类型。输入不按照指定类型的内容输入，看系统是否检查其类型，会不会报错，有没有相应的出错提示。通常这类错误可能造成数据异常。

3）检查输入特殊字符。输入一些特殊字符，如斜杠、空格等。看系统处理是否正确。通常这类错误可能造成程序异常或写库错误。

4）检查输入中文字符。在允许输入中文的系统中输入中文，看会否出现乱码或报错。

5）检查按钮的功能。如注册、登录、提交、确定、保存等。这里需要注意，如果多次单击按钮会出现什么问题。

6）检查重复提交表单。当成功提交表单后，返回提交页面再次提交，看系统是否做了处理。

7）检查下拉列表。检查下拉列表的信息是否正确，是否有重复，是否可以多选以及下拉框是否有联动，联动的信息是否正确等。

8）检查快捷键的功能。比如 Tab 键、Enert 键等。

9）检查必填项。对必填项是否有提示信息，比如在必填项前加“＊”。如果没有填写时系统是否都做了提示处理。

表单测试时，涉及的因素很多，在测试时需仔细认真，从用户的需求出发，尽可能地模拟用户操作来降低系统发布后出错的可能性。

3. 图形测试

图形是 Web 系统显示信息中最为常见的一种手段，图形测试也可以理解为 UI 测试。如图片、动画、颜色、背景、字体、按钮等。通常可以从以下几点关注：

1）检查图形的标准规范。Web 界面中的图形要符合软件现行的标准和规范。

2）检查用户视觉角度。用户的界面是否干净，布局是否合理，是否有多余的功能。

3）检查图形的风格。主要检查按钮、菜单选项以及术语等，设计是否一致。

4）检查图形的灵活性。主要检查图片、按钮等设计是否适应窗口大小的变化。

4. 整体界面

Web 系统主要的使用者是用户，因为大多数用户都是目的驱动，所以针对 Web 系统的整体界面要考虑对用户的指引导航以及帮助信息，还需要考虑用户浏览时的舒适度以及整体的风格。通常测试整体界面时，最后由最终的用户参与。

8.2.2 Web 性能测试

Web 系统的性能测试涉及的面很广，种类也很多，如并发测试、压力测试、负载测试、稳定性测试、配置测试、网络测试以及大数据量测试等。

Web 系统的性能测试，针对服务器而言主要关注处理事务的响应时间、系统的吞吐量、系统的点击率、系统的访问量以及服务器资源等。

相对于 C/S 架构的应用系统，在 Web 应用系统中，用户的所有数据都需要从服务器端下载。相对用户而言，主要是指用户在打开 Web 应用系统时，页面的加载时间需要多久，这是用户关注的，也就是前端页面的加载。减少前端页面加载时间的方法主要是提升浏览器的缓存和减少请求数量和请求大小等。

1. 单业务的性能测试

单业务通常指 Web 系统的核心业务和用户使用频繁的业务，这是 Web 系统性能测试的重点，针对单业务需要进行：

1）单业务的并发测试，主要来获取用户的响应时间，检查程序或数据库的问题。

2）单业务的压力测试，主要来获取最大并发数，找系统中的性能瓶颈在哪里。

3）单业务的负载测试，主要来获取 TPS 指标，检查服务器的处理能力。

2. 组合业务的性能测试

在 Web 系统中组合业务是最接近用户实际使用情况的测试，也是性能测试的核心。针对组合业务需要进行：

1）组合业务的并发测试，主要用来检查程序对多业务交互时的性能问题和数据库锁的处理方式。

2）组合业务的负载测试，主要来获取最佳负载数，检查服务器的处理能力。

3）组合业务的压力测试，主要来获取服务器的最大负载数，检查服务器的稳定性，此时服务器的处理能力已经不重要了。

3. 大数据量的性能测试

大数据量主要是针对一些数据储存、传输、统计、查询等业务进行大数据量的性能测试。大数据量的来源主要有两种，一种是运行时引入的大数据量，另一种则是历史数据引起的大数据量，比如大数据量的查询测试，需要在数据库表中存有上百万甚至上千万的数据，此时主要通过获取查询的响应时间来检查数据库中对索引的使用是否合理。

4. 第三方接口的性能测试

这里主要说一下 Web 端中第三方接口的性能测试，常见的 Web 端中的第三方接口，比如登录时无须注册，可以通过 QQ、微信、微博等账号直接登录；还有就是在 Web 系统中涉及的支付和实名认证等。针对第三方接口需要进行：

1）接口的并发测试，主要检测第三方接口支持的最大并发数。

2）接口的负载测试，主要检测第三方接口支持的最大负载数。

5. Web 前端性能

Web 前端性能主要就是减少 HTTP 请求和资源的数量，合理设置浏览器缓存机制；对传输资源进行压缩，以便节省网络带宽资源；同时尽量减少 Cookies 的传输。

因为 HTTP 协议是无状态的应用层协议，每次请求都需要建立通信进行数据传输，在服务器端会对每个 HTTP 请求启动独立的线程来处理，并且每次发送请求都会进行 DNS 解析，所以减少请求的数目可以有效提高访问性能。

减少 HTTP 请求的手段就是一次将需要访问的 CSS、JavaScript 以及图片合并成一个文件，此时浏览器只需要请求一次即可；同时合理设置浏览器缓存，也可以减少 HTTP 请求。如果传输过程中资源文件太多，需要采取压缩的方式传递数据。

下面介绍一下前端性能优化时，如何恰当地使用 Cookie 和 Session。

（1）Cookie

Cookie 是由 Web 服务器保存在客户端浏览器上的一个小文本文件，它包含用户的一些相关信息。通常 Cookie 用来判断用户是否访问过网站，是否为合法用户以及记录用户访问过的一些数据信息，以便在下一次访问时直接获取。Cookie 的保存机制有两种：一种是保存到硬盘中，此时会指定一个生命周期，超过生命周期 Cookie 会被清除；还有一种是保存到内存中，通常关闭浏览器 Cookie 自动清除。

通常一个浏览器能创建的 Cookie 数量最多为 300 个，并且每个不能超过 4KB，每个 Web 站点能设置的 Cookie 总数不能超过 20 个。

（2）Session

Session 可以理解为会话，通常存储在服务器端。当用户访问 Web 系统时，服务器将在服务端为该用户生成一个 Session，并将相关数据记录在内存中；同时服务端生成一个 Session ID（用来唯一标识该 Session，默认保存时间为 30 min），并通过响应发送到浏览器，浏览器将 Session 保存到 Cookie 中。

（3）Cookie 与 Session 的区别

Cookie 存储在客户端，而 Session 是存储在服务器端。相对于 Session 而言 Cookie 的安全性不高，很容易被窃取或篡改，所以考虑到安全性时应该使用 Session，通常涉及个人隐私的信息存放在 Session 中。但是 Session 会在服务器端保存一段时间，当访问过多时会影响服务器的性能，考虑到减轻服务器性能时，应该使用 Cookie。

所以在测试 Web 前端时，需要关注 Session 和 Cookie 的使用。特别在优化 Web 前端性能测试时，需要关注 Session 和 Cookie 对性能的影响。

8.2.3 Web 安全测试

随着互联网的发展，基于 Web 环境的互联网应用越来越广泛。目前很多业务都依赖于互联网，比如网上银行、网络购物、网络游戏等，很多恶意攻击者出于不良的目的对 Web 服务器进行攻击，想方设法通过各种手段获取他人的个人信息谋取利益。对 Web 服务器的攻击也可以说是形形色色、种类繁多，常见的有 SQL 注入、跨站脚本攻击、跨站请求伪造、缓存区溢出等。

1. SQL 注入

在 Web 安全测试中，SQL 注入是最为常见的一种手段。主要是指攻击者巧妙的构建非法的 SQL 查询命令，插入表单或请求的字符串中后提交，根据返回的结果来获得想要的数据，这就是所谓的 SQL Injection，即 SQL 注入。

SQL 注入的方法一般有猜测法和屏蔽法。猜测法主要是通过猜测数据库可能存在的表名和列名，根据组合的 SQL 语句获取数据表的信息。屏蔽法主要是利用 SQL 输入的不严谨进行逻辑验证，从而使得 SQL 验证结果始终为真，从而绕开验证的目的。

（1）猜测法

在 Web 安全测试中，经常会对如下 URL 请求进行猜测。

①	http://www.test.com? userid=59

如上述 URL 请求可在 URL 地址中嵌入如下②或③，这是经典的测试法。

②	http://www.test.com? userid=59;and 1=1
③	http://www.test.com? userid=59;and 1=2

如果②显示结果和①基本相同，③显示内容为空或提示找不到记录，则表示可以注入。接下来可以在地址中嵌入④如下 SQL 攻击语句，看是否可以列出所有的数据信息。

④	http://www.test.com? userid=59'or'1'='1

注意写法：应将 userid=59→写成 userid=59'or'1'='1，这样单引号刚好闭合。

如果需要猜测对应的表名，还可以写成⑤如下：

⑤	http://www.test.com? userid=59 and (select count(*) from user)>=0

如果不存在该表，则可能会报错，说明 user 表无效，并告知是哪种数据库类型，然后在根据不同的数据库类型，使用对应的系统表名进行查询攻击。

如果表名猜出来以后还可以继续猜字段名，如下：

⑥	http://www.test.com? userid=59 and (select count(name) from user)>=0

如果表名和字段猜对后，还可以使用 ASCII 逐字解码法，来猜测字段的长度。如下：

⑦	http://www.test.com? userid=59 and (select len(name) from user limit 1)>0

注意的是英文和数字的ASCII码在1~128之间，通常采用折半法加速猜测。

(2) 屏蔽法

在Web安全测试中，经常会利用SQL语句运算符AND和OR的运算规则（AND运算规则高于OR）来进行攻击，以便绕过验证。比如管理员的账号密码都是admin，通常登录SQL的验证语句如下：

```
select * from user where username='admin' and passwd='admin';
```

接下来在语句中使用'or'1'='1来做用户名密码的话，那么查询就变成如下：

```
select * from user where username="or'1'='1' and passwd="or'1'='1';
```

这里一共有4个查询语句，即“假OR真AND假OR真”，由于AND的运算规则高于OR，所以先执行AND，再执行OR，结果为“假OR假OR真”，整个SQL语句最终结果为真，这样可以成功绕过验证直接登录系统。

上述的2种方法是SQL注入最基础的、最简单的，在实际工作中还需要更深入的学习。在测试过程中需要注意命名的规则，还有就是对关键词的屏蔽等。

2. 跨站脚本攻击

跨站脚本攻击（Cross-Site Scripting，简称XSS），是一种迫使Web站点回显可执行代码的攻击技术，而这些可执行代码由攻击者提供，最终被用户浏览器加载。通俗的说法就是攻击者往Web页面里插入恶意Script代码，当用户浏览该页之时，嵌入其中Web里面的Script代码会被执行，从而达到恶意攻击用户的目的。

XSS最为常见的攻击方法分为两种，分别为反射型XSS和存储型XSS。

反射型XSS又称为非持久型跨站点脚本攻击，它是最常见的跨站脚本攻击XSS。漏洞产生的方式需要欺骗用户，让用户自己去点击链接才能触发攻击者注入在数据响应中的XSS代码（服务器中没有这样的页面和内容）。

存储型XSS又称为持久型跨站点脚本攻击，也是最直接的危害类型，它的代码是存储在服务器中的，当用户打开一个页面时，触发XSS代码自动执行。这种XSS比较危险，容易产生蠕虫，盗窃用户Cookie等危害。

造成这种安全问题的原因主要是在编程过程中对一些敏感的符号未进行处理，如“/、“.”、“’”、“‘”、“<”、“>”、“?”等，除了特殊字符外，还有对数据库字段、数据库类型以及长度的限制等未进行处理。

3. 跨站请求伪造

跨站请求伪造CSRF（Cross-site request forgery），是一种对网站的恶意利用。它通过伪装来自受信任用户的请求来利用受信任的网站。与XSS攻击相比，CSRF攻击往往不太流行和难以防范，所以被认为比XSS更具危险性。简单判断存在CSRF漏洞的方法就是通过抓取正常请求的数据包，然后通过去掉Referer字段后再重新提交，如果该提交还有效说明存在CSRF漏洞。

防止CSRF的最常见的方法就是在AJAX异步请求地址中添加Token并进行验证。

4. 缓存区溢出

缓冲区溢出是一种非常普遍存在的漏洞，在各种操作系统、应用软件中其广泛存在。利用缓冲区溢出攻击，可以导致程序运行失败、系统关机、重新启动，或者执行攻击者的指令，比如非法提升权限等。在缓冲区溢出中，最为危险的就是堆栈溢出，它可以利用堆栈溢出，在函数返回时将程序的地址修改为攻击者想要的任意地址，达到攻击者的目的。其最典型的例子是 1988 年利用 fingerd 漏洞进行攻击的蠕虫。

造成缓冲区溢出的主要原因是对输入、输出的数据没有限制大小、长度以及格式等，还有就是对用户的特殊操作没有做异常处理导致。所以在测试过程中需要注意输入输出的大小长度以及格式规范限制，还有需要多模拟一些异常，关注异常的处理情况。

对 Web 应用软件来说，安全性包含 Web 服务器、数据库、操作系统以及网络的安全等，只要其中任何一个部分出现安全漏洞，都会导致整个系统的安全性问题。Web 安全测试是比较难解决的问题，这个取决于测试要达到什么程度。简单说软件不可能做到 100%的测试，所以也不要期望可以达到 100%的安全。

在实际测试过程中，测试人员主要是针对用户的权限以及数据库的安全性进行测试，还可以借助 IBM 的安全漏洞扫描工具 APPScan 来进行漏洞扫描。

8.2.4 Web 兼容测试

Web 系统的兼容性测试其目的就是保证软件质量，提高用户体验。通常体现在客户端的兼容性，主要是针对不同的浏览器、操作系统以及分辨率进行的测试。

1. 浏览器兼容性

针对 Web 系统，目前主流浏览器的内核有 IE、Firefox、Chrome、edge（仅限 win10 系统）。大多数 Web 用户使用的浏览器基本都是 IE 内核，如百度、QQ、360、搜狗、猎豹等。同时一些 Web 系统还要考虑手机浏览器的兼容性，比如 Safari 浏览器。

在实际测试工作中，大多数都是手工测试，而这么多浏览器相对于测试工程师来说，其工作量很庞大，测试覆盖考虑也不会太全面。建议在测试前，先创建一个兼容性矩阵，来测试不同厂商、不同版本的浏览器，也可以借助测试工具进行测试。

2. 操作系统兼容性

目前主流的操作系统有 Windows、Unix、Linux 以及 Mac 等操作系统。同一个应用在不同的操作系统下，能否正常运行，功能能否正常使用，显示是否正确等。但是不管是浏览器、还是操作系统的兼容性相对 Web 用户，主流的还是 Windows 系列。测试人员需要针对软件使用的主流操作系统进行兼容性测试，目前大多用户以 Win7、Win10 及 Mac、Android 系统。

3. 分辨率兼容性

不同的分辨率可能会导致 Web 页面变形，严重时会导致功能无法使用，因此需要测试在不同分辨率下的表现。常见的 PC 端分辨率有 17 英寸的 1024×768、19 英寸的 1280×1024、22 寸的 1920×1080 等，除了考虑 PC 端外，还需要在笔记本和手机上进行测试。

8.2.5 Web 接口测试

1. 接口分类

Web 系统从调用方式不同，接口大致分为以下三种：

（1）系统与系统之间的接口

系统间接口既可以是公司内部不同系统间调用的接口，也可以是不同公司不同系统间的接口。例如第三方登录接口就是不同公司间不同系统的接口.

（2）下层服务对上层服务的接口

一般的系统分为三层：应用层、服务层、数据库层。

- 应用层就是 UI 功能层，比如 Web 浏览器或者 APP。
- 服务层是服务器所提供的数据处理功能，一般由后台服务器完成。
- 数据库层用来存储用户数据，一般有独立的数据库系统，比如 Oracle、Mysql 等。

各层之间的交互通过接口完成，应用层与服务层主要通过 HTTP 接口。服务层与数据库层主要通过 DAO（Data Access Object）数据库访问接口完成交互。

（3）系统内部，服务与服务之间的调用接口

服务之间的接口大多情况是程序之间的调用，在系统内部完成。

2. 接口用例

做好 Web 端接口测试的关键就是接口文档，一般接口文档包括：接口的说明、调用的 URL、请求方式（GET 或 POST）、请求参数、参数类型、请求参数的说明以及返回结果等。测试人员根据接口文档设计接口测试用例，然后通过测试工具来完成接口测试。

一般接口的用例设计需要考虑以下几点：

（1）功能测试

首先根据接口文档中的参数，输入正常参数验证接口返回是否正确；其次就是对接口参数的组合测试，要考虑参数是否必填、参数的类型和长度以及参数的约束限制等；最后在设计用例时要尽可能地保证所有的组合情况都能被覆盖到。

（2）安全测试

首先测试用户的权限，关注是否可以绕过授权；其次考虑敏感参数的加密规则是否容易破解，最后考虑 SQL 注入、XSS 攻击等（参考 8.2.3 节 Web 安全测试）。

（3）性能测试

不管是程序接口还是第三方接口，都需要关注接口的性能，接口的性能需要考虑并发测试、负载测试、压力测试、可靠性测试等。

总之设计用例是测试的关键，需要测试人员从业务逻辑、用户角度、用例设计方法三个角度进行考虑。

3. 接口用例模板

接口用例模板，见表 8-1。

表 8-1 接口用例模板

用例编号		用例标题	
前置条件		优先级	
接口名称		接口描述	
接口地址		请求方式	
接口参数		预期结果	
请求报文		返回报文	
实际结果		设计人	

第 9 章　APP 项目测试

本章主要介绍手机 APP 项目的测试方法。

学习目标：

- 掌握 APP 测试流程
- 掌握 APP 测试方法
- 掌握 APP 测试工具使用
- 掌握 H5 测试的方法

9.1 APP 发展

APP（Application 的缩写）通常指安装在智能手机上的软件。随着互联网的技术不断发展，无论是人才还是资源都有从 PC 端到移动端流动的趋势。人们的工作环境、学习和生活方式也在随着智能手机的发展而改变，智能手机已经成为日常生活中不可缺少的一部分，如微信、支付宝、滴滴以及其他社交软件等。伴随着 5G 网络的到来，未来移动 APP 的发展将会以用户为主，朝着网络多元化、综合化、智能化的方向发展。

9.2 APP 测试流程

移动应用软件开发的周期一般都比较短，基本都是敏捷开发，而且开发的模式跟传统互联网也有一些差异。通常开发模式都采用平行模式，开发人员比较少，但是分工比较明确，各团队之间（Android、IOS、后台）根据指定好的接口进行联调，也就是集成测试。

APP 的整个研发的周期一般在 2~3 个月左右，具体根据产品功能的复杂度来确定，而且测试周期一般是 1~3 周左右，所以测试人员比较少，大多数都是一个人负责，所以要求测试工程师熟悉 APP 的整个测试的流程和方法。APP 的测试流程如下：

1. 计划阶段

首先要确认产品的需求文档、原型设计图、接口文档以及相关的说明文档，然后根据这些文档规划项目的测试计划，整理测试思路，最后确认测试设备（Android 和 ISO 不同版本的真机）以及测试工具。

2. 设计阶段

测试用例的设计，通常根据业务流程结合用例设计方法来设计测试用例，然后在项目组内召开用例评审会，评审通过后再将测试用例进行归档。

3. 执行阶段

为了测试数据的准确，通常都是使用实体机执行测试用例。如果发现 Bug，经确认后在缺陷管理工具中提交Bug单，等待开发修复，然后再进行回归测试。如果回归测试不通过，重新激活Bug；如果回归测试通过，将Bug状态修改为关闭状态；如果开发人员拒绝修改Bug，则进行沟通交流，还可以在项目组内开会讨论。

4. 评估报告阶段

对遗留Bug进行风险评估，并给出处理方式以及意见，最后编写测试报告，待项目上线后进行测试总结。

9.3 APP测试方法

要想做好APP测试，首先需要了解Android与IOS操作系统的区别，再熟悉APP测试的方法，才能更全面进行测试，建议采用真机进行测试。

9.3.1 Android与IOS

Android最早成立于2003年，在2005年被Google收购，现归属Google。在2008年9月发布了第一个版本Android1.0，代表产品是T-Mobile G1，这个产品是Android系统很重要的里程碑。Android是Google开发、发行的一个智能的、开放式的软件平台。它的内核是Linux，其应用程序都用Java编程语言来编写。由于Android的运行机制采用虚拟机，系统需要占用大量内存来换取执行速度，再加上不定期的内存自动回收机制，从而导致出现卡顿的现象。IOS是苹果公司在2007年1月推出的封闭式手机操作系统，它指定使用的一种开发语言——Objective-C语言。它的运行机制采用沙盒运行，整个运行过程中不需要虚拟机，所以相比Android来看其执行效率要高一点。

由于Android是采用了开放的策略，所以很多厂商对其进行了订制。这也使得Android手机在设计上相比IOS变得多样化，但是同时带来安全隐患，也就是说在测试APP软件时，Android的安全性比IOS要考虑得多一些；同时在测试兼容性时，Android也比IOS考虑得多一些。由于Android的设备比较多，基于市面上的辅助工具也比IOS要应用要广泛一些。另外还需要注意的是系统版本，Android系统的版本可升、可降，而IOS系统的版本只能升级（越狱除外）。

除了上述问题之外，APP测试最大的问题是网络的不稳定以及隐私的安全问题，详见后面的介绍。

9.3.2 UI测试

UI测试即用户界面测试，具体测试方法如下：

1）首先确保UI界面设计符合国家的、行业的、企业的标准规范；

2）关注窗口、菜单、对话框以及按钮控件的布局、风格是否满足用户要求；

3）不同页面中控件大小、风格是否一致；

4）页面中颜色的搭配是否合理，整体的颜色不宜过多；

5）文字的提示是否友好，是否存在敏感词、关键词等；

6）操作是否简单、人性化，是否有帮助指引；

7）自适应界面设计，内容是否根据窗口的大小自适应调整；

8）图片是否涉及版权、隐私、专利等问题。

9.3.3 功能测试

功能测试就是验证各个功能是否与需求实现一致，可以从以下几个方面进行测试：

1. 安装卸载

1）在不同的操作系统下验证安装卸载是否正常，如 Android、IOS 等；

2）软件是否可以通过第三方工具进行安装、卸载；

3）安装卸载过程中是否可以取消；

4）安装卸载过程中出现异常处理是否妥当，如重启、死机、断电、断网等；

5）安装过程中空间不足是否有提示信息；

6）安装文件是否写到指定的目录里，卸载后所有的文件及文件夹是否全部删除；

7）卸载后是否可以重新安装，安装后数据是否同步，功能是否正常；

8）重复安装是否会有提示信息；

9）直接卸载程序是否有提示信息。

2. 启动运行

1）安装后启动软件测试功能是否可以正常运行；

2）首次打开软件是否有访问提示，如允许访问通讯录、获取地理位置等；

3）首次启动运行时速度是否满足要求，页面之间切换是否流畅。

3. 注册登录

1）注册时要考虑用户名和密码的长度、格式是否有限制或规则要求等；

2）重名注册是否有提示信息；

3）注册成功后，用户是否可以正常登录；

4）软件是否有快捷登录，如手机号码，获取验证码之间进行登录；

5）是否支持第三方账号登录，如 QQ、微信、微博等账号；

6）登录时密码输入错误次数有没有限制；

7）登录时网络中断是否会有友好提示；

8）APP 是否实现免登录功能；

9）当用户主动退出后，下次启动 APP 应切换到登录界面。

4. 前后台切换

1）APP 切换到后台，再次返回 APP 时，是否停留在上一次操作的界面；

2）APP 切换到后台，再次返回 APP 时，功能是否正常，数据是否更新；

3）手机锁屏后，再解锁进入 APP，功能是否正常，数据是否更新；

4）出现提示信息后，切换到后台，再次返回 APP，检测提示信息是否存在；

5）多个 APP 软件之间切换，功能是否正常，数据是否更新；

6）使用 APP 时，与手机功能的交互测试，如来电话、收短信、闹钟等。

5. 升级更新

1）当 APP 有新版本时，是否有更新提示信息；

2）当版本为非强制升级更新时，不更新是否可以正常使用；

3）当不更新退出后，下次启动 APP，是否仍然有提示更新信息；

4）设置 APP 软件自动升级更新时，在无 wifi 的情况下，是否自动更新；

5）当版本为强制升级更新时，不更新是否可以正常使用；

6）升级更新后功能是否正常使用，数据是否会同步。

6. 异常测试

1）电量测试，如电量 10%、50%、90%时，验证 APP 功能是否正常；

2）低电量提示时，验证 APP 功能是否正常；

3）充电、拔电时，验证 APP 功能是否正常；

4）弱网测试，模拟 2G、3G、4G、wifi 时，验证 APP 功能是否正常；

5）模拟网络 2G、3G、4G、wifi 之间的切换，验证 APP 功能是否正常；

6）离线测试，检查 APP 是否支持离线浏览；

7）Push 测试，检查用户在免打扰模式下能否接受 Push。

9.3.4 性能测试

APP 的性能测试分手机端和服务端的性能。

1. 手机端性能

手机端性能主要检查资源问题，如 CPU，内的占用，耗电量、流量的情况。

（1）CPU 占用

据经验表明，在使用 APP 软件时，如果 CPU 占用率低于 20%表示为最佳状态，如果 CPU 占用在 20%~60%之间表示资源使用比较稳定，如果 CPU 占用率在 60%~80%之间表示资源使用饱和，如果 CPU 占用率超过 80%属于性能的瓶颈，必须尽快进行资源调整与优化。

（2）内存使用

手机的内存是非常有限的，为每个 APP 进程分配的私有内存也是有限制。一方面，要合理的申请内存使用，以免导致内存溢出；另一方面，要及时释放内存，以免发生内存泄漏。不合理使用内存，经常会造成 APP 软件出现无响应、死机、崩溃、闪退等现象。

（3）耗电量

智能手机的电池都是内嵌的，它的电量也是非常有限的，而且智能手机本身耗电量就比较多（如屏幕、GPS 定位、传感器等），所以在进行 APP 测试时，必须要检查 APP 的电量使用，以免导致手机耗电发热，带来不良的影响。

（4）流量的使用

目前手机网络类型主要包含 2G、3G、4G、wifi，其中还有不同运营商的区分，在使用 APP 软件时，经常遇到重复请求、响应慢等各种情况。在测试时要注意不同的网络下，流量的使用。

可以借助一些 Monkey 工具来检测 Android 手机端的性能问题，工具在后面小节介绍。

2. 服务端性能

APP 服务端性能跟 Web 性能大同小异，主要是模拟大量手机用户调用接口对服务器产生负载。可以使用 Loadrunner12.0 以上（或者 Loadrunner11.0+补丁包 Patch 3）、Jmeter、HyperPacer 等工具，进行并发测试、负载测试、压力测试等。在这里使用 HyperPacer 工具进行服务端性能测试，工具在后面小节介绍。

9.3.5 安全测试

近年来，移动 APP 存在一个非常重要的问题就是安全问题，即用户的隐私泄漏。针对 APP 的安全测试可以参考以下几个方面。

1. 安装包安全性

1）首先验证安装包是否对签名进行了校验，以防止被恶意第三方应用覆盖安装等；

2）开发人员是否对源代码进行混淆，以免被反编译软件查看源代码；

3）用户隐私，特别是访问通讯录，需要对特定权限进行检查。

2. 用户安全性

1）用户拨打电话、发短信、连接网络等是否存在扣费的风险；

2）用户密码在传输中是否进行加密，在数据库中存储是否进行了加密；

3）免登录是否设置了过期时间；

4）用户的账号、密码等敏感数据是否存储在设备上；

5）当用户注销账号时需要身份验证的接口是否可以调用；

6）对 Cookie 的使用是否设置了合理的过期时间。

3. 数据安全性

1）用户的敏感数据是否写到日志或配置文件中；

2）当用户使用敏感数据时是否给用户提示信息或安全警告；

3）在输入敏感数据时是否支持第三方输入法输入；

4）用户输入的数据是否进行了数据合法性的校验；

5）在含有敏感数据的连接中是否使用了安全通信，如 HTTPS；

6）对安全通信的数字证书是否进行合法的验证。

4. 通信安全性

1）所有手机的功能应优先处理，如接电话、收短信等；

2）当网络中断或出现异常时需要给用户网络异常的提示；

5. 服务端安全性

服务端主要关注接口，其安全性跟 Web 端的安全性类似，主要考虑 SQL 注入、XSS 跨站脚本攻击、CSRF 跨站请求伪造以及越权访问等。

9.3.6 兼容性测试

众所周知，APP 兼容性测试是一个耗时、耗人力，而且成本很高的测试工作，且 APP 兼容性测试又是一项必须要进行的测试活动，其测试时主要考虑手机端的软、硬件兼容性，一方面要考虑与主流 APP 的兼容性；另一方面又要考虑手机设备的兼容性，如不同品牌的手机，不同的操作系统，不同手机的屏幕分辨率等。

具体的测试方法可以使用模拟器来进行模拟不同的手机品牌、系统、分辨率进行测试，但是模拟器测试的数据会有差异，针对一些实力雄厚的公司，建议购买真机进行测试。还可以借助第三方工具（如 Spider 工具）以及云测试平台来进行测试，这样可以即能保证兼容质量的同时、又能高效地完成 APP 兼容性测试的覆盖。

9.3.7 接口测试

不管是Web端还是APP接口，其测试的方法思路大致相同（请参考Web端接口测试）。

9.3.8 用户体验测试

由于APP软件的研发人员、研发周期以及测试周期都比较短，所以进行用户体验测试在APP测试中是一项非常有必要的测试活动。通常公司组织内部人员，从用户的角度来评价产品的特性，提出修改意见，从而提升客户的满意度。体验可以从以下几点考虑：

1）UI界面的设计，从用户视觉评价产品；

2）使用真机对手机兼容性进行体验测试；

3）用户的指引设计是否合理；

4）APP页面跳转设计和深度是否合理；

5）体验锁屏、横竖屏的设计以及各种异常操作等。

9.4 APP测试工具

因为手机的局限性给测试带来很多不便，所以在APP的测试相对于Web测试更关注是一些工具的使用，下面介绍一下Android手机测试工具的使用。在介绍工具前，首先了解一下Android系统主要的目录描述，详见表9-1。

表9-1 Android系统主要的目录描述

目录	子目录	功能描述
/acct	/	系统回收站，删除的系统文件
/cache	/	是缓存文件夹，主要存放缓存文件
/data	/	存放用户安装的软件以及各种数据
	app/	用户自己安装的apk文件放在这个目录下
	data/	用户安装文件存储位置，软件以包名package name来命名
	system/	记录手机安装信息等文件的目录
/etc	/	配置文件，指向/system/etc/
/dev	/	设备文件，里面的文件很多都是设备模拟的文件系统
/proc	/	目录下包含着系统运行的各种信息
	/cpuinfo	查看CPU相关信息
	/meminfo	查看内存相关信息
/storage	/	手机存储设备，sdcard0表示第一块SD存储卡
/mnt	/	挂载点，sdcard存储卡挂载目录
/sys	/	存放linux内核文件
/system	/	存放Android系统文件
	/app/	存放系统程序
	/bin/	存放的主要是Linux系统自带的组件

（续）

目录	子目录	功能描述
/system	/build. prop	Android 系统中很重要的文件，记录系统的设置和改变
	/etc/	主要存放安卓系统的核心配置文件
	/fonts/	系统字体存放目录
	/framework/	核心文件，系统平台运行框架
	/lib/	存放几乎所有的共享库（.so）文件
	/media/	存放系统提示音以及系统铃声
	/usr/	用户的配置文件，如键盘布局、共享、时区文件等
/sbin	/	系统工具，用于调试 adbd 程序

9.4.1 ADB

1. ADB 工具介绍

ADB（Android Debug Bridge 的缩写）是 Android SDK 里面的一个多用途调试工具，可以通过 ADB 来管理设备或模拟器的状态。ADB 工具由 3 组成部分：

1）在计算机上运行的客户端。PC 端主要通过客户端与模拟器或设备通信；

2）在计算机上作为后台进程运行的服务器。负责管理客户端与模拟器或设备上的 adbd 守护进程间的通信。

3）守护进程 adb 以后台进程的形式运行于模拟器或设备上。

当启动一个 ADB 客户端时，客户端首先确认是否有一个 ADB 服务器进程在运行。如果没有进程，则启动服务器进程。当 ADB 服务器运行，就会绑定本地的 TCP 端口 5037，并监听 ADB 客户端发来的命令。接着服务器将所有运行中的模拟器或设备实例建立连接。它会扫描所有 5554~5584 之间的端口来定位所有模拟器或设备。一旦服务器与所有模拟器实例建立连接，就可以使用 ADB 命令控制和访问该设备。我们可以通过向模拟器或设备发送命令来控制它，发送命令的一般格式：adb -s 设备名 命令（通过命令 adb devices 可获取设备名）。

使用 ADB 主要可以完成以下功能：

1）可以快速更新设备或模拟器上的软件；

2）可以在设备或模拟器上运行 Shell 命令；

3）可以同步设备或模拟器上的文件，即上传、下载文件；

4）可以实时的抓取 APP 运行时的 Log 信息。

2. ADB 工具安装

ADB 的安装比较简单，直接下载安装包进行安装，然后配置环境变量即可。由于后面还会介绍 Mondkey 和 Menkey Runner 工具的使用，这里通过下载 Android SDK 工具包来进行介绍一下 ADB 的安装。

由于 Android 的应用是由 Java 语言编写，所以开发和测试 Android 应用需要 Java 环境的支持，首先需要安装 jdk 包。JDK（Java Development Kit）是 Sun Microsystems 针对 Java 开发员的产品，是一个开发 Java 和 applet 应用程序的开发环境，它是整个 Java 的核心，包括了

Java 运行环境、Java 工具和 Java 基础的类库。自从 Java 推出以来，JDK 已经成为使用最广泛的 Java SDK（Software Development Kit）。JDK 的基本组件如下：

- javac：编译器，将源程序转成字节码；
- jar：打包工具，将相关的类文件打包成一个文件；
- javadoc：文档生成器，从源码注释中提取文档；
- jdb：debugger，查错工具；
- java：运行编译后的 java 程序（处理 . class 后缀的文件）。

（1）JDK 安装

这里不做介绍了，请参考第 6 章。

（2）下载 SDK 工具包

在官网下载 Android SDK Tools 的安装包进行安装，但是下载比较慢，建议下载 zip 压缩包，解压后（此处解压到 D:\android-sdk），然后配置环境变量即可。下面介绍一下配置 Android SDK 的环境变量。具体步骤如下：

第一步：在系统变量中配置 ANDROID_SDK_HOME 的环境变量，在“系统变量”中→单击“新建”按钮→弹出新建系统变量的对话框，在变量名处输入“ANDROID_SDK_HOME”，在变量值处输入 SDK 的解压目录，此处输入 D:\android-sdk，如图 9-1 所示，单击“确定”按钮，完成 ANDROID_SDK_HOME 环境变量的配置。

第二步：在 Path 环境变量中添加 platform-tools 与 tools 的目录。在“系统变量”中→找到 Path 变量→单击“编辑”按钮→弹出编辑系统变量的对话框，在变量值后面添加解压目录下 D:\android-sdk\platform-tools;D:\android-sdk\tools，如图 9-2 所示。

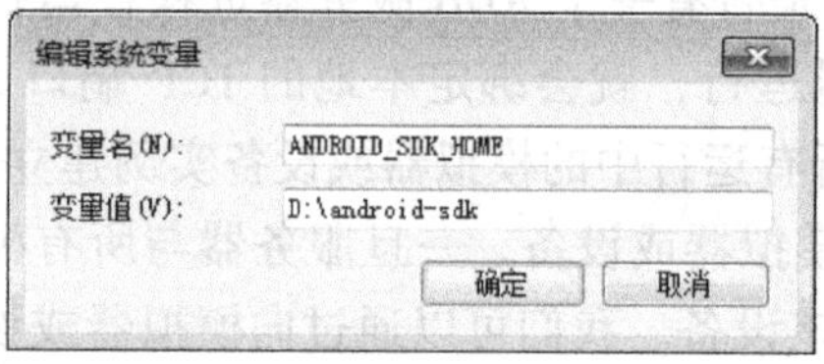

图 9-1　配置 ANDROID_SDK_HOME 环境变量

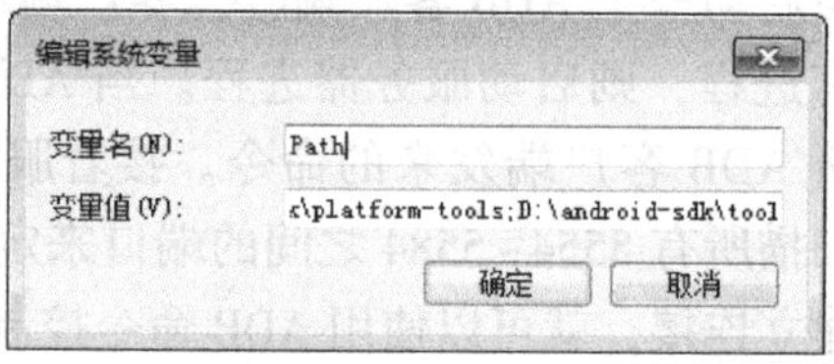

图 9-2　添加 platform-tools 和 tools 环境变量

第三步：配置好上述环境变量后，验证 adb 配置是否成功。单击“开始”→在“运行”命令中→输入“cmd”按〈Enter〉键确认，进入命令提示窗口。然后输入：“adb devices”进行验证，出现以下相关信息表示安装成功，如图 9-3 所示。

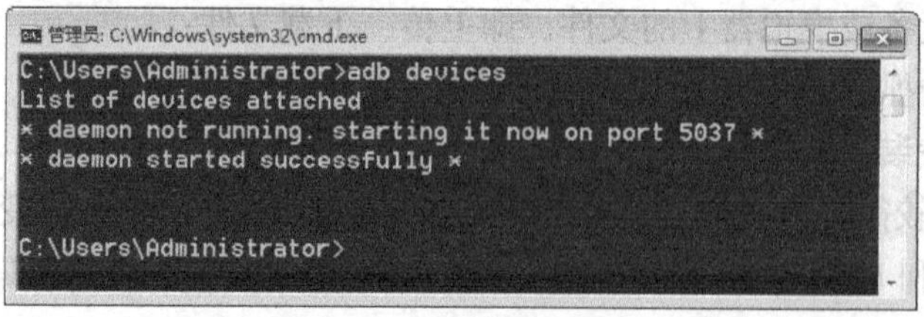

图 9-3　ADB 安装成功

ADB 安装常见的问题以及解决方法如下：

问题一：出现 adb server version（32）doesn't match this client（36）; killing... error: unknown host service。可能原因是金山毒霸或360的手机助手占用了adb，需要把占用adb的应用关掉，解决方法如下：

1）首先找到占用端口的进程。在命令提示窗口输入，如下命令：

```
netstat -ano | findstr "5037" | findstr "LISTENING"
```

结果显示：TCP 127.0.0.1:5037 0.0.0.0:0 LISTENING 18384

2）其次根据进程ID 18384找到对应的程序，在命令提示窗口输入，如下命令：

```
tasklist | findstr " 18384"
```

结果显示：sjk_daemon.exe 18384 Console 1 8,188K

3）打开任务管理器，找到sjk_daemon.exe进程，结束进程，重新连接设备。

问题二：如果连接模拟器时，出现adb server is out of date. killing...。可能原因是另一个adb程序及服务已经启动并占用了端口。解决方法如下：

1）同样查看端口占用情况。在命令提示窗口输入，如下命令：

```
netstat -ano | findstr "5037" | findstr "LISTENING"
```

结果显示：TCP 127.0.0.1:5037 0.0.0.0:0 LISTENING 2608

2）其次根据进程ID 2608找到对应的程序，在命令提示窗口输入，如下命令：

```
tasklist | findstr "2608"
```

结果显示：adb.exe 2608 Console 1 7,808K

3）打开任务管理器，在进程ID中找到2608，结束进程，重新启动模拟器。

3. ADB基本命令介绍

（1）adb device

adb device：查询连接的设备或模拟器，使用adb之前需要先查询adb是否跟设备或模拟器连接上。在命令提示窗口输入命令：adb device按〈Enter〉键，运行命令后，出现如下信息表示连接到设备，如图9-4所示。

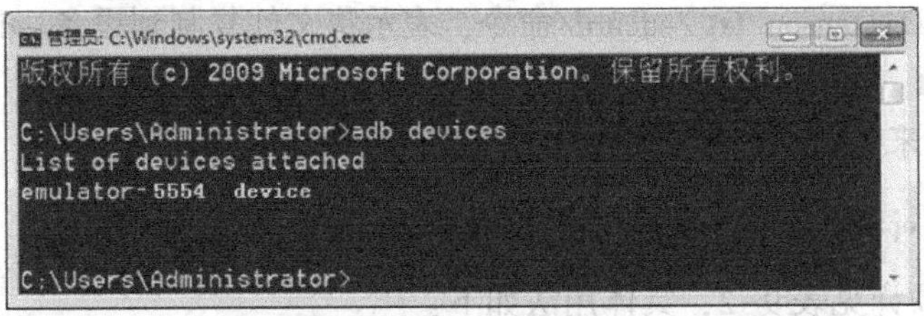
管理员: C:\Windows\system32\cmd.exe
版权所有 (c) 2009 Microsoft Corporation。保留所有权利。
C:\Users\Administrator>adb devices
List of devices attached
emulator-5554 device
C:\Users\Administrator>

图9-4 ADB成功连接设备

命令adb device运行后有3种状态，如下：

- device：表示找到设备并于adb连接上，如上图9-10所示。
- no device：表示当前没有模拟器在运行，或没有找到任何设备。
- offline：表示设备或模拟器没有与adb相连或没有响应。

如果出现多个device时，说明当前有多个设备或模拟器在运行。此时使用adb时，需要用-s指定一个目标设备。命令格式如下：

```
adb -s 目标设备名 命令
```

（2） adb install

adb install：用来向设备安装软件。命令格式如下：

```
adb install[ option ] <path>
```

如：adb install D:\TensonCourse. apk 运行命令后，出现 Success，表示成功安装到设备或模拟器上。

（3） adb uninstall

adb uninstall：用来卸载设备上的软件。命令格式如下：

```
adb uninstall [ option ] <package>
```

如：在步骤（2）中安装了 TensonCourse. apk 应用，它的包名是 com. coursemis。可以使用命令：adb uninstall com. coursemis 运行命令后，出现 Success，表示成功卸载应用。

注意：不能直接使用命令：adb uninstallTensonCourse. apk 进行卸载，原因是由于安装后已将包名改变，变为 AndroidMainifest. xml 文件中<manifest>节点下 package 元素所指定的名字。卸载时可以使用命令 adb shell ls /data/data/ 或者 adb shell pm list package 列出包名，然后卸载对应的包。adb shell 命令的后面有详细介绍。

（4） adb pull

adb pull：将设备或模拟器中文件复制到 PC 端。命令格式如下：

```
adb pull <remote> <local>
```

如：adb pull init. rc . 命令，表示将设备上的 init. rc 文件复制到本地的当前目录（init. rc 表示设备中的文件，. 表示 PC 端上当前目录）。

（5） adb push

adb push：将 PC 端文件复制到设备或模拟器中。命令格式如下：

```
adb push <local> <remote>
```

如：adb push D:\tenson. txt /sdcard/命令，表示将文件复制到设备/sdcard/目录下。

（6） adb logcat

adb logcat：用来抓取 log 信息进行 Bug 跟踪。命令格式如下：

```
adb logcat [ option ] [ filter-spec ]
```

logcat 命令选项详见表 9-2，具体用法如下：

表 9-2 logcat 选项说明

选　　项	选 项 说 明
-v	日志的输出格式，默认是短暂的格式，支持的格式列表
-b	加载一个日志缓冲区，如 main，system（默认），还有 event 和 radio
-s	设置默认的过滤级别是 silent，如指定‘ * :s’
-f	将 log 输出到指定的文件，默认为标准输出

（续）

选　项	选项说明
-r	循环 log 的字节数，默认值是 16，需要和-f 选项一起使用
-n	设置循环 log 的最大数目，默认值是 4，需要和-r 选项一起使用
-g	打印日志缓冲区的大小并退出
-c	清除缓冲区中的全部日志并退出（清除完后可以使用-g 查看缓冲区）
-d	将缓冲区的 log 转存到屏幕中然后退出（不阻塞）

- adb logcat，表示实时抓取整个手机的 log 信息并在命令提示窗口输入信息。
- adb logcat > D:\log. txt，将实时抓取 log 信息并保存到本地 log. txt 文件。
- adb logcat -v time > D:\log. txt，获取的 log. txt 文件中加上时间信息。
- adb logcat -b radio > D:\log. txt，获取网络射频信息。
- adb logcat -b events > D:\log. txt，获取事件信息。
- adb logcat-v time -b main -b radio -b system > logcat. txt 常用，获取 log 信息加上时间信息，显示主要缓冲区以及与电话和系统相关的日志。

logcat 命令过滤项详见表 9-3。

表 9-3　logcat 过滤项说明

过滤项	过滤项说明
-V	Verbose 显示全部信息
-D	Debug 显示调试信息
-I	Information 显示一般信息
-W	Warning 显示警告信息
-E	Error 显示错误信息
-F	Fatal 显示严重错误信息

此外，adb logcat 可以使用管道来设置过滤内容，还可以结合匹配正则表达过滤内容。

注：当应用或系统出现重启或崩溃异常后抓取 log。

- adb bugreport 获取 bugreport 信息。bugreport 记录 android 启动过程的 log，以及启动后的系统状态，包括进程列表、内存信息、VM 信息等。
- adb shell dumpsys dropbox --print 获取 dropbox 信息。记录出现过的异常等信息，用于分析 crash、重启等。
- adb pull /data/anr/ . 获取 anr 信息。系统或应用无响应时抓取的信息文件。

（7） adb shell

adb 提供了 shell 终端，通过 shell 终端可以在模拟器或设备上运行各种命令。这些命令是 linux shell 的一个子集，在手机的目录/system/bin 下，很多命令跟 bash shell 是一样的，比如 ls、pwd、cat 等。

可以通过 adb shell 命令名来使用这些命令，比如：adb shell ls，也可以先用命令：adb shell 进入设备或模拟器的 shell 终端，再使用相应的命令。当设备在 shell 状态下，可以用 exit 来退出 shell 终端。

adb shell 常见命令用法，具体如下：

● adb shell dumpsys battery

功能：查看电池电量的相关信息。输入这条命令后，出现图 9-5 所示。

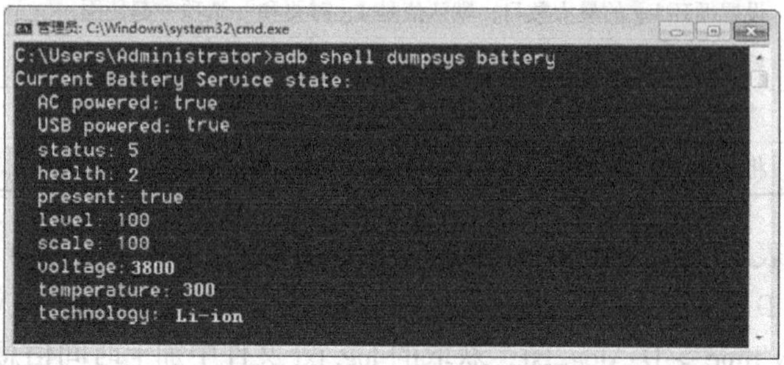

图 9-5　手机电池电量信息

在图 9-5 中，显示内容说明如下：

AC powered：true 表示电源供电。

USB powered：true 表示使用 USB 供电。

status：5 表示电池电量是满的，总共 5 个等级。

health：2 电池健康状态，有 6 个值，分别是 0 和 1 表示未知状态，2 表示良好，3 表示过热，4 表示损坏，5 表示过压。

present：true 表示手机上有电池。

level：100 表示电池剩余电量是 100%。

scale：100 表示电池电量最大值是 100%。

voltage：3800 表示当前电池电压值，正常值范围应该在 4350 以内。

temperature：300 表示当前电池温度值，300 表示 30°，范围一般在 300~380 之间。

technology：Li-ion 为电池技术标准，Li-ion 表示锂电池。

● adb shell dumpsys wifi

功能：查看 wifi 网络信息。内容的含义：Wi-Fi is enabled，表示 wifi 处于连接状态。共有 5 种状态：

disabled：关闭，disabling：正在关闭。

enabled：已连接，enabling：正在启动。

unknown：未知状态。

Internal state：包含 WIFI 设备名，状态。

IP 地址，MAC 地址，网络加密方式等信息。

● adb shell dumpsys power

功能：查看电源管理相关信息。内容显示信息包括 Power Manager State，Settings and Configuration，UID states，Wireless Charger Detector State 等信息。

如果想单独看某个信息，可以加上 find 命令来查找。比如查看屏幕关闭时间，需要查找 “mScreenOffTimeoutSetting” 值，命令如下：

adb shell dumpsys power | find “mScreenOffTimeoutSetting” 得到如下结果，60000 表示 60 s，就是 1 min。

● adb shell dumpsys telephony. registry

功能：查看电话相关信息。内容的含义：mCallState 表示呼叫状态，0 表示待机状态，1 表示来电未接听，2 表示电话占线。

● adb shell dumpsys meminfo

功能：查看所有应用运行过程中占用内存的情况。

● adb shell dumpsys cpuinfo

功能：查看 CPU 的动态占用率，按 CPU 的使用率从大到小排列。

命令：adb shell top -m5 -n 10 -s cpu 也可以查看 CPU 占用率，运行后显示如图 9-6 所示。

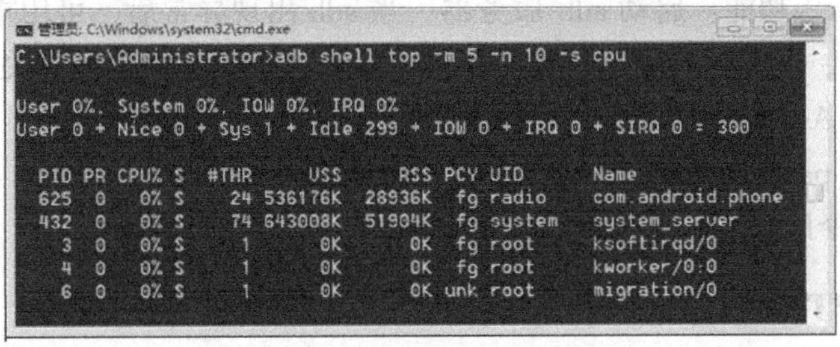

图 9-6 CPU 的占用率

参数说明：

-m：显示进程数量。

-n：数据的刷新次数。

-s：按什么方式排序。

-d：刷新时间间隔，默认为 5 s。

● adb shell dumpstate

功能：查看系统当前状态的信息。信息内容包括：系统构建版本信息、网络相关信息、内核相关信息、运行时间信息、内存使用情况、CPU 使用情况、进程相关信息等。

注：显示信息非常多，为了方便查看，最好重定向到一个文件里面。

● adb shell dmesg

功能：查看内核日志信息。

● adb shell df

功能：查看手机系统各个分区信息。

● adb shell getprop gsm. network. type

功能：获取手机网络类型信息。

● adb shell getprop ro. build. version. release

功能：获取手机系统版本信息。

● adb shell cat /proc/cpuinfo

功能：查看 CPU 相关信息。

● adb shell cat /proc/meminfo

功能：查看内存相关信息。其中 Memtotal 表示总运行内存，MemFree 表示剩余内存。

● adb shell cat /proc/version

功能：获取设备内核版本信息。

● adb shell cat /proc/net/xt_qtaguid/stats

功能：查看手机流量数据。内容信息比较多，每一行表示每次获得的流量信息，包括发送与接收的数据，重点关注：第四列表示 UID（应用运行的用户 ID 号），第六列表示接收的数据量，第八列表示发送的数据量。

（8）adb 其他命令详解

adb get-serialno，功能：获取设备的序列号。

adb get-state，功能：查看设备或模拟器的当前状态，其中 device 表示已连接。

adb start-server，功能：启动 adb 服务器，当 adb 出现异常后，可用重启 adb。

adb kill-server，功能：关闭 adb 服务器，当 adb 状态不稳定，可用关闭 adb。

adb shell am（Activity Manager），功能：模拟一些操作设备动作。

adb shell pm（package manager），功能：查询设备上的应用。

总述，adb 命令比较多，记住常用的命令即可。

9.4.2 AAPT

AAPT 是 Android Asset Packaging Tool 的缩写，是 Android 应用资源打包工具。可以用 AAPT 工具来创建 APK 文件，也可以用它来列出 APK 文件里面的详细信息，包括一些组件文件与资源文件等。AAPT 存放在 SDK 的 build-tools 目录下，使用时需要在环境变量 path 中添加 AAPT 的路径。由于配置 adb 时添加了环境变量，也可以直接将 aapt.exe 文件复制到 platform-tools 目录下即可。AAPT 工具的子命令也比较多，这里介绍一下常用的子命令。

1. l→list

list 列出应用程序 *.apk 包里的内容，命令格式：aapt list *.apk

例子：aapt list D:\notepad.apk

显示 notepad.apk 包里的内容。

一般 apk 里面的内容很多，最好用重定向把文件内容重定向到一个文本文件里面，方便查看。如：aapt list D:\notepad.apk > D:\apk.txt

2. d→dump

dump 查看 apk 的基本信息，命令格式：aapt d values *.apk 其中 values 的值可以选：

（1）badging

参数说明：列出应用的基本信息，包括包名 package name、版本、应用名字（application-label，可执行的活动（launchable-activity）等信息。

例子：查看 ImageViewer.apk 的基本信息命令：aapt d badging D:\ImageViewer.apk。如果只想得到包名，用以下命令：

aapt d badging D:\tenson.apk | findstr "package"。通过这个方式得到的包名是 com.loveplusplus.demo.image。

如果想查看应用的启动 activity 名字，用以下命令：

aapt d badging D:\tenson.apk | findstr "launchable-activity"。得到结果是 com.loveplusplus.demo.tenson.MainActivity。

(2) permissions

参数说明：查看 apk 的应用权限。

例子：查看 tenson. apk 的权限，aapt d permissions D:\tenson. apk。

(3) configurations

参数说明：显示 apk 的配置信息，比如版本号，分辨率等信息。

例子：查看 tenson. apk 的配置信息，aapt d configurations D:\tenson. apk。

(4) resources

参数说明：列出应用里面的资源信息。

例子：查看 tenson. apk 的资源信息，aapt d resources D:\tenson. apk。

3. 其他参数

p→package：打包生成资源包。

r→remove：从 apk 包里删除指定文件。

a→add：添加文件到 apk 包中。

这些参数相对测试基本上用不到，这里就不做介绍了，有兴趣参阅 Android 官网。

9.4.3 Monkey

1. Monkey 工具介绍

Monkey 是 Android 中自带的一个命令行工具，可以运行在模拟器或设备中。它向系统发送伪随机的用户事件流（点击、触摸、手势等），实现对正在开发的应用程序进行压力测试。它在 Android 文件系统中的存放路径是：/system/framework/monkey. jar，可以通过命令来启动。Monkey 表面上运行在设备上，其实是在设备的终端中运行，所以运行 Monkey 命令前需要加上 adb shell，也可以进入 shell 终端后直接输入命令运行。

Monkey 包括许多选项，大致分以下 4 大类：

1）基本配置选项，如设置事件的数量。

2）运行约束选项，如设置只对单独的包进行测试。

3）事件类型和频率，如点击事件和触屏事件占比多少以及事件之间的间隔时间等。

4）调试选项，如是否忽略 crashes、ANR 等。

Monkey 运行时会生成事件，并把信息发给系统；同时，还对测试中的系统进行检测，对下列 3 种情况进行特殊处理。

1）可以指定在一个或几个包上做测试。

2）应用程序崩溃或接收到异常，可以指定命令让 monkey 继续运行。

3）应用程序无响应（ANR），Monkey 会停止运行，可以指定命令让 monkey 继续运行。

2. Monkey 测试使用流程

Monkey 是一个稳定性压力测试工具，通常是在功能测试完成后，进行稳定性压力测试。其主要用来检测手机是否出现无响应、闪退、崩溃以及死机等。导致这些问题的主要原因就是内存泄漏。这里说一下 Monkey 测试的使用流程，如图 9-7 所示。

首先利用命令或工具查看手机内存，然后运行 Monkey 命令，再次查看手机内存，如果内存出现递增现象，说明存在内存泄漏，需要立即解决问题，此时可以借助 DDMS 来分析定位问题。DDMS 在后面小节介绍，下面主要介绍一下 Monkey 的基本使用方法。

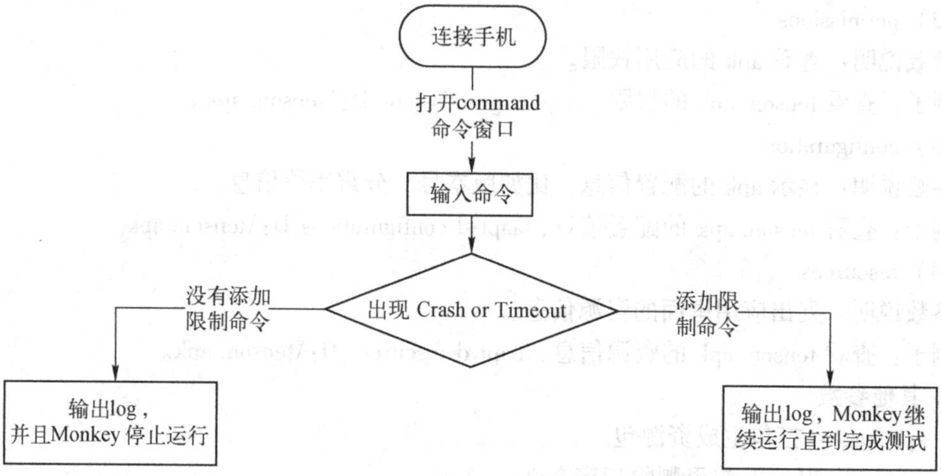

图 9-7　Monkey 使用流程

3. Monkey 基本使用

Monkey 的基本语法：adb shell monkey［选项］COUNT。下面介绍 Monkey 参数选项。

-help 查看 monkey 的帮助信息。在命令行输入命令：adb shell monkey -help 其运行结果，如图 9-8 所示。

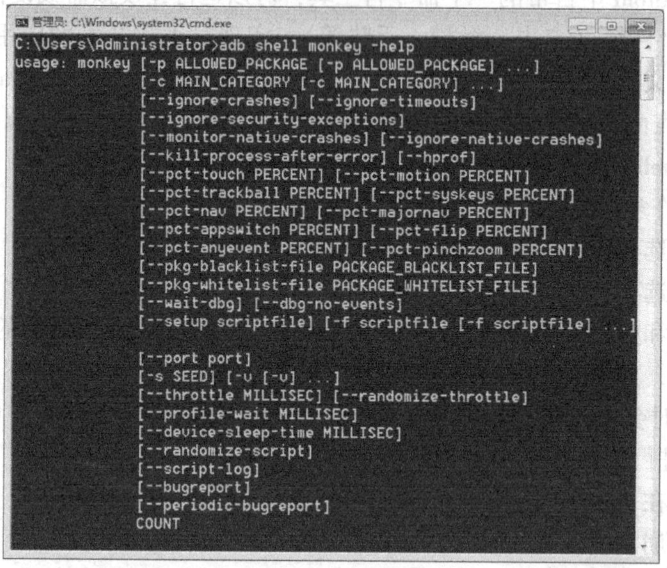

管理员: C:\Windows\system32\cmd.exe
C:\Users\Administrator>adb shell monkey -help
usage: monkey [-p ALLOWED_PACKAGE [-p ALLOWED_PACKAGE] ...]
[-c MAIN_CATEGORY [-c MAIN_CATEGORY] ...]
[--ignore-crashes] [--ignore-timeouts]
[--ignore-security-exceptions]
[--monitor-native-crashes] [--ignore-native-crashes]
[--kill-process-after-error] [--hprof]
[--pct-touch PERCENT] [--pct-motion PERCENT]
[--pct-trackball PERCENT] [--pct-syskeys PERCENT]
[--pct-nav PERCENT] [--pct-majornav PERCENT]
[--pct-appswitch PERCENT] [--pct-flip PERCENT]
[--pct-anyevent PERCENT] [--pct-pinchzoom PERCENT]
[--pkg-blacklist-file PACKAGE_BLACKLIST_FILE]
[--pkg-whitelist-file PACKAGE_WHITELIST_FILE]
[--wait-dbg] [--dbg-no-events]
[--setup scriptfile] [-f scriptfile [-f scriptfile] ...]
[--port port]
[-s SEED] [-v [-v] ...]
[--throttle MILLISEC] [--randomize-throttle]
[--profile-wait MILLISEC]
[--device-sleep-time MILLISEC]
[--randomize-script]
[--script-log]
[--bugreport]
[--periodic-bugreport]
COUNT

图 9-8　Monkey 参数选项

COUNT 设置执行事件的次数。

例如：adb shell monkey 1000。

表示 monkey 模拟设备或模拟器上的所有应用，随机执行 1000 次用户事件。

【基础参数】主要有-p、-v、-s、--throttle 等。

（1）-p ALLOWED_PACKAGE

参数说明：指定被测试的应用包名，monkey 只允许启动包里面的 Activity。首先可以用命令 adb shell ls /data/data/来查看这些 Activity。

例如：adb shell monkey -p com. android. calendar 100。

表示 monkey 模拟设备上 com. android. calendar 应用，随机执行 100 次用户事件。

如果要指定多个包，需要使用多个-p 选项，每个-p 选项只能指定一个包。

例子：adb shell monkey -p com. android. deskclock -p com. coursemis 100。

表示 monkey 模拟设备上 com. courses 和 com. tenson 应用，随机执行 100 次用户事件。

（2）-v

参数说明：增加反馈信息的级别。共分以下 3 个级别：

- -v：Level 0：默认值，除启动提示、测试完成和最终结果外，提供较少信息。
- -v -v：Level 1：提供详细的测试信息，如逐个发送到应用 Activity 的事件。
- -v -v -v：Level 2：最详细的日志，包括测试中选中/未选中的 Activity 信息。

例子：adb shell monkey -p com. freshO2O -v -v -v 100。

命令中有 3 个 v，显示信息的级别为 Level 2。

（3）-s<seed>

参数说明：指定随机数的种子值 seed。如果用相同的 seed 再次运行 monkey，将生成相同的时间序列。如果不指定种子值，系统会随机生成一个种子值，在出现 Bug 时该种子值会和 Bug 信息一起被输出，这也是为了便于复现该 Bug。

例子：adb shell monkey -p com. android. music -s 10 100。

如果运行 2 次这个例子，最终运行结果是一样的，因为指定的随机种子值都是 10，模拟的用户操作序列相同。所以操作序列是伪随机的。

（4）--throttle <ms>

参数说明：在事件（用户操作）之间插入固定延迟，单位是毫秒。通过这个选项可以减缓 Monkey 的执行速度。如果不指定这个选项，Monkey 将不会被延迟。

例子：adb shell monkey -p com. android. music --throttle 300 100。

说明：指定事件之间的延迟为 300 ms。

【调试选项】主要有--ignore-crashes、--ignore-timeouts、--pkg-blacklist-file、--pkg-whitelist-file、--ignore-security-exceptions、--monitor-native-crashes、--kill-process-after-error、--hprof 等。

（1）--ignore-crashes

参数说明：用于指定当应用程序崩溃时（crash，或者 FC），monkey 是否停止运行。如果使用此参数，即使应用程序崩溃，monkey 依然会发送事件，直到事件计数完成。

例子：adb shell monkey -p com. android. settings --ignore-crashes 1000。

表示在测试过程中，即使 settings 程序崩溃，monkey 依然会继续发送事件，直到事件数目达到 1000 为止。

（2）--ignore-timeouts

参数说明：用于指定当应用程序发生 ANR（Application No Responding，应用程序没有响应）时，monkey 是否停止运行。如果使用此参数，即使应用程序发生 ANR 错误，monkey 依然会发送事件，直到事件计数完成。

例子：adb shell monkey -p com. android. settings --ignore- timeouts 1000。

表示在测试过程中，即使应用程序无响应，monkey 依然会继续发送事件，直到事件数目达到 1000 为止。

（3）--ignore-security-exceptions

参数说明：用于指定应用程序发生许可错误时（如证书许可，网络许可等），monkey 是否停止运行。如果使用此参数，即使应用程序发生许可错误，monkey 依然会发送事件，直到事件计数完成。

例子：adb shell monkey -p com. android. music --ignore-security-exceptions 1000。

表示在测试过程中，如果应用程序发生许可错误时，monkey 依然会继续发送事件，直到事件数目达到 1000 为止。

（4）--pkg-blacklist-file PACKAGE_ BLACKLIST_ FILE

参数说明：设置应用测试黑名单，黑名单设置里面的应用包不参与测试。

使用方法：在--pkg-blacklist-file 后面跟的是文件的路径，这个文件里面保存的就是没有参与测试的应用列表，需要把这个文件 push 到设备或模拟器后，才可以进行测试。这个选项一般用来测试手机整机的稳定性。

例子：编辑文件 blacklist. txt，把 com. android. contacts 和 com. android. launcher 应用包放到 blacklist. txt 文件中，再把黑名单文件 push 到设备：adb push blacklist. txt /data/local/tmp/下。

运行命令：adb shell monkey --pkg-blacklist-file /data/local/tmp/blacklist. txt --throttle 300 1000 进行测试。当执行 com. android. contacts 和 com. android. launcher 应用时 monkey 忽略，其他应用延时 0. 3 s。

（5）--pkg-whitelist-file PACKAGE_WHITELIST_FILE

参数说明：设置应用测试白名单，只有这些应用参与测试，如果参与测试的应用包很多，可以把这些应用包放在一个文件里面，用设置白名单的方法进行测试。

例子：编辑文件 whitelist. txt，把 com. android. music 和 com. android. settings 应用包放到 whitelist. txt 文件中，再把白名单文件 push 到设备：adb push whitelist. txt /data/local/tmp/下。

运行命令：adb shell monkey --pkg-whitelist-file /data/local/tmp/whitelist. txt --throttle 300 1000 进行测试。monkey 只执行白名单中的应用，并设计延时 0. 3 s。

（6）--monitor-native-crashes

参数说明：用于指定是否监视并报告应用程序发生崩溃的本地代码。如果应用本身带有本地的代码库，可以带上这个参数。

例子：adb shell monkey -p com. android. calendar --monitor-native-crashes 1000。

表示在测试过程中，如果 calendar 应用程序本身带有本地的代码库，monkey 会在显示信息中报告本地代码。

（7）--kill-process-after-error

参数说明：用于指定当应用程序发生错误时，是否停止其运行。如果指定此参数，当应用程序发生错误时，应用程序停止运行并保持在当前状态（应用程序仅停止在发生错误时的状态，系统并不会结束该应用程序的进程）。

例子：adb shell monkey -p com. android. music --kill-process-after-error 1000。

表示在测试过程中，如果 music 发送错误，monkey 会停止运行并保持在当前状态。

(8) --hprof

参数说明：如果设置这个选项将在 monkey 事件序列之前和之后生成概要分析报告。这将在数据/misc 中生成大型（5 MB）文件，请慎用该选项，一般不使用该选项。

【事件选项】主要有--pct-［touch、motion、trackball、syskeys、nav、majornav、appswitch、flip、rotation、anyevent、pinchzoom］等。Monkey 可以同时指定多个类型事件的百分比，但总和不能超过 100%。

(1) --pct-touch <percent>

参数说明：调整触摸事件的百分比，触摸事件是一个“按下”-“抬起”事件，发生在屏幕的某处。

例子：adb shell monkey -p com. android. music --pct-touch 10 1000。

设置测试时的触摸事件的百分比为 10%。

(2) --pct-motion <percent>

参数说明：调整动作事件的百分比，动作事件由屏幕上某处的按下事件、随机事件和抬起事件组成。

例子：adb shell monkey -p com. android. calendar --pct-motion 20 1000。

表示设置动作事件的百分比为 20%。

(3) --pct-trackball <percent>

参数说明：调整轨迹事件的百分比，轨迹事件由一个或几个随机的移动事件组成，有时还伴随有点击。

例子：adb shell monkey -p com. android. calendar --pct-trackball 30 1000。

表示设置轨迹事件的百分比为 30%。

(4) --pct-syskeys <percent>

参数说明：调整系统按键事件的百分比，系统按键是指 HOME、BACK、POWER、音量+、音量-等按键。

例子：adb shell monkey -p com. android. calendar --pct-syskeys 60 1000。

(5) --pct-nav <percent>

参数说明：调整基本导航事件的百分比，基本导航事件由 up、down、left、right 组成。

例子：adb shell monkey -p com. android. calendar --pct-nav 30 1000。

(6) --pct-majornav <percent>

参数说明：调整主要导航事件的百分比，这些导航事件主要是键盘中的一些按键事件。

例子：adb shell monkey -p com. android. calendar --pct-majornav 50 1000。

(7) --pct-appswitch <percent>

参数说明：调整启动 APP Activity 的百分比。也就是调用应用活动控件的百分比。

(8) --pct-flip <percent>

参数说明：键盘翻转事件百分比。

(9) --pct-rotation <percent>

参数说明：设置旋转事件的百分比。就是设置应用的转屏动作。

例子：adb shell monkey -p com. android. calendar --pct-rotation 100 1000。

表示设置应用 camera 的转屏事件百分比为 100。

（10） --pct-anyevent <percent>

参数说明：调整其他类型事件的百分比，包括所有其他类型的事件。

（11） --pct-pinchzoom

参数说明：调整缩放事件百分比。

【测试实例】

运行 monkey 命令：adb shell monkey -s 100 --throttle 300 -p com. android. music --pct-nav 40 --ignore-crashes --ignore-timeouts --ignore-security-exceptions -v -v -v 1000 > monkey_ log. txt

实例说明：测试音乐，指定伪随机种子数为 100，设置每个事件间隔时间为 0.3s，并设置 up/down/left/right 导航百分比为 40%，忽略程序崩溃，忽略程序发生 ANR，忽略许可错误，指定信息级别为 Level 2。测试最后把信息 Log 保存在文件 monkey_log. txt 里面。

4. Monkey 测试结果 Log 分析

1）正常 log，一般有这几种：列出 monkey 运行时设置的参数

```
:Monkey: seed=100 count=1000
:AllowPackage: com. android. music
:IncludeCategory: android. intent. category. LAUNCHER
:IncludeCategory: android. intent. category. MONKEY
时间消息 LOG(略)
:Sending Key (ACTION_DOWN): 22      // KEYCODE_DPAD_RIGHT
:Sending Key (ACTION_UP): 22        // KEYCODE_DPAD_RIGHT
应用切换的 LOG
// Event percentages:
//   0: 15.0%        ->事件 0 的百分比,--pct-touch
//   1: 10.0%        ->事件 1 的百分比,--pct-motion
//   2: 2.0%         ->事件 2 的百分比,--pct-pinchzoom
//   3: 15.0%        ->事件 3 的百分比,--pct-trackball
//   4: -0.0%        ->事件 4 的百分比,--pct-rotation
//   5: 25.0%        ->事件 5 的百分比,--pct-nav
//   6: 15.0%        ->事件 6 的百分比,--pct-majornav
//   7: 2.0%         ->事件 7 的百分比,--pct-syskeys
//   8: 2.0%         ->事件 8 的百分比,--pct-appswitch
//   9: 1.0%         ->事件 9 的百分比,--pct-flip
//   10: 13.0%       ->事件 10 的百分比,--pct-anyevent
:Switch: #Intent;action=android. intent. action. MAIN;category=android. intent. category. LAUNCHER;
launchFlags=0x10200000;component=com. android. music/. MusicBrowserActivity;end
//Allowing start of Intent {act=android. intent. action. MAIN cat=
[android. intent. category. LAUNCHER] cmp=com. android. music/. MusicBrowserActivity } in package
com. android. music
```

2）出现异常时，log 主要有 2 种，一种是 crash 信息，应用崩溃后会出现这种 log，另一个是 ANRlog。

- crash log 分析

在 log 文件中搜索 crash，如果找到 crash，说明应用出现过崩溃的情况。崩溃的原因有很多种，主要有：NullPointerException（空指针异常）、IllegalStateException（非法指针参数）、OutOfMemoryError（低内存异常）。

- ANR log 分析

在 log 文件中搜索 ANR，如果能找到，表示测试过程中出现过应用运行无响应的情况。出现 ANR 的可能原因：某个进程处理时间过长，应用等待超时，应用本身等待网络超时，相关应用处理不同步，导致一直等待。

- 其他异常情况

Restart System 异常（系统重新启动）、RuntimeException（Android 运行时异常）、StaleDataException、ReadException（数据处理异常）。

3）如果测试过程中有异常的 log，并且没有加上忽略异常的选项，在测试结束之后有类似以下的 log。

```
Events injected: 35
:Sending rotation degree=0, persist=false
:Dropped: keys=0 pointers=0 trackballs=0 flips=0 rotations=0
## Network stats: elapsed time=76376ms (0ms mobile, 76376ms wifi, 0ms notconnected)
** System appears to have crashed at event 35 of 100 using seed 0
```

总之，Monkey 在进行稳定性压力测试中，如果出现异常后，需要提交 log 给开发人员分析。建议在测试过程中结合 logcat 实时抓取日志用来分析问题。

5. Monkey 测试时注意事项

（1）准备好测试的前置条件

测试之前应做一些准备，比如手机需要安装哪些应用，SD 卡中需要哪些数据，Android 系统需要开启哪些设置或功能等。这些工作应该在 Monkey 测试前做好准备，否则想在测试执行过程中再去设置就无法操作了。

（2）慎重使用 ADB

一般会在 2 种情况下执行 Monkey 测试：工作时间或休息时间。如果在工作时间，想在模拟器或真机上执行 Monkey 测试的同时做其他工作，记住慎重使用 adb 相关的命令，尤其是 adb kill-server 这样的命令。由于 Monkey 是通过 adb shell 命令启动的，当由于某种原因在使用 adb 命令时重启 adb 服务，Monkey 测试的日志记录会被终止，测试之后不会有相应的日志记录，这种情况，如果测试发现崩溃问题，将不会记录 log 日志，这样很难分析问题。

（3）同时记录 Android 系统日志

有些问题单独从 Monkey 的测试日志里面可能没办法定位到具体原因，有时候必须借助 Android 的系统日志，才能全面地了解问题。所以执行 Monkey 测试的同时，最好同时抓取 adb logcat 信息。

（4）需要记录 seed 值

seed 值是唯一能够重现 monkey 测试中出现崩溃问题的方法。当一个 Monkey 测试出现的问题被修复之后，有时候不知道如何进行验证，这时候只能通过相同的参数，相同的 seed

值进行重现验证。

（5）不要使用单一的命令

可以多写几条有不同测试偏重点的 Monkey 测试命令，在一个项目中同时使用这些命令进行测试，以便在每次测试时达到不同的测试效果，找到更多的缺陷。

（6）重视 crash

Monkey 测试所出现的 NullPointException（空指针崩溃）等都是可以在用户使用时出现的，何时出现只不过是时间问题。所以，Monkey 所有的 crash 都需要在发布前修复好。

9.4.4 DDMS

DDMS 是 Dalvik Debug Monitor Service 的缩写，实际上它是 Android 虚拟机的调试监听服务器。它提供了端口转发服务、设备屏幕截取、设备上的线程和堆信息、logcat 信息、进程和广播状态信息、来电和短信息模拟、地理位置数据模拟等。

DDMS 包含在 SDK 的 tool/目录中。在 ADB 中添加过环境变量，这里直接在终端下输入 DDMS 就可以运行它。DDMS 工作在设备或模拟器上，如果真机设备或模拟器都同时运行并且都连接到计算机上，那么 DDMS 默认工作在模拟器上。

1. DDMS 工作原理

DDMS 担当了连接开发测试环境和运行在设备上的应用程序的“中间人”的角色。在 Android 上，每个应用运行在它自己的进程中，都有自己的虚拟机（VM）。DDMS 启动的时候，它连接到 adb，在 adb 和 DDMS 之间启动设备监视服务。当设备连接时，在 adb 和 DDMS 间建立了虚拟机监听服务，它将通知 DDMS“设备上的虚拟机何时开始、何时终止”。一旦虚拟机运行，DDMS 通过 adb 取得虚拟机进程的 PID，并通过 adbd（adb deamon 守护进程）建立一个到虚拟机调试器的连接。DDMS 可以通过相应的协议和虚拟机通信。

在命令行下运行 ddms 便可以启动 DDMS，启动 DDMS 之前需要先运行模拟器或连上设备。

2. DDMS 的功能

DDMS 集成在 android 的虚拟机中，用于管理运行在模拟器或设备上的进程，并协助进行调试。可以用它来选择一个程序来调试、生成跟踪数据、查看堆和线程数据、对模拟器或设备进行屏幕快照等。

（1）启动 DDMS

启动 DDMS 之前需要连上设备或模拟器。然后在命令行下运行 ddms 便可以启动 DDMS。启动后界面如图 9-9 所示（图中分 3 大模块，第 1 模块是设备或模拟器中运行的进程。第 2 模块有多个标签页，包括 info、Threads、VM Heap、Sysinfo、Network 等。第 3 模块显示应用运行的日志信息）。

（2）信息日志信息——logcat

logcat 用来显示系统中的调试信息，在程序中调用的 log 类函数的输出信息都在这里输出。如图 9-9 第 3 模块所示。Logcat 中输出很多日志信息，可以选择不同级别的信息进行显示，日志显示的级别，详见表 9-3。

（3）线程标签页——Threads

显示在目标虚拟机中当前进程中的所有线程信息，如图 9-10 所示。

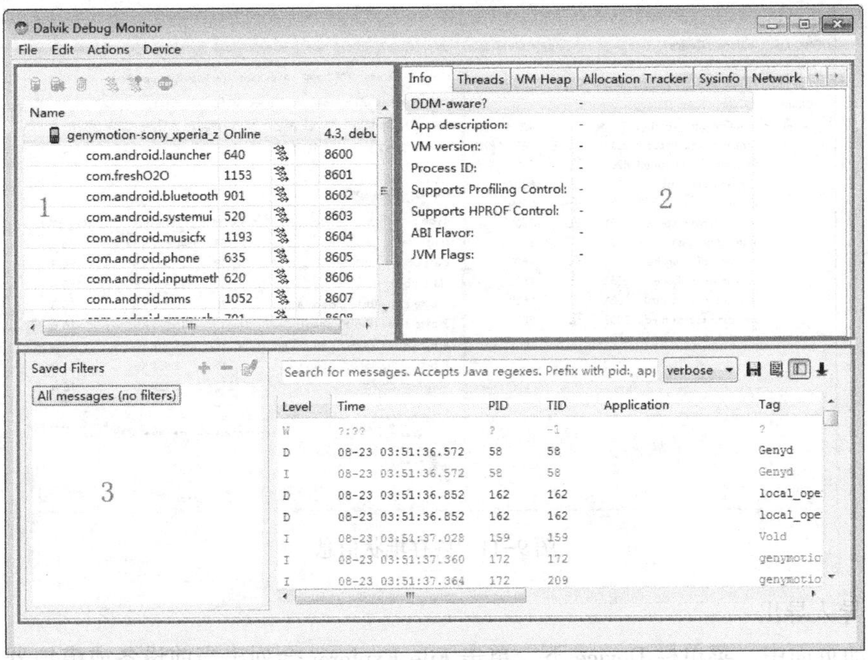

图 9-9 DDMS 启动界面

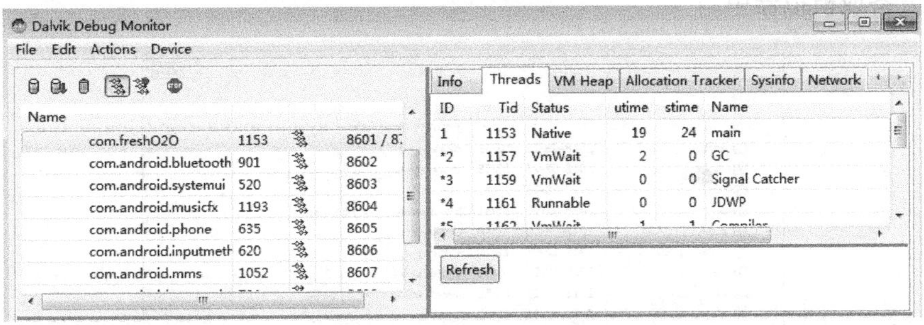

图 9-10 线程标签 Threads

图 9-10 中，显示了进程 com. freshO2O 的线程信息。其中：ID 表示在虚拟机中的线程 ID、Tid 表示 Linux 线程 ID，跟 PID 一致、Status 表示状态值（状态值有 Runnable 正在执行、wait 等待执行、monitor 等待获取一个监听锁），带“ * ”表示守护进程、Utime 表示应用执行的累计时间、Stime 表示系统执行的累计时间、Name 表示线程的名字。

（4）内存堆状态信息 VM heap

首先在图 9-11 中，单击图标（show heap update），然后再单击图标（Cause an immediate GC），便在 VM heap 标签页中显示虚拟机内存堆信息。显示当前进程占用的内存情况。其中，Heap Size 表示该进程能用的总共内存大小，Allocated 表示该进程当前使用的内存空间，Free 表示剩余的内存空间，如图 9-11 所示。

（5）生成分析 . hprof 文件

在图 9-11 中，单击有图标（Dump HPROF file）可以抓取 heap dump 文件，它的扩展名为 . hprof，开发人员通过分析 heap dump 可以发现应用是否存在内存泄漏的问题。

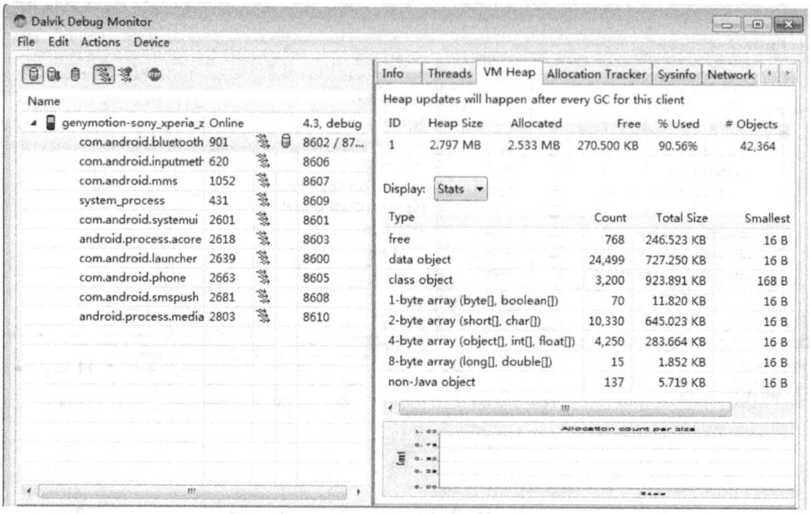

图 9-11　内存堆状信息

（6）导入导出

在启动页面中，菜单栏 Device 下，单击 File Explorer 会列出当前设备或模拟器上的所有文件，如图 9-12 所示。还可以把设备或模拟器上的文件导出到 PC 端，也可以 PC 端上的文件复制到设备或模拟器中。

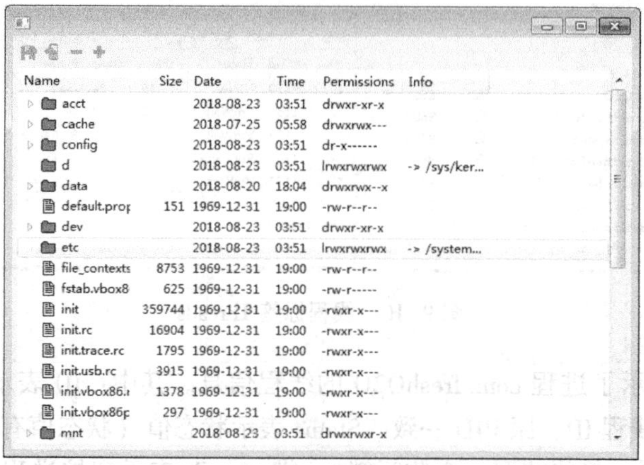

图 9-12　导出文件信息

（7）保存截图

DDMS 还提供了一个截图功能，当测试过程中发现一个问题，并且想把现场保存下来，可以使用 ddms 来保存截图。

具体操作：在启动界面菜单栏 Device 下，单击“Screen capture...”按钮，在出现图中单击“Save”按钮就可以保存。然后选择保存路径进行保存，最后保存为 .png 文件。

9.4.5　Fiddler

Fiddler 是一个 HTTP 的调试代理工具，它以代理服务器的方式，监听系统的 HTTP 网络数据，俗称抓包工具。

Fiddler 软件直接到官网 http://www.telerik.com/download/fiddler 下载安装即可。

1. Fiddler 工具介绍

启动 Fiddler 后，进入启动 Fiddler 的主界面，如图 9-13 所示。

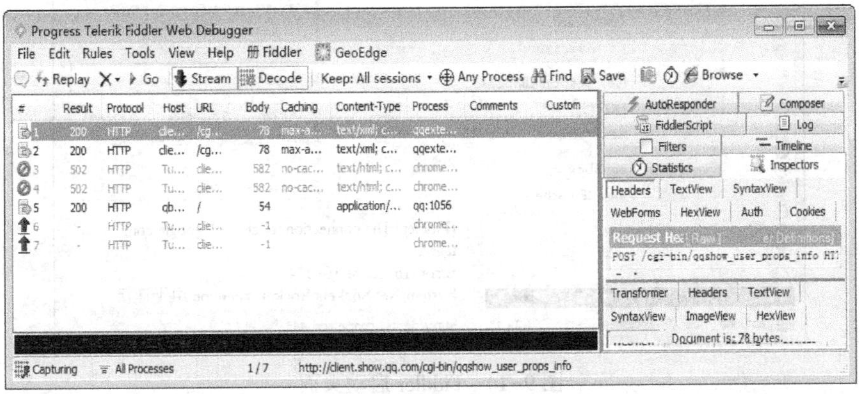

图 9-13 Fiddler 主界面

简单介绍一下界面中各字段的含义说明，见表 9-4。

表 9-4 Fiddler 各字段说明

字 段	说 明
#	数据编号，按抓包顺序从 1 开始递增
Result	HTTP 状态码
Protocol	显示请求使用的协议类型
HOST	请求地址的主机名或域名
URL	请求资源的地址链接
Body	请求的大小
Caching	请求的缓存过期时间或者缓存控制值
Content-Type	请求响应的类型
Process	发送请求的进程 ID 号
Comments	备注
Custom	自定义值

右边是具体一条 HTTP 数据的详细信息，包括头信息，WebForms 可查看的参数名和值，TextView 可查看到的接口响应数据等信息。很多应用获取的数据都是 JSON 格式数据。

这里介绍一下如何利用 Fiddler 抓取数据包与 HTTP 接口，以及在 APP 测试中如何利用 Fiddler 来模拟弱网测试。

2. Fiddler 抓取接口

（1） 配置 Fiddler

首先启动 Fiddler，在启动页面中单击“Tools”→“Options”，如图 9-14 所示。

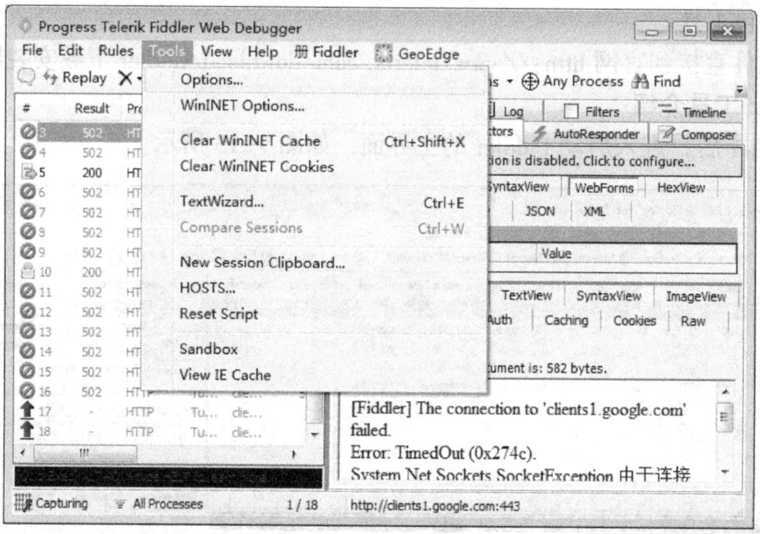

图 9-14 Fiddler 启动页面

在弹出 Options 页面中，单击“Connections”选项，勾选“Allow remote computers to connect”，再单击“OK”按钮，如图 9-15 所示。

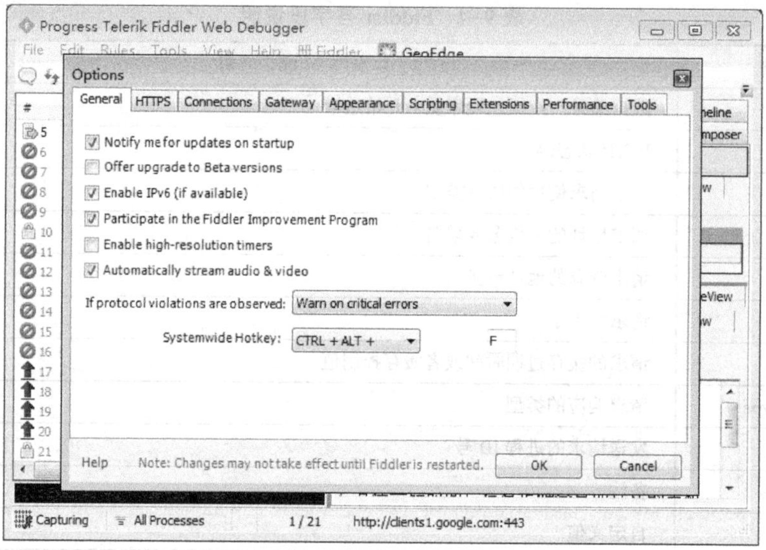

图 9-15 配置允许远程连接

（2）配置手机

首先设置手机（vivo 为例）进入开发者模式，进入手机“设置”→“关于手机”→连续点击“软件版本号”，出现提示“您已处于开发者模式”，如图 9-16 所示。

然后进入“开发者选项”→启用“USB 调试”，如图 9-17 所示。

最后进入手机“设置”→选择“Wlan”→选择“wifi”→进入高级设置选项→选择手动代理，将“代理服务器主机名”改为连接手机电脑的 IP 地址，再将“端口”修改为 8888。

图 9-16　设置开发者模式

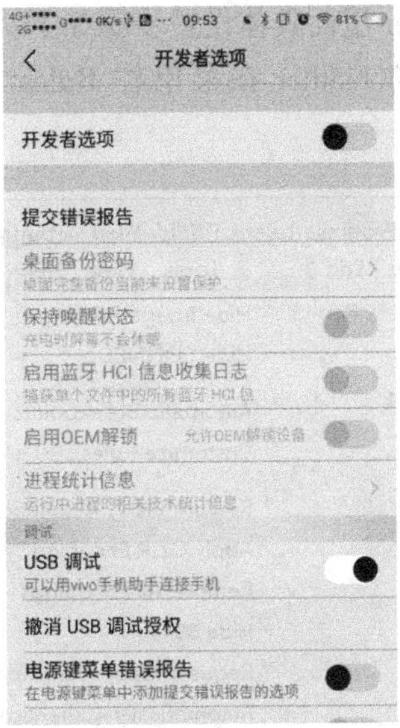

图 9-17　允许 USB 调试

(3) 抓取 HTTP 接口

启动 Fiddler 与手机 APP 程序，即可在 Fiddler 界面看到手机请求数据和响应数据，如图 9-18 所示。接口的参数可以在 JSON 中查看。

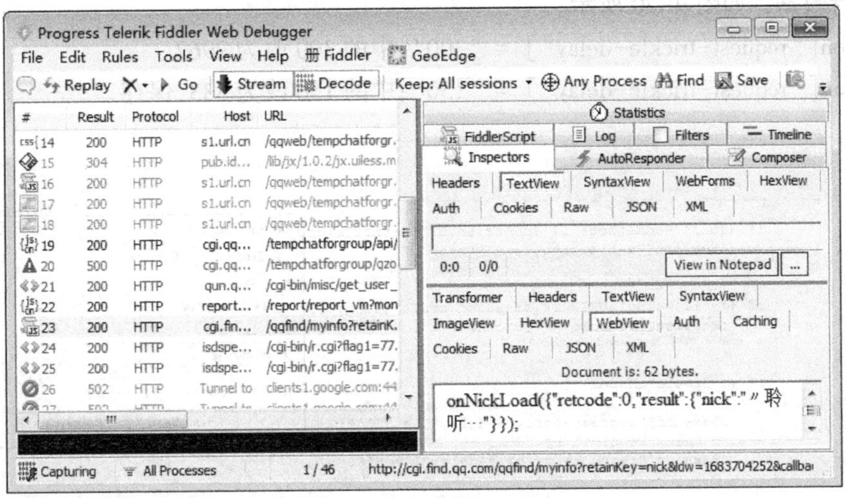

图 9-18　抓取 HTTP 接口

3. Fiddler 模拟弱网

Fiddler 还提供了一个很方便的网络限速功能，通过网络限速，可以模拟用户的一些真实环，也就是模拟弱网的环境进行 APP 测试。Fiddler 模拟弱网需要设置延时的时间，算法为：需要延时的时间（毫秒）= 8 * 1000/网络速度。

比如模拟 2G 网络（上行速度为 2.7 KB/s，下行速度为 9.6 KB/s）的速度，其计算方法如下：上行时延为 8 * 1000/2.7 = 2962 ms，下行时延为 8 * 1000/9.6 = 833 ms。

在 Fiddler 里面具体设置步骤如下：

首先启动 Fiddler 在菜单栏 Rules 下→单击 "Customize Rules..." 选项，如图 9-19 所示。

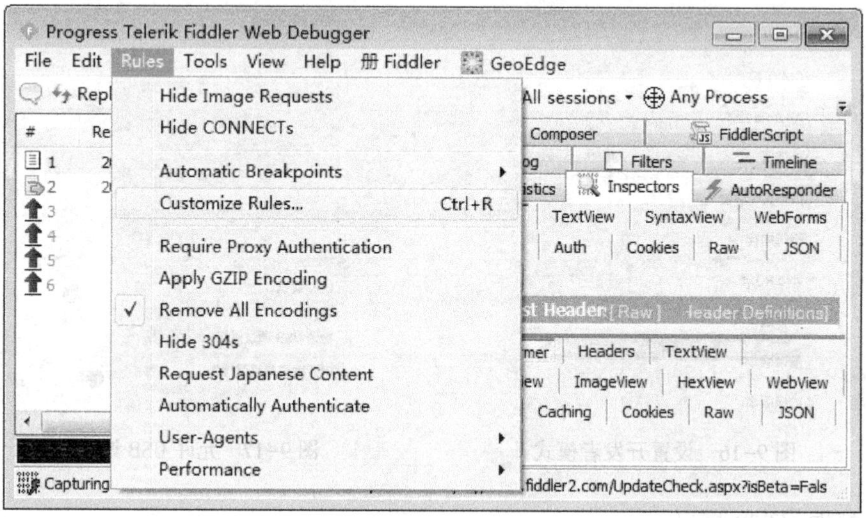

图 9-19 选择 Customize Rules

其次在弹出的 "Fiddler ScriptEditor" 页面中，搜索 "m_SimulateModem" 字段，然后修改下面 2 行数据，如图 9-20 所示。

oSession ["request-trickle-delay"] = "300"；中的 300 改为 2962

oSession ["request-trickle-delay"] = "150"；中的 150 改为 833，保存。

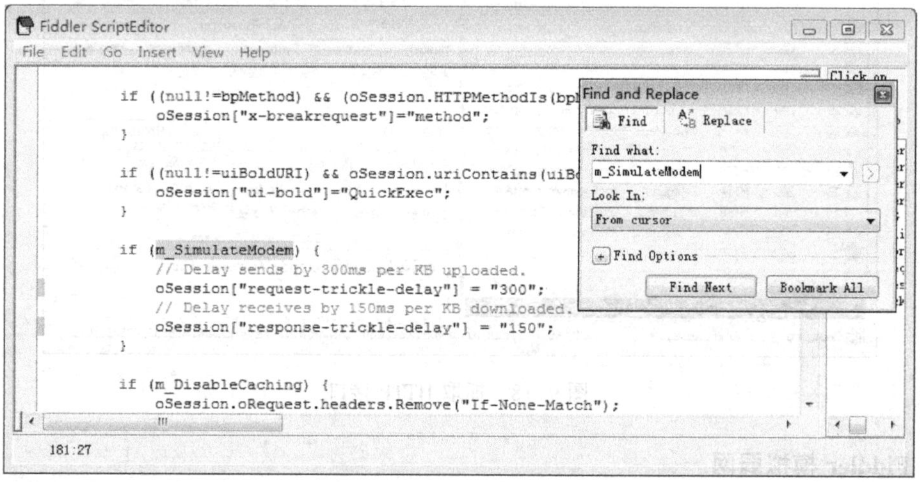

图 9-20 修改上下行时延

最后修改完延时后，在 Fiddler 界面中，选择 "Rules" → "Performances" → "Simulate Modem Speeds"，勾选该项即可，如图 9-21 所示。

到此 Fiddler 模拟弱网设置完成。

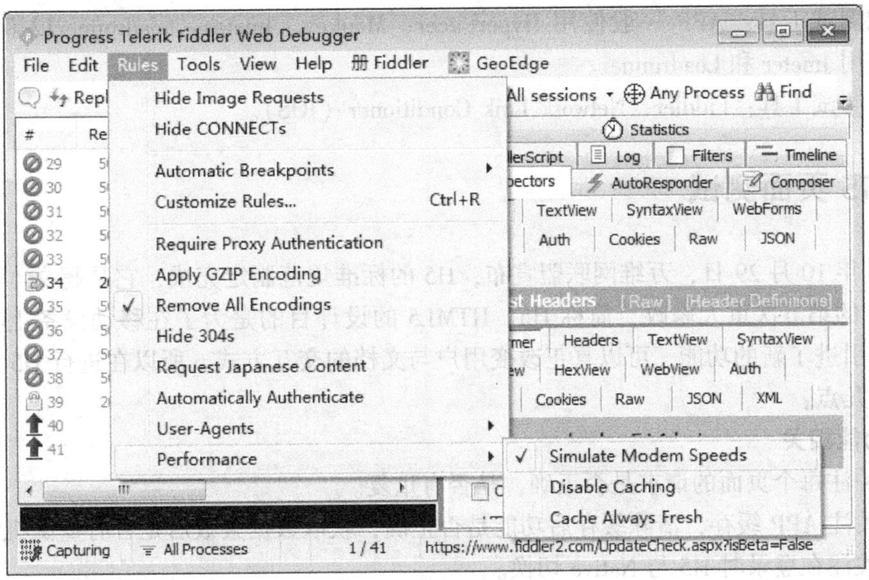

图 9-21　勾选 Simulate Modem Speeds

9.5　APP 测试与 Web 测试的区别

不管是 APP 测试，还是 Web 测试，相对于测试而言，其测试流程、测试思路都没有太大区别。由于测试环境不一样，测试涉及的工具不同，测试方法考虑略有不同，其主要的区别归纳为以下几点：

1. 系统架构不同

Web 项目主要是基于浏览器的 B/S 架构，当 Web 服务端更新后，客户端就会同步更新。而 APP 项目主要是基于手机端的 C/S 架构，当 APP 服务端更新后，如果更新版本为强制更新版时，则手机端必须更新，否则功能无法使用；如果更新版本不是强制更新，手机端可以选择性更新，此时除了测试新版本以外，还要测试老版本的核心功能是否受到影响。

2. 测试方法不同

1）功能测试，测试思路同样为逐一分析软件质量的六大特性，唯一不同的是 Web 项目不支持离线浏览，有些 APP 支持离线浏览，待有网络时再同步更新数据。

2）性能测试，Web 项目的主要关注服务器的压力以及 Web 页面的响应，而 APP 项目除了考虑服务端的压力之外，还需要考虑手机端的性能，主要是内存使用问题。

3）兼容性测试，Web 项目主要考虑浏览器的兼容性，而 APP 项目需要考虑不同设备，不同系统、不同系统的版本、不同分辨率等。

4）专项测试，相对于 Web 测试，在 APP 测试中多了一些专项测试，如电量测试、弱网测试、安装卸载、升级更新、中断测试、访问权限测试以及用户体验测试等。

3. 测试工具不同

自动化测试工具：APP 一般使用 Monkey Runner 和 Appium；而 Web 端一般使用 QTP 和 Selenium。

性能测试工具：APP 一般使用 HyperPacer、Monkey、Jmeter、Loadrunner12.0；而 Web 端一般使用 Jmeter 和 Loadrunner。

弱网测试工具：Fiddler、Network Link Conditioner（IOS）。

9.6 H5 页面测试

2014 年 10 月 29 日，万维网联盟宣布，H5 的标准规范制定完成，它是超文本标记语言（HTML）的第五次重大修改，简称 H5。HTML5 的设计目的是为了在移动设备上支持多媒体，它还引进了新的功能，可以真正改变用户与文档的交互方式。所以在进行 H5 测试需要注意以下几点：

1. 功能相关

1）关注每个页面的请求是否正确，是否有重复。

2）关注 APP 缓存，清除缓存后功能是否正确，获取数据失败后是否有重试机制。

3）关注在登录时 H5 与 Native 切换。

4）关注页面的加载与刷新，加载的

5）关注网络问题，特别是弱网以及网络之间的切换，对 H5 页面有没有影响。

6）关注前后台切换时页面的情况。

7）关注 mtop 接口的处理。

2. 性能相关

1）关注每个页面的加载时间、大小以及请求数。

2）关注弱网下页面的响应。

3）是否适当添加本地缓存。

3. H5 适配

1）关注不同品牌手机的浏览器。

2）关注不同品牌手机屏幕大小和分辨率问题。

参考文献

[1] Glenford J Myers，Tom Badgett，Corey Sandler. 软件测试的艺术 [M]. 3 版 . 张晓明，黄琳，译 . 北京：机械工业出版社，2012.

[2] Ron Patton. 软件测试 [M]. 2 版 . 张小松，王钰，曹跃，等译 . 北京：机械工业出版社，2017.

[3] 古乐，史九林 . 软件测试技术概论 [M]. 北京：清华大学出版社，2017.

[4] 陈能技，黄志国 . 软件测试技术大全 [M]. 3 版 . 北京：人民邮电出版社，2015.

[5] 刘文红 . CMMI 项目管理实践 [M]. 北京：清华大学出版社，2013.

[6] 杨根兴，蔡立志，陈昊鹏，等 . 软件质量保证、测试与评价 [M]. 北京：清华大学出版社，2017.

[7] Mark C. Layton. 敏捷项目管理 [M]. 傅永康，郭雷华，钟晓华，译 . 北京：人民邮电出版社，2015.

[8] 于涌，王磊，曹向志，等 . 精通软件性能测试与 LoadRunner 最佳实战 [M]. 北京：人民邮电出版社，2013.

[9] Kevin R. Fall，W. Richard Stevens. TCP/IP 详解卷一：协议 [M]. 2 版 . 吴英，张玉，等译 . 北京：机械工业出版社，2016.

[10] http://tortoisesvn.net/docs/release/TortoiseSVN_zh_CN/index.html. SVN 官网中文版使用说明 .